WÄRME UND BEWEGUNG

WÄRME UND BEWEGUNG

Die Welt zwischen Ordnung und Chaos

Peter William Atkins

Erschienen bei Spektrum DER WISSENSCHAFT in Heidelberg

Inhalt

Vorwort

Anhang

Vorwort

Kaum ein Wissenschaftszweig hat den menschlichen Geist so beflügelt wie die Thermodynamik — und kaum einer ist so tiefgründig, aber auch so wenig ins allgemeine Bewußtsein vorgedrungen. Beim Zweiten Hauptsatz müßte man eigentlich an ratternde Dampfmaschinen, eine raffinierte Mathematik und das ewige Rätsel der Entropie denken — aber viele kennen ihn einfach nicht. Sie würden beim Bildungstest von C. P. Snow Probleme bekommen, denn dort schlägt diese Wissenslücke ebenso zu Buche, als hätte man nie etwas von Shakespeare gehört oder gelesen.

In diesem Buch sollen der Zweite Hauptsatz und seine vielfältigen Anwendungen vorgestellt werden, angefangen von der Dampfmaschine und den sehr genauen Beobachtungen der ersten Thermodynamiker bis hin zu Betrachtungen über die Entstehung des Lebens und der vielfältigen biologischen Prozesse. Wir werden die klassische Formulierung des Hauptsatzes nutzen, um den Grundmechanismus zu durchschauen. Dabei wird sich zeigen, wie leicht man den Zweiten Hauptsatz verstehen kann und wie vielseitig er sich anwenden läßt. Besonders einfach und direkt kann man ihn aus dem Verhalten von Molekülen ableiten. Mir erscheint er hier sogar erheblich verständlicher als der Erste Hauptsatz, der Energieerhaltungssatz. Wenn wir uns später an all die Prozesse heranwagen, auf denen die Vielfalt der Natur letztlich beruht, werden wir sehen, daß der Zweite Hauptsatz in faszinierende Bereiche jenseits der klassischen Thermodynamik führt.

Die Dampfmaschine ist unser Ausgangspunkt, um den Zweiten Hauptsatz kennenzulernen. Darüber hinaus macht sie auf einfache Weise deutlich, daß die Welt prinzipiell irreversibel ist — man kann darin nichts rückgängig machen. Die Physiker des 19. Jahrhunderts konzentrierten sich bei der Dampfmaschine auf die Grundprinzipien der Umwandlung von Wärme in Arbeit und ließen technische Einzelheiten beiseite. Das hatte Erfolg, weil die Dampfmaschine auf sehr einfache Art das Prinzip der Energieumwandlung verkörpert. Wenn man sie erst verstanden hat, wird man auch bei vielen komplizierteren Beispielen die gleichen Gesetzmäßigkeiten wiederfinden — wenn die kompliziert verknüpften Fäden erst entwirrt sind. So lassen sich beispielsweise biologische Abläufe auf Vorgänge zurückführen, die bei der Dampfmaschine in ihrer reinsten Form zutage treten. Hier werden wir schließlich bis an die Grenzen unseres heutigen Wissens vorstoßen.

Die Thermodynamik und ganz besonders ihr Zweiter Hauptsatz sind ihrem Wesen nach mathematisch — sowohl in ihrer klassischen als auch in ihrer statistischen Formulierung. Bei unserer Reise durch dieses faszinierende Gebiet der Physik soll jedoch auf Mathematik weitgehend verzichtet werden. Auch wenn an manchen Stellen eine Gleichung auftaucht, werden keine wissenschaftlichen Vorkenntnisse vorausgesetzt. Das Buch sollte eigentlich für jeden verständlich sein, der Interesse und etwas Ausdauer mitbringt. Die wissenschaftlich vorgebildeten Leser mögen mir das gelegentlich langsame Tempo verzeihen, aber ich hoffe, auch sie kommen auf ihre Kosten, wenn die Vorgänge in unserer Welt in diesem Buch aus einer ungewohnten Perspektive betrachtet werden.

Ein sehr wichtiger Aspekt blieb allerdings ausgespart: der Zusammenhang zwischen Entropie und Informationstheorie. Die Prinzipien und die Mathematik der Informationstheorie haben zur Formulierung der Thermodynamik sicher entscheidend beigetragen und können ihren Gehalt durchaus zum Ausdruck bringen, aber andererseits sehe ich die Gefahr von Mißverständnissen — und das gab nach einiger Überlegung den Ausschlag. So ist bisweilen der Eindruck entstanden, die Entropie setze irgendein erkennendes Wesen voraus, das über Information verfügen oder auch bis zu einem gewissen Grad „unwissend" sein könne. Ich möchte keine Zeit für solchen Unsinn verschwenden und mir die metaphysischen Auswüchse entschieden vom Leibe halten. Aus diesem Grund lasse ich mich auf eine Diskussion über Analogien zwischen Informationstheorie und Thermodynamik in diesem Buch nicht ein.

Im Text gehe ich folgendermaßen vor: Ausgehend von den Beobachtungen an der Dampfmaschine (im ersten Kapitel) erfahren wir, wie die ersten Thermodynamiker den Zweiten Hauptsatz herausfanden (zweites Kapitel). Dann „stürzen“ wir uns in ein Chaos und erkennen, wie der Zweite Hauptsatz das Verhalten von Teilchen im Inneren der Materie beschreibt. Als nächstes fassen wir unsere Einblicke in Zahlen. Dabei benötigen wir einige wenige mathematische Formeln (die man aber für die folgenden Kapitel nicht unbedingt im Kopf haben muß). Im Kapitel „Das Chaos als treibende Kraft“ kommen wir dann wieder auf die Dampfmaschine nebst ihren Nachfolgern zurück, um zu verstehen, wie Wärme in Arbeit umgewandelt wird. Nachdem wir das wissen, kehren wir zur Erzeugung von Materie zurück und untersuchen, inwieweit die thermodynamischen Konzepte über die Physik hinaus auch auf die Chemie anwendbar sind. Ein zentraler Begriff, der im Text Schritt für Schritt herausgearbeitet werden soll, ist „Struktur“. Nachdem geklärt ist, welche Rolle der Zweite Hauptsatz in Physik und Chemie spielt, wird hinter vielfältigen Vorgängen eine strukturelle Gesetzmäßigkeit sichtbar: bei physikalischen Umwandlungen wie Kühlung ebenso wie bei chemischen Reaktionen. Wenn wir in den letzten Kapiteln das Chaos betrachten, sehen wir außerdem, wie der Zweite Hauptsatz zur Entstehung komplizierter Formen führt, die für das Leben kennzeichnend sind. Zum Schluß schauen wir noch einmal zurück und fassen zusammen, wie weit wir mit unseren Betrachtungen gekommen sind. Wir werden die grundlegende Bedeutung des Strukturbegriffs nun besser verstehen und lernen, wie er aus den Regeln des Zweiten Hauptsatzes hervorgeht. Schließlich werden in einem dreiteiligen Anhang die Einheiten für Kraft, Energie, Leistung und Temperatur erklärt, ein kurzer Abriß zur formalen Seite der Thermodynamik gegeben und mehrere Computerprogramme zusammengestellt, die einiges von dem veranschaulichen, was in den einzelnen Kapiteln angeschnitten wurde. Die Programme sind in BASIC und einer höher entwickelten Maschinensprache geschrieben. Diese und ähnliche Programme sind auf Diskette für verschiedene Personal Computer im Handel.

Der Zweite Hauptsatz der Thermodynamik hat schon lange mein besonderes Interesse geweckt, aber erst durch zwei Tagungen wurde ich angeregt, meine Gedanken dazu einmal zusammenzufassen — und so entstand dieses Buch. Organisiert wurden die Tagungen von Aleksandra Kornhauser in Jugoslawien beziehungsweise von George Marx in Ungarn. Max Whitby von der B.B.C. machte mich auf die Thermodynamik in einigen Spielen aufmerksam. Alexandra MacDermott und John Rowlinson von der Universität Oxford und Philip Morrison vom M.I.T. opferten viel Zeit, um das Manuskript zu verbessern und zu kommentieren. Aidan Kelly scheute keine redaktionelle Mühe, um sicherzustellen, daß er nur das in Worte faßte, was ich sagen wollte.

P. W. Atkins
Oxford (Großbritannien)

Die Asymmetrie der Natur

Der Krieg ist der Vater vieler Dinge. Das gilt auch für die faszinierenden Gesetzmäßigkeiten, die Sadi Carnot bei der Dampfmaschine entdeckte. Nach dem verlorenen Rußlandfeldzug Napoleons kämpfte Carnot, Sohn des Kriegsministers und Onkel eines späteren Präsidenten der Republik, im Jahre 1814 bei der Verteidigung von Paris mit. Während der allgemeinen Wirren, die der Besetzung von Paris folgten, kam er zu der Überzeugung, Frankreichs industrielle Unterlegenheit sei einer der Gründe für die Niederlage gewesen. Damals wurde die Dampfkraft in England und Frankreich in sehr unterschiedlichem Maße genutzt, und Carnot erkannte, daß sie das Herz der militärischen Schlagkraft Englands war. Ohne die Dampfmaschinen wäre der englische Kohlebergbau am Ende gewesen, weil man die Stollen nicht mehr hätte leerpumpen können. Als Folge davon wäre Eisen knapp geworden, da hauptsächlich Kohle und nur in geringem Maße Holz für die Eisenverhüttung verbrannt wurde, und schließlich hing davon die militärische Vorherrschaft ab.

Nicolas Leonard Sadi Carnot (1796–1832).

Doch Carnot erkannte auch, daß, wer die segensreiche Dampfkraft besaß, nicht nur der industrielle und militärische Herrscher der Welt, sondern auch der Anführer einer sozialen Revolution sein würde. Diese Revolution würde viel weiter gehen als jene, die Frankreich gerade hinter sich hatte. Carnot sah die Dampfmaschine als einen Universalmotor an, der die Muskelkraft von Arbeitstieren ersetzen und auch Wind- und Wasserkraft überflüssig machen könnte, weil er zuverlässiger, wirtschaftlicher und besser kontrollierbar war. Der neue Antrieb würde gesellschaftliche und wirtschaftliche Schranken durchbrechen und den Menschen eine Welt des Fortschritts bescheren. Heute kann man die alten Dampfmaschinen in Museen besichtigen. Viele sehen in den schweren Kolossen aus Holz und Eisen den Anfang der Verschwendung und Phantasielosigkeit unserer modernen Industriegesellschaft. Aber tatsächlich haben diese erdgebundenen Leviathane ganz im Gegenteil innovativ gewirkt und den menschlichen Geist herausgefordert und beflügelt.

Eine der ersten Dampfmaschinen. Ihre Funktionsweise und die ihr zugrunde liegende Physik sind das Thema dieses Buches.

Carnot war ein weitblickender und analytischer Geist. Er folgte in gewissem Sinne einer Tradition seines Vaters, der einige mechanische Maschinen untersucht hatte. Carnot wußte genau, was nötig war, um die Dampfmaschine zu verbessern, konnte aber freilich nicht ahnen, welche wissenschaftliche und geistige Revolution seine technisch motivierten Untersuchungen später auslösten. Mit der Entdeckung, daß Wärme niemals vollstsändig in Arbeit umgewandelt werden kann, führte er eine neue Denkweise in die Theorie der Wärme ein, die noch nach mehr als eineinhalb Jahrhunderten Leitlinie sein kann. Indem Carnot den Wirkungsgrad der Dampfmaschine und damit ihre Möglichkeiten und Grenzen bestimmte, fand er — ohne es zu wissen — ein Grundprinzip jeglicher Umwandlungsprozesse. Es gilt ebenso für das Verbrennen von Kohle, um deren gespeicherte Energie in mechanische Arbeit umzuwandeln, wie für das Öffnen einer Blüte. Mehr noch, mit seinen Überlegungen begründete Carnot einen Zweig der Physik, der sich als noch abstrakter erweisen sollte als Newtons ohnehin schon abstrakte Mechanik und über das einzelne mechanische Teilchen hinaus auch die Realität von Maschinen erfaßte. All das gehört zum Thema dieses Buches: Von der Welt der großen Dampfmaschinen werden wir in eine ästhetische Welt der bizarren Muster aufbrechen und darin immer wieder das Gemeinsame entdecken.

Carnots Überlegungen, die er 1824 in seinen *Refléxions sur la puissance motrice du feu* veröffentlichte, beruhten auf einem Mißverständnis. Carnot glaubte an die damals vorherrschende Theorie von einem Wärmestoff, einer Art gewichtsloser Flüssigkeit. Entsprechend betrachtete er eine Dampfmaschine als eine Parallele zum Wasserrad: Wärmestoff fließt vom heißen Dampfkessel zum kühlen Kondensator und treibt dabei die Schwungräder in den Fabriken an. Da sich die Wassermenge nicht ändert, wenn sie durch das Rad fließt und Arbeit verrichtet, glaubte Carnot, daß auch die Wärme erhalten bleibt. Dennoch kann die Maschine Arbeit leisten, weil Wärmestoff von einer heißen Quelle über ein Temperaturgefälle in eine kältere Senke fließt.

Erst in der nächsten Forschergeneration gelang es, den wahren Kern dieser Überlegungen herauszuarbeiten. Vor allem drei Männer haben dazu beigetragen, daß sich die Verwirrung um den Wärmebegriff löste: James Prescott Joule, William Thomson (der spätere Lord Kelvin) und Rudolf Clausius.

Vom Wärmestoff zur Wärmeenergie

James Prescott Joule wurde 1818 als Sohn eines Brauers in Manchester geboren. Sein Vermögen und der Brauereibetrieb boten ihm ideale Möglichkeiten, seinen Neigungen als Forscher nachzugehen. Eines seiner Ziele bestand darin, eine einheitliche Erklärung für all die Phänomene zu finden, die damals wissenschaftliches Aufsehen erregten: Elektrizität, Elektrochemie sowie sämtliche Vorgänge, die mit Mechanik und Wärme verknüpft sind. Bei seinen Experimenten fand er während der vierziger Jahre heraus, daß die Wärme in seiner Apparatur keineswegs erhalten blieb. Anhand von immer genaueren Messungen konnte er jedoch zeigen, daß sich Arbeit in Wärme umwandeln ließ, und zwar in einem ganz bestimmten quantitativen Verhältnis. Dies war die Geburtsstunde des sogenannten *mechanischen Wärmeäquivalents*. Arbeit und Wärme sind austauschbar, das heißt: Wärme ist nichts Stoffliches wie Wasser.

Diese experimentellen Befunde widerlegten die Voraussetzungen, aber nicht die Schlußfolgerungen, die Carnot eine Generation früher erörtert hatte. Nun waren die Theoretiker gefordert, die Natur der Wärme zu enträtseln.

William Thomson, 1824 in Belfast geboren, kam 1832 nach Glasgow und besuchte dort schon als Zehnjähriger die Universität. Bereits damals zeigten sich seine überragenden geistigen Fähigkeiten, die sein gesamtes Leben prägen sollten. Thomson war in erster Linie Theoretiker, hatte aber auch eine praktische Begabung, die er nach seiner Promotion in Cambridge während eines kurzen Parisaufenthaltes unter Beweis stellte. Mit 22 Jahren erhielt er 1846 den Lehrstuhl für Naturphilosophie in Glasgow, wo er seine Zeit nicht nur mit herausragenden theoretischen Untersuchungen zubrachte, sondern auch mit praktischen Beiträgen zur Telegraphie beneidenswert gut verdiente.

James Prescott Joule (1818–1889).

William Thomson, Lord Kelvin (1824–1907).

Großbritannien verdankt seine führende Position auf dem Gebiet der internationalen Nachrichtentechnik und insbesondere der Tiefseekabel-Kommunikation nicht zuletzt den Thomsonschen Arbeiten zur Signalübertragung. Das Empfangsgerät, das er sich patentieren ließ, wurde seinerzeit als Standardmodell in allen Telegraphenämtern eingeführt.

William Thomson änderte später seinen Namen in Lord Kelvin — einer britischen Tradition folgend, die gelegentlich für Verwirrung sorgt. Im folgenden werden auch wir ihn so nennen. Kelvins Reichtum und seine praktischen Kenntnisse sind weitgehend in Vergessenheit geraten. Was außer einer Tafel in der Westminster Abbey als bleibendes Andenken gelten kann, ist sein theoretisches Werk.

Kelvin und Joule begegneten sich 1847 in Oxford während einer Tagung der British Association for the Advancement of Science. Joules Beweise, daß Wärme nicht erhalten bleibt, verwirrten Kelvin. Er war zwar beeindruckt von dem, was Joule belegen konnte, glaubte aber, daß Carnots Arbeit mit der Existenz des Wärmestoffs stehen und fallen würde. Mit recht zwiespältigen Gefühlen kehrte er von der Tagung zurück.

In der Folgezeit begann Kelvin, die scheinbar widersprüchlichen Konzepte öffentlich zu diskutieren. In seiner 1851 veröffentlichten Arbeit *On the dynamical theory of heat* vertrat er die Meinung, daß hinter den Experimenten möglicherweise zwei physikalische Gesetze verborgen seien und Carnots Werk gewissermaßen zu retten wäre, ohne in Widerspruch zu Joules Ergebnissen zu geraten. Hier tauchte zum ersten Mal der Begriff *Thermodynamik* für eine Theorie der mechanischen Wärmewirkung auf, und man wurde sich bewußt, daß sich die Natur zwischen zwei ,,Angelpunkten'' abspielt.

Rudolf Clausius (1822—1888).

Der dritte große Kopf dieser Forschergeneration war Rudolf Gottlieb, der 1822 geboren wurde. Da er — im Trend seiner Zeit — den klassischen Namen Clausius annahm, blieb sein Geburtsname auch unter Physikern weitgehend unbekannt. Es überrascht nicht, daß die drei Väter der Thermodynamik, Joule, Kelvin und Clausius, nahezu gleichaltrig waren. Die theoretische Diskussion um die Natur der Wärme war das geistige Ferment ihrer Zeit und zog die besten Köpfe in ihren Bann. Mit seinem ersten Beitrag kam Clausius der Wahrheit sogar näher, als es Kelvin bis dahin gelungen war. In seiner Monographie *Über die bewegende Kraft der Wärme* umriß Clausius sehr präzise die Probleme der Thermodynamik und schuf damit die Voraussetzungen für eine erfolgreiche Analyse. Er fokussierte gleichsam die Ideen und Spekulationen — im Mikroskop zu Kelvins Teleskop.

Clausius ging davon aus, daß der Widerspruch zwischen Carnot und Joule zu lösen wäre, wenn in der Natur zwei fundamentale Gesetze gelten. Er befreite Carnots Argumentation von der Annahme eines Wärmestoffs und ging in einem wichtigen Punkt noch weiter: indem er Vermutungen darüber anstellte, inwieweit sich die Wärme mit dem

Carnot, Joule, Thomson, Clausius, Boltzmann

Ludwig Boltzmann (1844–1906).

Verhalten von Materieteilchen erklären läßt — wobei er zwischen den allgemeinen Schlußfolgerungen und seinen eigenen Spekulationen sehr genau unterschied. Damit leitete er das Zeitalter der modernen Thermodynamik ein.

Schon Carnot, der 1832 im Alter von 36 Jahren an Cholera gestorben war, hatte zuletzt nicht mehr an die Existenz des Wärmestoffs geglaubt. In der nächsten Forschergeneration hoben Joule, Kelvin und Clausius, zwischen 1818 und 1824 geboren, die Thermodynamik auf die Stufe einer Wissenschaft. Um diese neue Disziplin zu vereinheitlichen und mit den anderen Strömungen der damaligen Forschung zu verbinden, bedurfte es einer dritten Generation von Wissenschaftlern.

Hier hat Ludwig Boltzmann, geboren 1844, wesentlich dazu beigetragen, die Eigenschaften von Materie aus dem Verhalten von vielen einzelnen Materieteilchen, den Atomen, abzuleiten. Kelvin, Clausius und ihre Zeitgenossen hatten den Samen, den Carnot gesät hatte, zum Keimen gebracht und eine Fülle von mathematischen Beziehungen zwischen einzelnen Beobachtungen aufgestellt. Zu verstehen waren all diese Beziehungen allerdings erst im Rahmen einer statistischen Beschreibung von mechanischen Teilchen und ihren Eigenschaften.

Boltzmann entdeckte, daß man in die tiefsten Geheimnisse der Natur eindringen kann, wenn man untersucht, wie sehr viele Atome zusammenwirken und gemeinsam die Eigenschaften von Materie bestimmen. Besser als die meisten seiner Zeitgenossen (die nicht, wie er, kurzsichtig waren) durchschaute er allmählich das geheimnisvolle Gefüge der Umwandlungsprozesse, die letztlich durch Atome bewerkstelligt werden.

Aber viele zweifelten damals noch an der Existenz der Atome und sprachen Boltzmanns Argumenten jede Glaubwürdigkeit und Beweiskraft ab. Einige fürchteten wohl auch, seine Thermodynamik würde die Physik ebenso nachhaltig umwälzen wie Darwins Evolutionstheorie die Biologie. Sie sträubten sich, die Annahme einer Notwendigkeit und Zweckgerichtetheit in der Natur aufzugeben. Boltzmann litt unter den Anfeindungen seiner Gegner und beging 1906 Selbstmord.

Einzelne Atome in einem Festkörper: Zwischen Zirkoniumatomen (helle Flecken) sind Sauerstoffatome (mittelgraue Flecken) eingeschlossen.

Aber die neuen Ideen lagen in der Luft und man verfügte auch schon über Meßtechniken, mit denen die Kritiker schließlich widerlegt wurden. Die Quantentheorie setzte in Verbindung mit den Experimenten zur atomaren Struktur für die mikroskopische Welt einfach Fakten, die zwar jenseits der klassischen Physik lagen, aber im Grunde nicht angezweifelt werden konnten. Nun ließ sich die Existenz der Atome nicht mehr leugnen, auch wenn ihr Verhalten nicht den vertrauten Gesetzmäßigkeiten folgte. Heute können wir einzelne Atome sichtbar machen und auch darstellen, wie sie sich zu Molekülen verketten. Boltzmanns Konzept ist mittlerweile nicht nur akzeptiert, sondern er gilt als einer der größten Theoretiker überhaupt — wenngleich die mikroskopische Welt weitaus merkwürdiger ist, als er es selbst vorhersah.

Mit den Zielen, die Carnot und Boltzmann verfolgten, und den Methoden, die sie dabei anwandten, ist die Thermodynamik im Kern bereits umrissen. Carnot entwickelte die Grundlagen anhand der Arbeitszyklen einer Dampfmaschine, die für ihn ein Symbol des Fortschritts war. Ihm ging es darum, den Wirkungsgrad zu verbessern. Boltzmann kam über die Atome zur Thermodynamik, die für einen neu aufkommenden Wissenschaftszweig standen. Sein Ziel war es, in immer tiefere Schichten der Naturerkenntnis vorzudringen. Noch heute vereint dieses „Kind" der Dampfmaschine und des Atoms beide Ziele in sich und spiegelt sie in ihren vielfältigen Anwendungen wider.

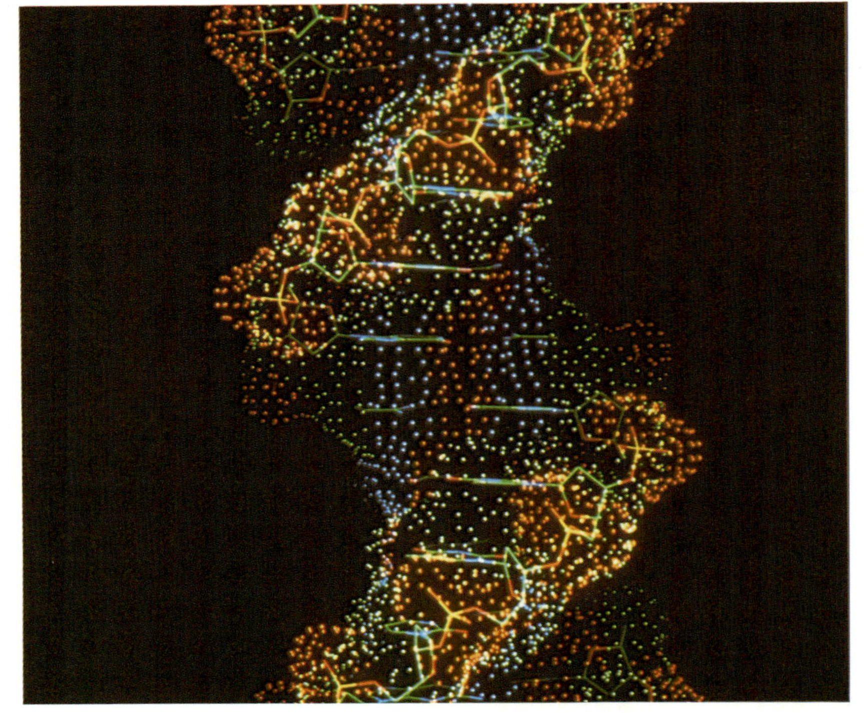

Computerbild eines DNA-Moleküls (Ausschnitt). Diese Moleküle der Erbsubstanz findet man im Zellkern; in ihnen ist die genetische Information verschlüsselt.

Blick auf die Hauptsätze der Thermodynamik

Unter Thermodynamik verstand man ursprünglich nur die Lehre von der Wärmeumwandlung, heute rechnet man auch alle anderen Formen der Energieumwandlung dazu — und verwendet damit den Begriff in einem weiteren Sinn. In insgesamt vier Hauptsätzen der Thermodynamik spiegelt sich die allgemeine Erfahrungstatsache wider, daß die Energie stets erhalten bleibt — wie immer sie auch umgewandelt wird. Obwohl wir uns in diesem Buch nur mit dem Zweiten Hauptsatz näher beschäftigen wollen, werden wir auch die anderen kennenlernen.

Das Gesetz, das wir heute als *Zweiten Hauptsatz* bezeichnen, wurde als erstes entdeckt. Danach folgten der *Erste* und der *Dritte Hauptsatz*, der streng genommen wohl kein Gesetz ist wie die anderen Hauptsätze. Als letztes wurde der *Nullte Hauptsatz* aufgestellt. Der Inhalt dieser Sätze ist zum Glück viel einfacher als dieses chronologische Durcheinander, das nur die historischen Schwierigkeiten widerspiegelt, unwägbare Eigenschaften zu begreifen.

Der *Nullte Hauptsatz* wurde erst 1931 formuliert und legt fest, wie die Temperatur eines Körpers bestimmt werden kann. Die Temperatur ist ein fundamentaler Begriff der Thermodynamik, der zwar anschaulich, aber schwer zu definieren ist. So wie die Zeit als zentrale Variable in der mechanischen Dynamik auftritt, erscheint die Temperatur als wesentliche Variable in der Thermodynamik.

In der Tat gibt es einige faszinierende Beziehungen zwischen Zeit und Temperatur, die tiefer gehen als die zufällige Übereinstimmung der Symbolbezeichnungen t und T. Einstweilen wollen wir unter Temperatur nur eine etwas genauere Ausdrucksweise für das verstehen, was wir im Alltag als Gradmesser für warm und kalt ansehen.

Der *Erste Hauptsatz* besagt, daß die Energie erhalten bleibt. Dagegen kann sich Wärme ändern! Dies war der entscheidende Punkt, den Kelvin und Clausius in den Jahren nach 1850 klarstellten. Es gehört zu den großen Fortschritten des 19. Jahrhunderts, die Energie als einheitliches Konzept eingeführt zu haben: Plötzlich rückte ein gänzlich abstrakter Begriff ins Rampenlicht der Physik. Die Vorstellung von Kräften schien im Vergleich dazu leichter begreifbar; nachdem Newton gezeigt hatte, wie man mathematisch damit umgeht, war der Kraftbegriff bereits seit eineinhalb Jahrhunderten als Grundbegriff der Mechanik etabliert.

Energie ist für uns heute ein so vertrautes Wort, daß wir kaum noch daran denken, wie enorm schwierig es ist, die Bedeutung exakt zu definieren. (Vor dem gleichen Problem stehen wir bei Begriffen wie Ladung, Spin oder anderen geläufigen Bezeichnungen aus der Alltagssprache der Physik.) Im Augenblick wollen wir annehmen, daß der Energiebegriff intuitiv klar ist und als „Fähigkeit, Arbeit zu verrichten" beschrieben werden kann.

Der Zeitpunkt, an dem Energie die Kraft als Grundbegriff der Physik ablöste, läßt sich recht genau datieren. Noch 1846 behauptete Kelvin, Physik sei die Wissenschaft von der Kraft. Nachdem er 1847 Joule getroffen und gehört hatte, war er schließlich 1851 der Meinung, Physik sei die Wissenschaft von der Energie. Denn Kräfte konnten auftreten und verschwinden, aber die Energie blieb immer erhalten. Diese Sicht entsprach auch Kelvins religiöser Einstellung: Er konnte nun behaupten, Gott habe die Welt bei der Schöpfung mit einem bestimmten Energievorrat ausgestattet und dieses göttliche Geschenk würde ewig fortwähren, während die kurzlebigen Kräfte nur zur Musik der Zeit tanzten und die vergänglichen Weltphänomene umherwirbelten.•

Kelvin hoffte, dem Energiebegriff mehr Inhalt zu geben als dem, der sich Mitte des 19. Jahrhunderts herauskristallisierte: Unter den Händen der Physiker reduzierte sich die Bedeutung von Energie auf Umwandlungen, die ein Ensemble von Teilchen ohne zusätzliche äußere Anstöße durchmachen kann. Kelvin hoffte, eine Physik zu entwickeln, die sich allein aus dem Energiebegriff ableitet und keinerlei zusätzliche Modelle erfordert. Er folgte der Vision, daß sich alle Erscheinungen im Rahmen der Energieumwandlungen erklären ließen und daß Atome und alles andere nur Manifestationen von Energie seien. In gewissem Sinn könnte die moderne Physik diese Anschauung sogar bestätigen, aber auf viel raffiniertere Weise: Die Atome werden dadurch nicht abgeschafft!

• Ein boshafter Kosmologe mag diese Behauptung augenzwinkernd auf den Kopf stellen. Man kann den Urknall des Universums als inflationäres Szenario dahingehend interpretieren, daß die Gesamtenergie des Universums tatsächlich konstant ist, aber sie beträgt dann konstant Null. Die positive Energie des Universums, die überwiegend im Energieäquivalent der Teilchenmassen ($E = mc^2$) steckt, sollte dann nämlich exakt der negativen Energie entsprechen, die mit dem anziehenden Potential des Gravitationsfeldes verknüpft ist, so daß die Gesamtenergie verschwindet. Der Gott Kelvins hat uns so gesehen offenbar ein Nichts zum Geschenk gemacht.

Der *Zweite Hauptsatz* besagt, daß es eine fundamentale Asymmetrie in der Natur gibt. Da er das Hauptthema dieses Buches ist, wollen wir hier nur kurz darauf eingehen. Alles um uns herum spiegelt diese Asymmetrie wider: Heiße Körper kühlen ab, aber kalte werden nicht spontan heiß. Ein Ball, der auf den Boden prallt, kommt nach einer gewissen Zeit zur Ruhe; umgekehrt fängt ein ruhender Ball keineswegs aus sich heraus an, plötzlich zu hüpfen. Diesen Grundzug der Natur erklärten Kelvin und Clausius im Einklang mit dem Energieerhaltungssatz: Die gesamte Energie bleibt zwar bei jedem Prozeß erhalten, jedoch ändert sich die Verteilung der Energie auf irreversible Weise. Der Zweite Hauptsatz befaßt sich unabhängig von der Gesamtenergie (die Carnot mit der Wärmemenge verwechselte) mit der naturgegebenen Richtung der Energieumwandlung.

Der *Dritte Hauptsatz* der Thermodynamik beschäftigt sich mit den Eigenschaften von Materie, die auf extrem niedrige Temperaturen abgekühlt wird. Dabei ist es prinzipiell unmöglich, in einer endlichen Zahl von Schritten den absoluten Nullpunkt zu erreichen. Allerdings darf man den Dritten Hauptsatz, wie schon erwähnt, nicht im strengen Sinne als Gesetz der Thermodynamik betrachten, denn er beruht auf der Annahme, daß die Materie aus Atomen besteht; Gesetze sollten jedoch nur Erfahrungen und empirische Beobachtungen zusammenfasen, die nicht von theoretischen Voraussetzungen abhängen. Insofern unterscheidet sich dieser Hauptsatz von den drei anderen, und auch seine Konsequenzen scheinen weniger gesichert — wir kommen darauf später noch zurück.

Damit wäre der physikalische Inhalt der Hauptsätze in groben Zügen umrissen und unser Themenbereich abgesteckt: Wir werden uns nun die Details näher ansehen. Dabei stoßen wir auf das Problem, daß die Thermodynamik ihrem Wesen nach mathematisch ist — und das gilt auch für ihre Hauptsätze. Sowohl die *funktionale Thermodynamik* von Clausius als auch

Boltzmanns *statistische Thermodynamik* leben in den mathematischen Beziehungen, die die Beobachtungen auf elegante Weise zusammenfassen; ohne diese Formeln — von denen eine auf Boltzmanns Grabstein eingraviert ist — geht auch ein Stück Substanz verloren. Die mathematische Seite der Thermodynamik ist der Hauptgrund, warum sich viele von diesem faszinierenden Thema abschrecken lassen.

Andererseits sind die Konsequenzen des Zweiten Hauptsatzes so weitreichend, daß es lohnt, eine Bresche in die Mauer der Mathematik zu schlagen. Wir werden also den Versuch machen, auch ohne Mathematik in die Thermodynamik vorzudringen — selbst wenn manche gerade an den schwierigen Gleichungen Vergnügen finden, die die Mehrheit eher als Qual empfindet. Mit unserem Vorgehen gehen wir zwangsläufig etwas am Thema vorbei und es besteht die Gefahr, daß wir bloß Außenseiter und Touristen bleiben, die nur das Äußere sehen, während sich das wirkliche „Leben" innen abspielt. Man kann das auch optimistischer betrachten und Mathematik nur als ein Hilfsmittel zum besseren Verstehen auffassen, mit dem sich Behauptungen genauer formulieren lassen. Sie schärft zweifellos den Verstand, ist aber selbst nicht das angestrebte Endziel. So gesehen sind die Leute „innen" nur unglückliche (oder glückliche) „Arbeitspferde", die sich allein dafür abmühen, den Geist zu schulen. Einerlei welchen Standpunkt jeder für richtig hält, ich hoffe, die folgenden Seiten des Buches fügen einige bereichernde Mosaiksteine zur individuellen Weltanschauung hinzu.

Wärmegewinnung und nutzbare Arbeit

Die Asymmetrie der Natur spiegelt sich deutlich in unserer technologischen Geschichte wider. Über Tausende von Jahren war es etwas Alltägliches, Energie von Brennstoffen oder Arbeit in Wärme umzuwandeln. Zu den großen Errungenschaften der industriellen Revolution gehört der umgekehrte Prozeß: Wärme und gespeicherte Energie werden kontrolliert in Arbeit umgesetzt.

Ein offenes Feuer ist eine primitive Methode, Wärme zu gewinnen. Energie, die in Brennstoffen gespeichert ist, wird freigesetzt.

Davor hatte man schon seit Jahrhunderten natürliche Energiequellen genutzt, um Antriebsarbeit zu gewinnen: etwa Mühlräder und Segelschiffe, die vom Wind — wenn er denn wehte — in Bewegung gesetzt wurden. Auch der Einsatz von Haustieren führte indirekt zum gleichen Ergebnis. Mit der industriellen Revolution war es nun plötzlich möglich, die Energie gezielt auszunutzen und nach Bedarf zu steuern, wie Wärme in Arbeit umgewandelt wird. Die

Ein Düsentriebwerk wandelt die Energie des Brennstoffs in Arbeit um.

Entwicklung war jetzt nicht mehr durch das beschränkte Leistungsvermögen der Haustiere oder kaum steuerbare Naturvorgänge beschränkt.

Seit Menschengedenken wird nach Bedarf Wärme erzeugt, indem man Materialien wie Holz verbrennt. So vergingen Tausende von Jahren, bis man effizientere Antriebsverfahren entdeckte, als den Einsatz von Wind und Rind: indem man die in Brennstoffen gespeicherte Energie direkt in Arbeit umwandelte. (Die Betonung liegt hier auf dem „direkt", denn Nahrung und Futter sind ja ein Brennstoff und werden eben auch in Muskelarbeit umgesetzt.) Die Begründer der industriellen Revolution schafften es, aus der verfügbaren Wärme nun auch nutzbare Arbeit in Hülle und Fülle zu gewinnen.

Wenn ein Brennstoff in Arbeit umgesetzt werden soll, erfordert das Antriebsmaschinen. Eine offene Feuerstelle, in der ein Brennstoff — Holz, Kohle oder tierische und pflanzliche Öle — verbrennt und dabei mehr oder weniger Wärme freisetzt, reicht nicht aus. Aber was frühe Kulturen mit ihren einfachen Feuerstellen und Schmelzöfen zuwegebrachten, als sie Erze schmolzen und Werkzeuge daraus machten oder Ton formten, legte die Fundamente zu unserer heutigen Zivilisation.

Was das Feuer an Wärme freisetzt, ist letztlich gespeicherte Sonnenenergie — insofern erwies es sich im nachhinein als passend, daß viele alte Kulturen die Sonne verehrten. Zunächst blieb der Energiebedarf gering, so daß man ihn allein mit den „Vorräten" decken konnte, die Pflanzen durch ihr Wachstum im Laufe weniger Jahre speicherten. Mit zunehmender Zivilisation wurden auch Reserven an Sonnenenergie ausgebeutet, die in erdgeschichtlichen Zeiträumen entstanden waren: Holz wurde immer mehr durch Kohle ersetzt. Das war noch keine technologische Revolution, denn der einzige

Unterschied bestand darin, daß der fossile Brennstoff Sonnenenergie aus früherer Zeit birgt und im Bergbau gefördert werden muß.

Auch die moderne Zivilisation ist auf der Suche nach Energiereserven aus der Vergangenheit. Gegenwärtig werden gewaltige Ölvorräte aufgebraucht, die zum Teil schlicht als Zerfallsprodukte einstiger Meereslebewesen entstanden sind und deren gespeicherte Sonnenenergie wir uns heute verfügbar machen. Doch unser Bedarf hat mittlerweile so immens zugenommen, daß wir noch weiter in die Vergangenheit zurückgehen und gewissermaßen die Energielager fremder Sterne anzapfen müssen. Das Uran, das in Kernreaktoren (durch Kernspaltung) verbrannt wird, ist schwere Asche aus verloschenen Sternen. Die Uranatome entstanden beim ,,Todeskampf'' früherer Sterngenerationen; dabei prallten leichte Atome mit derart hohen Energien aufeinander, daß sie stufenweise zu schwereren Elementen verschmolzen. Wenn sterbende Sterne explodierten, schleuderten sie ihre Atome in den interstellaren Raum, wo diese vielleicht erneut durch die Glut späterer Sterne gingen und sich nach deren Explosionen im Universum verteilten, bevor sie in den Gesteinen der Erde eingeschlossen wurden, aus denen wir sie heute abbauen.

Doch die Suche nach Brennstoff aus der Vergangenheit führt noch weiter zurück. Wir gehen vor die Zeit der Erdentstehung und das Erlöschen früher Sterne und greifen nach der Asche der ,,Explosion'', in der das Universum geboren wurde.

In den allerersten Erschütterungen des Urknalls entfalteten sich Raum und Zeit, unter Bedingungen, die wie ein fast unbegreiflich tosendes Chaos im expandierenden Kosmos anmuten. Der kosmische Berg hat heftig gekreißt, und heraus kam ein winziges Mäuslein. Es entstanden nämlich nur die einfachsten Atome: Wasserstoff mit einem Schuß Helium. Diese beiden Elemente, die Asche des Urknalls, sind im Universum im Überfluß vorhanden. Wenn wir versuchen, durch kontrollierte Kernfusionen Wasserstoff in Helium umzuwandeln und dabei Energie zu gewinnen, zielt das letztlich darauf ab, Energievorräte aus dem Urknall nutzbar zu machen. Wasserstoff ist sozusagen der älteste ,,fossile'' Brennstoff, und wenn wir die kontrollierte Fusion beherrschen, stehen wir praktisch mit der Energiegewinnung am Anfang der Zeit.

Dieses Zurückgehen in der Zeit, das die Energiegewinnung fortschreitender Zivilisationen charakterisiert, spiegelt die uralte Entdeckung wider, daß man Wärme gewinnen kann, indem man etwas verbrennt. Von der einfachen Feuerstelle führte so gesehen eine lineare Kette von Verbesserungen zur Energiegewinnung aus immer ergiebigeren Brennstoffen — ob sie nun durch Pflanzen, Sterne oder den Urknall entstanden. Diese Verbesserungen waren an sich noch keine Revolution, denn trotz einschneidender qualitativer Unterschiede blieb das Grundprinzip gleich: gespeicherte Energie in Wärme umzuwandeln.

Die Revolution kam erst, als man auch die andere Seite der Asymmetrie in der Natur praktisch nutzte und schließlich eingehend untersuchte: die Umwandlung von Wärme in Arbeit. Ansonsten wären wir bloß wärmer, nicht weiser geworden. Nur weil es möglich ist, die Brennstoffenergie schließlich in Form von Antriebskraft als Arbeit zu nutzen, können wir maschinell Geräte herstellen, mit dem Auto fahren oder über große Entfernungen hinweg miteinander kommunizieren. Warum hat es so lange gedauert, all diesen Nutzen aus der fundamentalen Asymmetrie in der Natur zu ziehen?

Dazu mußte ein Weg gefunden werden, aus einer *ungeordneten* Bewegung eine *geordnete* zu machen. Mit dieser Unterscheidung ist die Asymmetrie zwischen Wärme und Arbeit umschrieben, und sie wollen wir im folgenden näher betrachten.

SUPER!

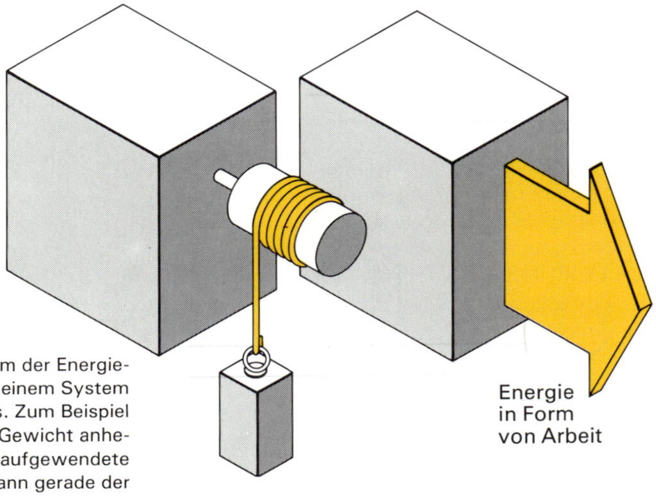

Asymmetrie am Beispiel des Carnotprozesses

Energie
in Form
von Arbeit

Arbeit ist eine Form der Energieübertragung von einem System auf ein anderes. Zum Beispiel könnte man ein Gewicht anheben. Die dafür aufgewendete Arbeit entspricht dann gerade der Energie, die beim Hinunterlassen des Gewichts frei wird.

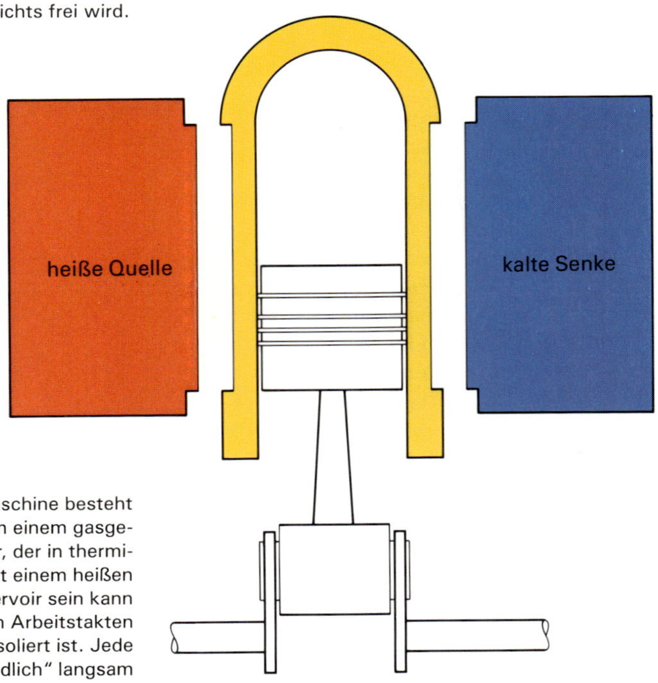

heiße Quelle

kalte Senke

Die Carnotsche Maschine besteht aus einem Kolben in einem gasgefüllten Zylinder, der in thermischem Kontakt mit einem heißen oder kalten Reservoir sein kann und bei manchen Arbeitstakten auch thermisch isoliert ist. Jede Phase läuft „unendlich" langsam ab, so daß die erzeugte Arbeit maximal wird – und keine Verluste durch Turbulenz, Reibung oder Ähnliches auftreten.

Wir werden — wie Carnot — die Dampfmaschine benutzen, um uns die Asymmetrie der Natur zu verdeutlichen. Wir können uns dabei sogar gleichsam in die Maschine hineinversetzen und die Asymmetrie auf atomarer Ebene entdecken — das gleiche, was Clausius herausfand und Boltzmann weiterentwickelte.

Eine derartige *Wärmekraftmaschine* wandelt Wärme in Arbeit um. Zum Beispiel kann sie ein Gewicht hochziehen, ein Vorgang, über den wir *Arbeit* vorläufig definieren wollen. Später werden wir dann genug wissen, um diesen Begriff zu verallgemeinern und schließlich eine generelle Definition anzugeben. Das macht die Wissenschaft ja so reizvoll, daß ein Begriff immer weitere Kreise zieht, je besser man ihn versteht.

Eine Maschine zeichnet sich dadurch aus, daß sie im Prinzip beliebig lange arbeiten kann. In diesem Sinn ist ein Automotor eine Antriebsmaschine, eine Kanone jedoch nicht. Zwar wird Arbeit erzeugt, wenn das Schießpulver verbrennt, aber damit ist der Vorgang abgeschlossen. Zur Maschine gehört, daß sie *zyklisch* weiterläuft und periodisch in ihren Ausgangszustand zurückkehrt — so wie eine Kurbelwelle nach einer oder mehreren Drehungen der Kurbel. Im Prinzip kann das immer so weiter gehen, solange der Brennstoff Wärme freisetzt, die in Arbeit umgesetzt werden kann.

Maschinen und ihre Arbeitskreisläufe können beliebig kompliziert werden, aber um ihre wichtigsten Eigenschaften zu verstehen, genügt es, den *Carnotschen Kreisprozeß* für eine idealisierte Wärmekraftmaschine zu betrachten. Mit diesem einfachen Kreisprozeß lassen sich auch die Arbeitszyklen realer Maschinen, etwa Gasturbinen und Düsen, beschreiben, wenn man ihn entsprechend darstellt (wie wir später noch sehen werden). Wir wollen ihn anhand des idealisierten Kolbenantriebs in der Abbildung unten auf der linken Seite verdeutlichen. Der Kolben bewegt sich in einem gasgefüllten Zylinder, der mit einer Wärmequelle (Dampf aus einem Kessel) oder einer Senke (Kühlwasser) in Kontakt oder von beiden isoliert sein kann. Man beachte, daß eine echte Dampfmaschine etwas anders funktioniert, weil der Dampf nicht direkt in den Zylinder einströmt.

Emile Clapeyron (1799–1864).

James Watt (1736–1819).

Wir können nun einen Arbeitszyklus unserer Maschine verfolgen, indem wir die Druckänderungen im Zylinder verfolgen. Man kann sie im sogenannten *Dampfdruck-* oder *Indikatordiagramm* wiedergeben, wie es James Watt als erster benutzt hat. Da er diese Diagramme jedoch als Berufsgeheimnis zurückhielt, wurden sie erst durch Emile Clapeyron bekannt, der sie bei seiner Darstellung des Carnotprozesses einführte. Clapeyron hat darüber hinaus den Kreisprozeß verbessert und mathematisch analysiert, und ihm ist es zu verdanken, daß Carnots Arbeiten überhaupt beachtet wurden: Durch Clapeyrons *Mémoire sur la puissance motrice du feu* von 1834 wurde unter anderem auch Kelvin darauf aufmerksam.

Um den gesamten Maschinenzyklus verfolgen zu können, müssen wir etwas mehr über die wichtigsten Eigenschaften des Füllgases, oder allgemein: des Arbeitsmediums, wissen. Als erstes wäre zu beantworten, wie der Druck ansteigt, wenn der Kolben das Gas im Zylinder auf ein kleineres Volumen zusammenpreßt. Der Anstieg hängt jeweils davon ab, wie die Kompression erreicht wird. Wenn das Gas mit einem Wärmereservoir, etwa einem Wasserbad oder einem

Die Beziehung zwischen Druck und Volumen eines Gases hängt davon ab, unter welchen Umständen es expandiert und komprimiert wird. Wenn die Temperatur konstant gehalten wird, ist der Druck umgekehrt proportional zum Volumen und die Druckänderungen folgen *Isothermen*. Ist das Gas thermisch isoliert, so steigt (und sinkt) die Temperatur mit dem Druck, dessen Änderungen den *Adiabaten* entsprechen.

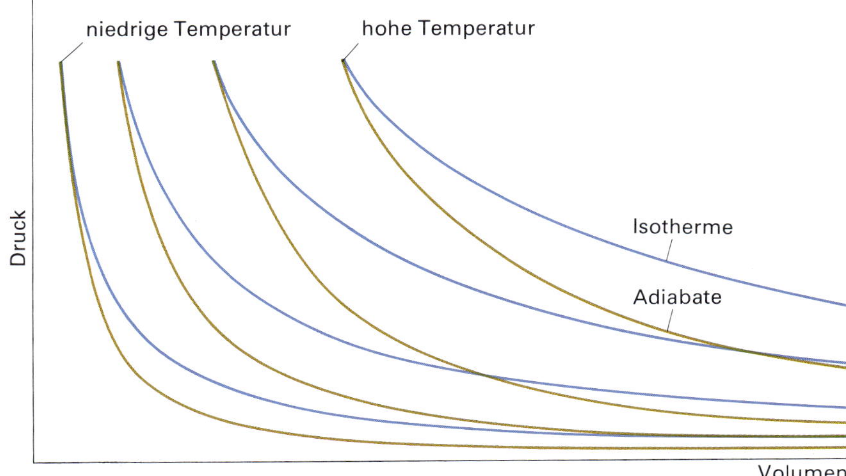

großen Eisenblock, in Kontakt ist, bleibt die Temperatur gleich; diese Kompression bezeichnet man als *isotherm*. Der Druckanstieg folgt einer Kurve, die *Isotherme* genannt wird — solche Kurven sind in der Abbildung auf der vorigen Seite wiedergegeben. (Da der Druck eines idealen Gases unter diesen Bedingungen umgekehrt proportional zum Volumen (V) ist, sind die Isothermen mathematisch Hyperbeln, wie sie Robert Boyle Mitte des 17. Jahrhunderts einführte. Für uns spielt ihre präzise Kurvenform jedoch hier keine Rolle.)

Man könnte das Arbeitsgas auch thermisch isolieren, indem man beispielsweise den Zylinder mit Isolierfolie umwickelt. In diesem Fall läßt sich dem Gas keine Wärme zuführen oder entziehen, und die Druckänderungen sind *adiabatisch*. Experimentell beobachtet man bei einer adiabatischen Kompression einen Anstieg der Gastemperatur. (Die atomare Erklärung dafür werden wir später kennenlernen. Vorerst wollen wir bei den Erscheinungen bleiben und die Mechanismen nicht weiter vertiefen.) Der Temperaturanstieg des komprimierten Gases verstärkt den Druckanstieg, weil sich der Druck mit der Temperatur erhöht. Bei einer adiabatischen Kompression nimmt der Gasdruck also zuletzt rascher zu als bei einer isothermen.

Wenn sich das Gas ausdehnt, ist es entsprechend umgekehrt: Bei isothermer Expansion fällt der Druck mit wachsendem Volumen langsamer ab als bei adiabatischer Ausdehnung, in der sich das Gas gleichzeitig abkühlt. Die Dampfdruckkurven (als Funktion des Volumens) charakterisieren das Verhalten eines expandierenden oder komprimierten Gases, je nachdem, ob man sie von rechts nach links oder von links nach rechts „liest".

Die vier Schritte des Carnotschen Kreisprozesses sind auf der rechten Seite schematisch dargestellt; das zugehörige Dampfdruckdiagramm gibt die isotherme und adiabatische Expansion beziehungsweise Kompression für die verschiedenen Kolbenpositionen wieder, die ja das Volumen festlegen, das dem Gas im Zylinder zur Verfügung steht.

Zunächst befindet sich die Maschine in der Ausgangssituation A: Der Zylinder ist mit einer heißen Quelle in Kontakt, so daß das Arbeitsgas die gleiche Temperatur hat; der Kolben hat sich weit in den Zylinder geschoben und das Gas auf das kleinstmögliche Volumen zusammengepreßt. Wegen der hohen Temperatur und des geringen Volumens ist der Gasdruck hoch.

Im ersten Schritt des Kreisprozesses dehnt sich das Gas aus, während der Zylinder weiterhin in Kontakt mit der Wärmequelle und daher auf gleicher Temperatur bleibt. Der Druck des expandierenden Gases treibt den Kolben zurück, und dadurch dreht sich die Kurbel. Dies ist der Arbeitshub der Maschine. Dieser Schritt läuft isotherm (bei gleichbleibender Temperatur) ab, obwohl ein expandierendes Gas dazu neigt, sich abzukühlen; das wird jedoch verhindert, weil Wärme aus der heißen Quelle in das Gas fließt. Daher ist der Arbeitshub zugleich eine Phase, in der Energie — in Form von Wärme — aus der heißen Quelle absorbiert wird.

Wenn dafür gesorgt ist, daß die Kurbelwelle weiter rotieren kann, der Kolben dadurch wieder in seine Ausgangslage zurückkehrt und das Gas bei gleichbleibender Temperatur in seinen Anfangszustand zurückgeführt wird, ist damit offensichtlich ein entscheidendes Kriterium für Maschinen erfüllt. Der Kreislauf wäre vollständig und könnte im Prinzip weiterlaufen. Wir wollen einen solchen isothermen Zyklus als *Atkinsschen Kreisprozeß* bezeichnen. Dieser Kreislauf ist freilich sinnlos, denn um den Kolben in seine Startposition zurückzubringen, muß der hoffnungsvolle Nutznießer von außen

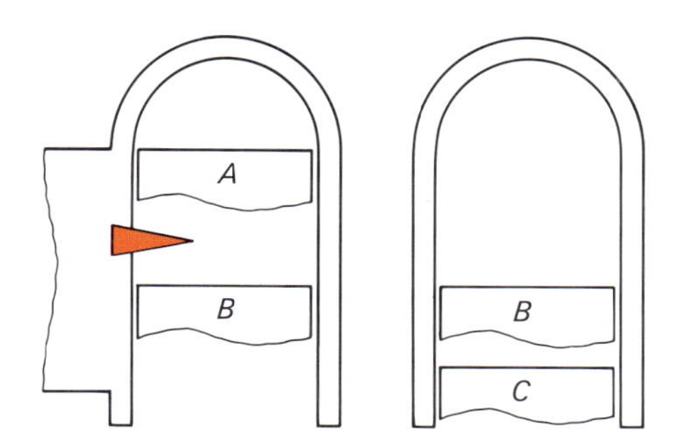

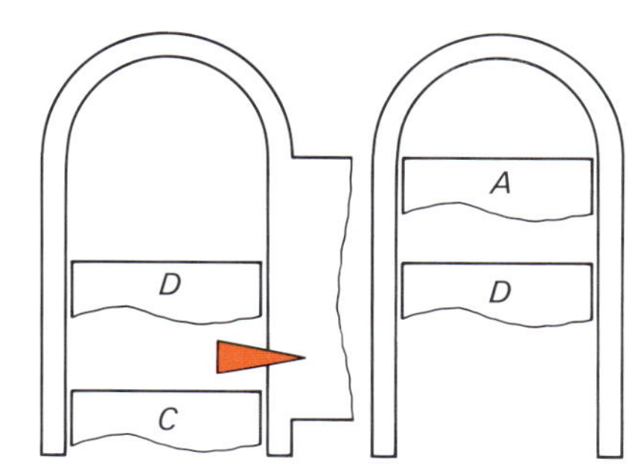

Der *Carnotsche Kreisprozeß* besteht aus vier Phasen: Auf eine isotherme Expansion (von *A* nach *B*) folgt eine adiabatische Expansion (von *B* nach *C*); diese beiden Schritte liefern Arbeit. Die anschließenden Kompressionen, eine isotherme (von *C* nach *D*) und eine adiabatische (von *D* nach *A*) verbrauchen Arbeit. Jede Phase verläuft so langsam, daß keine Verluste durch Turbulenzen, Reibung und so fort entstehen.

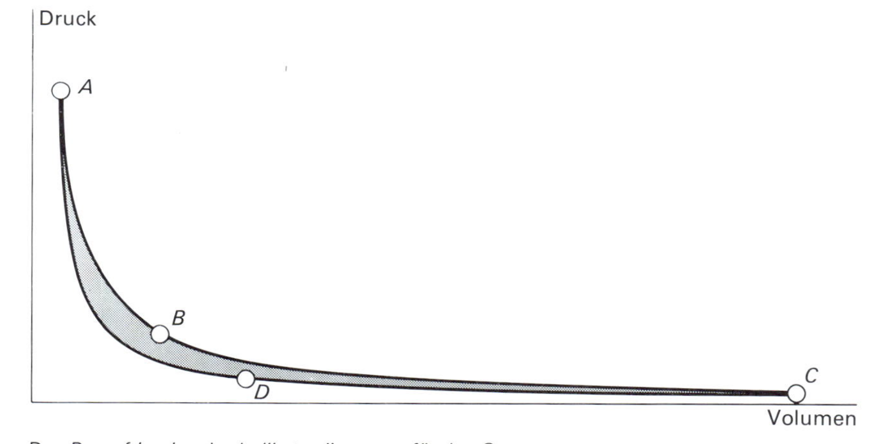

Das *Dampfdruck-* oder *Indikatordiagramm* für den Carnotprozeß. Die Schritte *AB* und *CD* liegen auf Isothermen, aber *BC* und *DA* auf Adiabaten. Die Arbeit, die der ideale Kreisprozeß erzeugt, ist proportional zur eingeschlossenen (dunklen) Fläche.

gerade die gleiche Arbeit wieder in die Maschine hineinstecken, die er eben erst während des Arbeitshubs gewonnen hat. Das verdeutlicht das Dampfdruckdiagramm für den Atkinsprozeß: Die rotierende Kurbelwelle führt den Zustand des Gases isotherm von *A* nach *B* und wieder zurück nach *A*. Was im ersten Schritt von *A* nach *B* an Arbeit erzeugt wird, beansprucht der zweite von *B* nach *A* wieder für sich. Das sieht man auch daran, daß die Kurven von *A* nach *B* und von *B* nach *A* zusammenfallen (es ist dieselbe Isotherme) und die eingeschlossene Fläche Null wird. Ein elementares Ergebnis der Thermodynamik besagt nämlich, daß diese eingeschlossene Fläche gerade der Arbeit entspricht, die während eines vollständigen Kreiszyklus ermöglicht wird. Wenn diese Fläche verschwindet, wird insgesamt keine Arbeit erzeugt.

Um den Kreisprozeß wirkungsvoll zu machen, müssen wir uns einfallen lassen, wie man das Gas wieder in seinen anfänglichen Zustand, also auf die ursprünglichen Werte für Druck, Temperatur und Volumen, zurückbringen kann, ohne die gesamte Arbeit des Kolbenhubs zu verbrauchen. Wir benötigen irgendein Verfahren, mit dem sich der Gasdruck im Innern des Zylinders

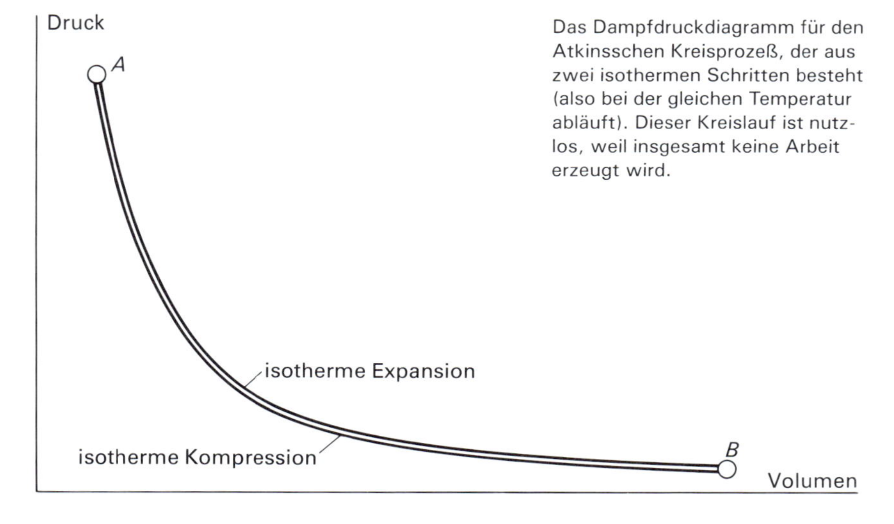

Das Dampfdruckdiagramm für den Atkinsschen Kreisprozeß, der aus zwei isothermen Schritten besteht (also bei der gleichen Temperatur abläuft). Dieser Kreislauf ist nutzlos, weil insgesamt keine Arbeit erzeugt wird.

mit Energiegewinn vermindern läßt, so daß während der Kompressionsphase nur ein Teil der erzeugten Arbeit nötig ist, um den Kolben zurückzuschieben. Dies kann man unter anderem dadurch erreichen, daß man eine Phase mit adiabatischer Expansion in den Kreislauf einbezieht, durch die sich die Temperatur erniedrigt — wir haben das ja schon festgestellt.

Der entscheidende Punkt dabei ist, den thermischen Kontakt mit dem heißen Reservoir während der Expansionsphase zu unterbrechen, bevor der Kolben bis zum Umkehrpunkt zurückgeschoben ist. Und genau das wird beim Carnotprozeß im zweiten Schritt (von *B* nach *C* in den beiden Indikatordiagrammen auf der vorigen Seite) ausgenutzt: Die Kurbel dreht sich und das Gas expandiert weiter, jetzt aber adiabatisch, so daß mit dem Druck auch die Temperatur sinkt. Die Phase von *B* nach *C* ist immer noch ein Arbeitshub, aber hier bedienen wir uns nur noch der Energie, die im Gas gespeichert ist — die Zufuhr von der Wärmequelle hatten wir ja gerade verhindert.

Am Punkt *C* beginnen wir, den Anfangszustand des Gases wieder herzustellen. Zunächst drücken wir den Kolben in den Zylinder zurück, verrichten also Arbeit, um das Volumen auf seinen Ausgangswert zu komprimieren. Damit der Druck möglichst niedrig und die Kompressionsarbeit minimal bleibt, wird das Gas während dieser Phase (von *C* nach *D*) mit einer kalten Senke in Berührung gebracht. Denn sobald sich der Kolben nach innen bewegt, will sich das Gas erwärmen, was der thermische Kontakt mit der kalten Senke verhindert: Die überschüssige Energie wird an die Senke abgegeben, so daß die Temperatur konstant auf einem niedrigeren Niveau bleibt.

Diese isotherme Kompression bringt uns zum Punkt *D*. Das Gasvolumen ist nun fast so gering wie am Anfang, aber die Temperatur liegt noch unter dem Ausgangswert. Daher unterbrechen wir jetzt den Kontakt mit der kühlenden Senke, noch bevor sich die Kurbel vollständig gedreht hat. Dadurch kann die nunmehr adiabatische Kompression die Gastemperatur erhöhen. Geschieht all das im rechten Augenblick, so preßt der letzte Stoß des Kolbens das Gas nicht nur auf sein Anfangsvolumen zusammen, sondern erhöht auch die Temperatur auf den Anfangswert. Der Kreislauf ist damit geschlossen.•

Aber nicht nur das: Die Maschine hat jetzt Arbeit erzeugt und ist bereit für einen weiteren, ebenso effizienten Durchgang. Wie gewünscht hat sie im Arbeitshub mehr nutzbare Energie freigesetzt, als an Kompressionsarbeit gegen einen geringen Druck zur Wiederherstellung des Ausgangszustandes verbraucht wurde. Das spiegelt auch die Form des Dampfdruckdiagramms auf Seite 15 wider: Die eingeschlossene Fläche ist nicht mehr Null und entsprechend kann die Maschine insgesamt Arbeit erzeugen.

Dabei spielt allerdings die kalte Senke eine entscheidende Rolle. Ohne sie ergäbe sich nämlich wieder der einfache Atkinsprozeß, der zwar zyklisch ist, aber insgesamt keine Arbeit liefert. Dadurch, daß Energie an die Senke abgegeben wird, trennt sich die untere Linie im Dampfdruckdiagramm von der oberen, und beide schließen eine Fläche ein, die ungleich Null ist: Der Prozeß läuft immer noch zyklisch ab, wird nun aber effizient. Der Preis für die Arbeit, die wir aus der von der heißen Quelle absorbierten Wärme gewinnen, ist also etwas Wärme, die wir an die Senke „vergeuden" müssen. Insofern ähnelt eine Wärmekraftmaschine in der Tat Carnots Vorstellung von einem Gefälle, über das Wärme abfließt (auch wenn wir darunter keinen Wärmestoff mehr verstehen): Die Wärme fällt von einer heißen Quelle in eine kalte Senke, wobei die Wärmemenge insgesamt erhalten bleibt. Weil aber Wärme, wie wir festgelegt haben,

---

• Den Carnotschen Kreisprozeß kann man mit Hilfe des ersten Computerprogramms in Anhang 3 simulieren. Nach der allgemeinen Definition ist der Carnotprozeß ein beliebiger Zyklus mit zwei adiabatischen und zwei isothermen Phasen.

nur von Heiß nach Kalt fließen kann, läßt sich immer nur in Grenzen Energie als Arbeit abzweigen. Der Wärmefluß in die kalte Senke muß aufrechterhalten bleiben, auch wenn wir ihm Energie entziehen.

Wir können nun verallgemeinern: Der Carnotsche Kreisprozeß ist nicht der einzige Weg, um Wärme in Arbeit umzusetzen. Jedermann, der sich mit Dampfantrieb oder Verbrennungsmotoren näher befaßt hat, weiß, daß bei solchen Antriebsmaschinen — genau wie beim Carnotschen Kreisprozeß — eine kalte Senke vorhanden sein muß, die in einer bestimmten Phase im Kreislauf Wärme aufnimmt. Diese schlichte Erfahrungstatsache spiegelt nichts Geringeres als den Zweiten Hauptsatz der Thermodynamik wider.

Damit rückt der Zweite Hauptsatz ins Rampenlicht, nachdem sein Auftritt mit dem Carnotprozeß vorbereitet wurde, um seine Bedeutung in der Thermodynamik herauszuarbeiten. Dieses Gesetz besagt, daß eine Maschine unmöglich die verfügbare Wärme vollständig in Arbeit umwandeln kann; stets muß ein Teil davon ungenutzt in eine kalte Senke abfließen. Das heißt, in der Natur sind Wärme und Arbeit zwar als Energieformen gleichwertig, aber wenn Wärme in Arbeit umgewandelt wird, fordert das prinzipiell seinen Tribut: Immer geht dabei ein Teil der Wärme verloren.

Man beachte die Asymmetrie, die darin besteht, daß bei der Umwandlung von Arbeit in Wärme kein Verlust entsteht: Wir können unsere schwer erworbene Arbeit vollständig für Reibungswärme verschleudern. Nur die Wärme macht eine Ausnahme: Sie wird bei der Umwandlung besteuert, Arbeit nicht.

Die Fülle der Ereignisse läßt eine Regel erkennen: Hüpfende Bälle kommen zur Ruhe, heiße Gegenstände kühlen ab, und nun haben wir eine Asymmetrie zwischen Wärme und Arbeit festgestellt. Um zu sehen, in welche Richtung der Zweite Hauptsatz dabei weist, müssen wir nun von der Dampfmaschine in den umfangreichen Geltungsbereich dieses Gesetzes aufbrechen — und werden am Ende des Buches feststellen, daß es sogar alles Leben beherrscht.

Wegweiser der Veränderung

Die Nachfolger von Carnot zogen eine klare Trennungslinie zwischen dem Energiebetrag, der umverteilt wird, und der Umwandlungsrichtung. An die Stelle der Wärmeerhaltung trat die Energieerhaltung. Wärme und Energie, die man beide zuvor als völlig gleichwertig angesehen hatte, entpuppten sich als asymmetrisch. Damit ist der Sachverhalt jedoch nur ungenau und unvollständig beschrieben. Wir müssen unsere Begriffe nun verschärfen und verfolgen, wo und wie sie sich verzweigen. Zunächst werden wir unsere noch ziemlich verschwommenen Vorstellungen von Wärme und Arbeit präzisieren und damit die Aussage des Zweiten Hauptsatzes exakter formulieren. Im nächsten Schritt können wir in den Anwendungsbereich des Zweiten Hauptsatzes vordringen und faszinierende Abläufe entdecken, wenn sich der natürliche Gang der Dinge als Weg ins Chaos erweist.

Eine Art Wegweiser der Veränderung sind auch die Eröffnungsphotos zu jedem Kapitel, die eine Strukturbildung während der Chaoszunahme im Universum dokumentieren. Die Regeln, nach denen solche komplexeren geordneten Muster entstehen, werden im letzten Kapitel des Buches diskutiert.

Die Natur von Wärme und Arbeit

In unserer bisherigen Diskussion haben die Begriffe Wärme und Arbeit eine Schlüsselrolle gespielt, und das wird auch in den nächsten Kapiteln so bleiben. Die Feststellung, daß Wärme und Arbeit abstrakte Begriffe sind, die keine Stoffe bezeichnen, gehört wohl zu den wichtigsten Einsichten der Thermodynamiker des 19. Jahrhunderts. Nicht nur die Vorstellung von einem Wärmestoff erwies sich als falsch, auch Arbeit ist nichts Materielles, das man lagern oder ausschenken könnte.

Wärme und Arbeit haben beide mit *Energietransport* zu tun. Einen Gegenstand zu erhitzen, bedeutet ja nichts anderes, als ihm auf eine bestimmte Weise Energie zuzuführen (durch den Temperaturunterschied zwischen der Wärmequelle und dem Gegenstand). Beim Abkühlen kehrt sich die Transportrichtung um: Einem Körper wird Energie entzogen, indem man eine Temperaturdifferenz zwischen ihm und einer kälteren Wärmesenke herstellt. Wichtig ist hier, daß *Wärme* eigentlich nur die *Bezeichnung für eine Methode des Energietransportes* ist — und diesen Aspekt müssen wir uns auf den nächsten Seiten (und auch noch danach) immer wieder vor Augen halten.

Das gleiche gilt für die Arbeit. Sie ist das, was wir tun, wenn wir die Energie eines Körpers ändern, ohne daß ein Temperaturunterschied mitwirkt. Zum Beispiel erfordert es Arbeit, ein Gewicht aufzuheben oder einen Lastwagen auf einen Hügel hinaufzufahren. Wie die Wärme ist *Arbeit* nur eine *Bezeichnung für eine Methode des Energietransportes*.

Nach dieser Einschränkung können wir uns wieder etwas zwangloser ausdrücken. Wenn wir bislang gesagt haben, Wärme werde in Arbeit umgewandelt, bedeutet das präziser ausgedrückt: Energie wird von einer Quelle infolge einer Erwärmung transportiert und dann, indem Arbeit verrichtet wird, übertragen. Doch in einem solchen Wortschwall geht die präzisere Erklärung natürlich unter. Wir werden deshalb die vertraute und auch allgemein übliche Sprechweise beibehalten, daß Wärme in ein System fließt — und im Geiste hinzufügen, daß wir ja wissen, was in Wirklichkeit gemeint ist.

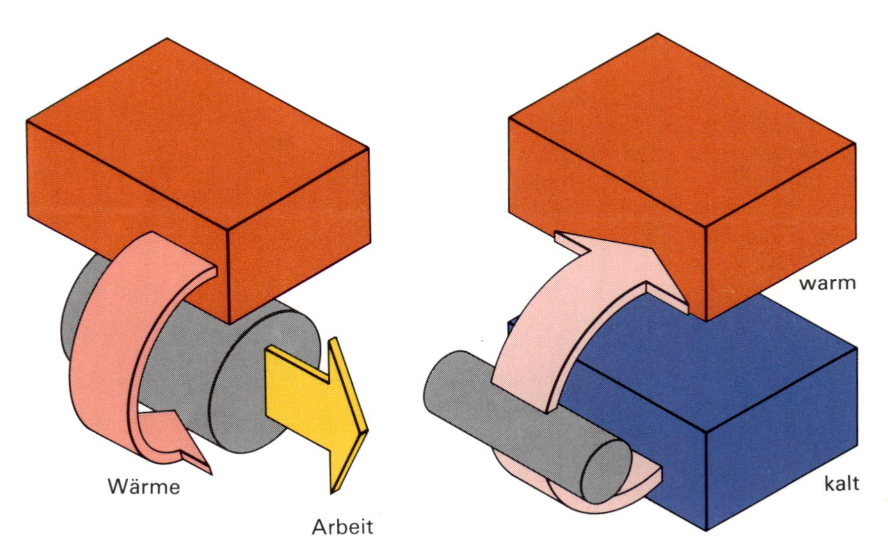

Der Zweite Hauptsatz in den Formulierungen von Kelvin (links) und Clausius (rechts). Kelvins Version lautet: Eine bestimmte Wärmemenge (rosa Pfeil) kann nicht vollständig in Arbeit (gelber Pfeil) umgewandelt werden, ohne daß gleichzeitig irgendwoanders zusätzliche Umwandlungsprozesse ablaufen. Clausius formulierte den Zweiten Hauptsatz so: Wärme kann nicht spontan von einem kalten Körper zu einem wärmeren fließen.

Der Keim der Veränderung

Wir wollen nun den Zweiten Hauptsatz konstruktiv als handliche Regel formulieren. In der bisherigen Diskussion hat er eine nicht besonders eindrucksvolle Rolle bei einer nicht besonders interessanten Beobachtung an Wärmekraftmaschinen gespielt. Wie wir gesehen haben, sind kalte Senken unentbehrlich, wenn Wärme in Arbeit umgewandelt werden soll. Diese Erfahrungstatsache hat Kelvin in einer Version des Zweiten Hauptsatzes wie folgt formuliert:

Zweiter Hauptsatz: Es kann keinen Prozeß geben, bei dem als *einziges* Resultat Wärme aus einem Reservoir absorbiert und vollständig in Arbeit umgewandelt wird.

Der wichtigste Punkt bei dieser Formulierung ist die bereits diskutierte Asymmetrie der Natur. Sie beinhaltet, daß sich Wärme prinzipiell nicht vollständig in Arbeit umwandeln läßt (wie in der Abbildung links auf dieser Seite gezeigt). Sie sagt jedoch nichts über die Vollständigkeit bei Umwandlungen von Arbeit in Wärme aus; in der Tat gibt es hierbei, soweit wir wissen, keine Beschränkung: Arbeit kann vollständig in Wärme umgewandelt werden, ohne daß irgendeine andere Umwandlung erkennbar ist. Zum Beispiel kann die Arbeit einer Maschine nutzlos als Reibungswärme vergeudet werden — ähnlich wie bei einer Bremse, die Wärme erzeugt, wenn sie ein Rad zum Stillstand bringt. Auf diese Weise kann im Prinzip die gesamte Energie, die eine Maschine an die Außenwelt transportiert, wieder verbraucht werden. Obwohl Arbeit und Wärme gleichermaßen eine Art des Energietransportes darstellen, sind sie nicht beliebig austauschbar — darin besteht gerade die fundamentale Asymmetrie der Natur. Wir werden sehen, daß sich praktisch in allen Ereignissen jene Asymmetrie manifestiert, die sich im Zweiten Hauptsatz der Thermodynamik ausdrückt.

Man sollte Kelvins Formulierung nicht überstrapazieren. Sie verbietet Prozesse, bei denen Wärme aus einer Quelle herausgezogen und vollständig in Arbeit umgewandelt wird, nur dann, wenn es keine weiteren Veränderungen im Universum gibt. Es wird dagegen nicht ausgeschlossen, daß Wärme vollständig in Arbeit umgewandelt werden kann, sofern gleichzeitig auch andere Umwandlungen stattfinden. Beispielsweise funktionieren Kanonen, weil praktisch die gesamte Verbrennungswärme des Pulvers in Arbeit umgewandelt wird, die die Kugel beim Schuß vorwärts treibt. Kanonen kehren jedoch dabei nicht von selbst in ihren Ausgangszustand zurück — es gibt keinen Kreisprozeß, der das expandierende Gasvolumen, das die Kugel aus der Kanone schießt, anschließend wieder verdichtet.

Zu den faszinierenden Seiten der Thermodynamik gehört, daß sich scheinbar unzusammenhängende Feststellungen plötzlich als äquivalent erweisen. Auf diese Weise hat der Zweite Hauptsatz seine erste Domäne, die Welt der Dampfmaschine, ausgeweitet und beherrscht nun ein riesiges Terrain. Das spiegelt sich in einer anderen Formulierung des Zweiten Hauptsatzes wider, die von Clausius stammt:

Zweiter Hauptsatz: Es kann keinen Prozeß geben, bei dem als *einziges* Resultat Energie von einem kälteren zu einem wärmeren Körper übertragen wird.

Zunächst entspricht diese Formulierung von Clausius einer Erfahrungstatsache: Soweit wir wissen, hat noch niemand beobachtet, daß Energie spontan (ohne äußere Einwirkung) von einem kalten auf einen heißen Körper „überspringt". Ein Vorgang, wie er in der rechten Abbildung auf der linken Seite skizziert ist, wäre prinzipiell blockiert. Die Gesetze der Thermodynamik kümmern sich nicht um vereinzelt immer noch kursierende Berichte von angeblichen Wundern, und rückblickend haben sich die Vorhersagen der Thermodynamik nachhaltig bestätigt und überzeugende Gegenargumente geliefert. Wenn wir zur Kühlung und Klimatisierung ausgetüftelte Apparate bauen, manifestiert sich darin eine ganz praktische Seite des Zweiten Hauptsatzes in der Formulierung von Clausius. Da Wärme nicht spontan zu einem heißen Körper fließt, müssen wir durch geschickte äußere Einwirkung für diese unnatürliche Flußrichtung sorgen: indem wir irgendwoanders im Universum Umwandlungen zulassen. Zum Beispiel kann eine kompensatorische Veränderung bei einem Kühlschrank vielleicht in brennender Kohle, einem Wasserfall oder in einem Reaktor unter explodierenden Atomkernen vor sich gehen. Der Zweite Hauptsatz kennzeichnet sozusagen nur das Unnatürliche, ohne jedoch zu verbieten, es mittels einer natürlichen Umwandlung zustande zu bringen.

Clausius konstatiert in seiner Formulierung — wie schon Kelvin — implizit eine fundamentale Asymmetrie der Natur, wenn auch eine scheinbar völlig andere. Bei Kelvin handelt es sich um die Asymmetrie zwischen Arbeit und Wärme, während Arbeit bei Clausius gar nicht erwähnt wird. Hier geht es um die natürliche Umwandlungsrichtung: Energie kann spontan längs eines Temperaturgefälles von Warm nach Kalt fließen, aber nicht umgekehrt. Die doppelte Asymmetrie ist sozusagen der Amboß, auf dem wir unser Werkzeug für die Beschreibung aller natürlichen Änderungen schmieden müssen.

Nun gibt es den Zweiten Hauptsatz der Thermodynamik nur einmal, und wenn beide Asymmetrien der Natur ihre Berechtigung haben, so müssen sie sich auch in einer umfassenden Formulierung des Zweiten Hauptsatzes ausdrücken lassen. Tatsächlich sind die beiden scheinbar verschiedenartigen Aussagen von Kelvin und Clausius logisch äquivalent, und der Zweite Hauptsatz vereinigt beide in sich. Die scheinbare Doppelsymmetrie ist in Wirklichkeit nur einfach.

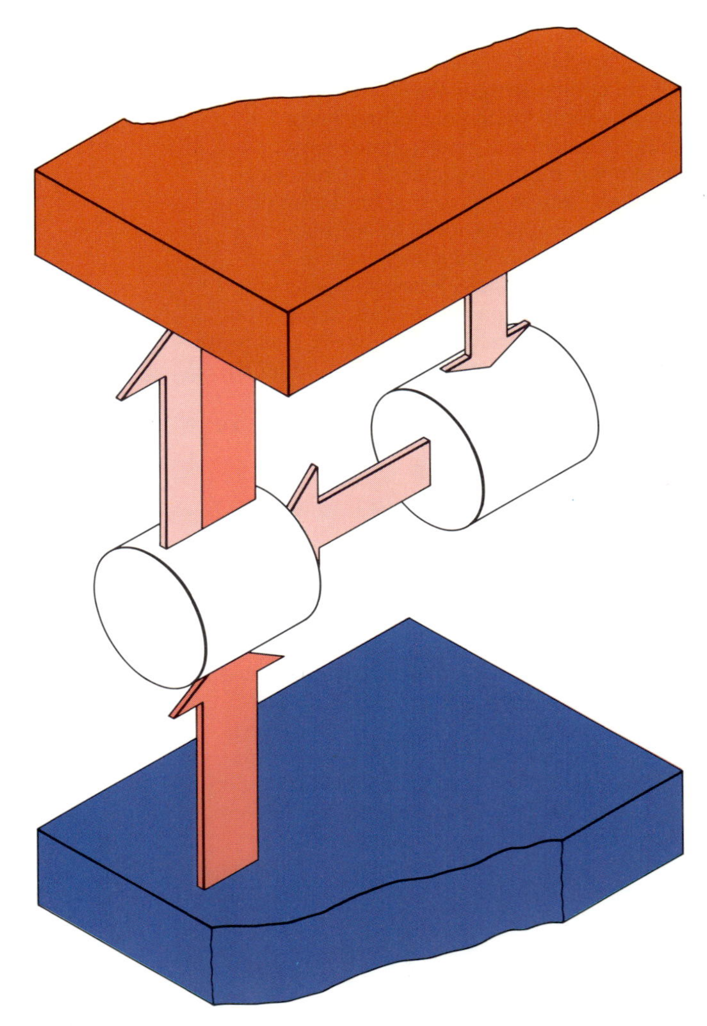

Indirekter Beweisschritt zur Äquivalenz der Aussagen von Kelvin und Clausius. Wir verbinden eine gewöhnliche Maschine mit zwei Reservoirs und treiben sie mit einem Anti-Kelvin-Apparat an; der Nettoenergiefluß (dunkle Pfeile) dieser hypothetischen Supermaschine transportiert dann spontan Wärme vom kalten zum heißen Reservoir. Eine Maschine, die Kelvins Aussage widerspricht, steht also automatisch auch im Widerspruch zu Clausius.

Um zu zeigen, daß beide Aussagen gleichwertig sind, verwenden wir das folgende logische Beweisverfahren: Wir weisen nach, daß die Clausiussche Formulierung aus der Kelvinschen folgt und umgekehrt. Dabei werden wir allerdings indirekt vorgehen und uns einen Trick der Logiker zunutze machen: Wir werden annehmen, Kelvins Aussage sei falsch, und daraus folgern, daß unter dieser Voraussetzung auch Clausius Aussage falsch sein muß, und entsprechend können wir in umgekehrter Richtung schließen. Wenn aber mit der einen Aussage automatisch auch die andere widerlegt wird, dann sind beide logisch äquivalent.

Für unsere Zwecke wollen wir die Familie Rogue zu Wort kommen lassen: Jack Rogue, Vertreter für Anti-Kelvin-Erfindungen, und Jill Rogue aus der Branche für Anti-Clausius-Maschinen. Zuerst wird uns Jack seine Erfindung vorstellen.

Wir nehmen uns Jacks Maschine vor, von der er behauptet, sie könnte — im Widerspruch zu Kelvins Erfahrung — Wärme vollständig in Arbeit umwandeln, ohne irgendwoanders eine Veränderung hervorzurufen. Wir verbinden Jacks Apparat nun mit einer heißen Quelle, einer kalten Senke und außerdem mit einer anderen, konventionellen Maschine, die wie ein Kühlschrank arbeitet und Energie aus derselben Senke wieder in die Quelle befördert. Jack behauptet, daß sämtliche Wärme, die sein Apparat der heißen Quelle entzieht, in Arbeit umgewandelt wird. Wenn wir unsere Maschine also lange genug betreiben würden, um 100 Joule• Energie in Form von Wärme gewinnen zu können, müßte Jacks Supermaschine 100 Joule Arbeit erzeugen. Seiner Meinung nach müßte unsere Maschine die gesamten 100 Joule verwenden, um Energie von der kalten Senke zur heißen Quelle zurückzutransportieren. Auf diese

---

• Die Einheiten für die Energie, die einfach gespeichert beziehungsweise als Wärme oder in Form von Arbeit transportiert wird, sind in Anhang 1 erläutert. Wir werden „Joule" benutzen.

Weise sollte sie genauso viel Wärmeenergie an die Quelle zurückgeben, wie sie in Form der 100 Joule plus der im Kühlschrankverfahren aus der Senke entzogenen Wärme aufnimmt. Dies ergibt sich aus dem Ersten Hauptsatz, den sowohl Jack als auch Jill akzeptieren. Die Energieflüsse sind in der Abbildung auf der linken Seite dargestellt. Insgesamt läuft das Ganze darauf hinaus, daß Wärme von Kalt nach Heiß transportiert wird. Jill ist daher von Jacks Apparat begeistert.

Zuversichtlich führt Jill nun ihren Apparat vor und behauptet, damit könne man einer kalten Senke Wärme entziehen und in eine heiße Quelle pumpen, ohne zugleich anderswo eine Änderung zu bewirken. Wie bei Jacks Supermaschine wird Jills Gerät mit einer heißen Quelle und einer kalten Senke verbunden. Wieder wird eine konventionelle Maschine einbezogen — wie die Abbildung rechts zeigt. Jill läßt ihre Erfindung laufen und 100 Joule Energie von Kalt nach Heiß transportieren — wie sie behauptet ohne äußeren Einfluß, was natürlich Clausius und der Lebenserfahrung widerspricht. Die andere Maschine transportiert 100 Joule Energie in die kalte Senke und gleicht somit den Arbeitsgewinn aus der heißen Quelle aus. Offensichtlich bleibt die Nettoenergie der kalten Senke konstant. Und alles, was die heiße Quelle an Wärme liefert, wird ohne verlustreiche Umwandlungen vollständig in Arbeit umgesetzt. Das gefällt Jack.

Unsere beiden Erfinder passen ausgezeichnet zusammen: Hat Jack Erfolg, dann erreicht auch Jill ihr Ziel — und umgekehrt. Mit anderen Worten, wenn Kelvin irrt, geht auch Clausius fehl, und wenn Clausius sich täuscht, macht auch Kelvin einen Fehler. Ihre beiden Formulierungen des Zweiten Hauptsatzes geben gleichwertige Erfahrungstatsachen wieder: Sie sind zwei Seiten einer Medaille.

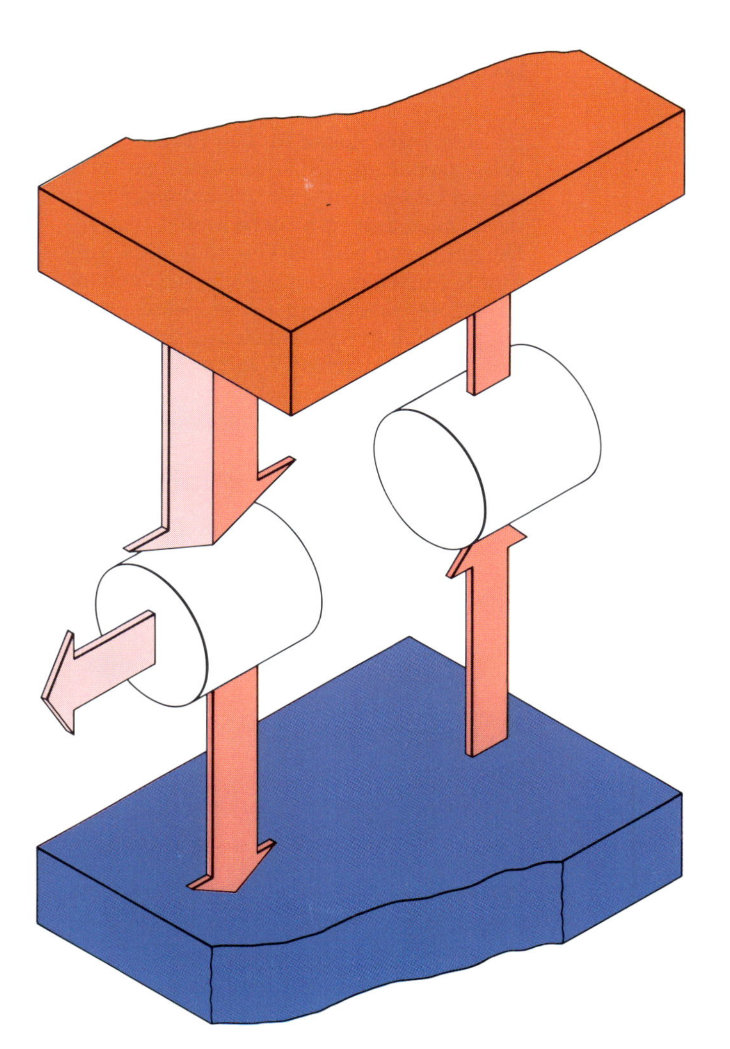

Wenn die Aussage von Clausius falsch ist, gilt das auch für die Formulierung von Kelvin. Wir verbinden eine gewöhnliche Maschine mit einem heißen und einem kalten Reservoir, die gleichzeitig auch mit einem Anti-Clausius-Apparat in Kontakt sind. Die Energieflüsse sind anhand der Pfeile gezeigt. Insgesamt gesehen wird Wärme ohne weitere Umwandlung vollständig in Arbeit umgesetzt (helle Pfeile), was Kelvin widerspricht.

Der natürliche Wandel

Es ist kennzeichnend für den Fortgang der Wissenschaft, daß man von einer nur qualitativen Beschreibung der Phänomene zu einer quantitativen weiterschreitet. Aus Vorstellungen werden Theorien, die für eine exakte Forschung zugänglich sind, und auch die theoretischen Begriffe und Konzepte entwickeln sich gewissermaßen zu einem logischen Automatismus: Wenn ein Begriff erst einmal mathematisch gefaßt ist, lassen sich seine Konsequenzen systematisch über ein Schlußverfahren „abspulen". Wir haben versprochen, den Zweiten Hauptsatz ohne Mathematik zu erläutern, doch das heißt nicht, daß wir keine quantitativen Begriffe einführen können. Einige haben wir ja bereits benutzt, etwa Temperatur und Energie. Jetzt ist es Zeit, dasselbe für Spontaneität zu machen.

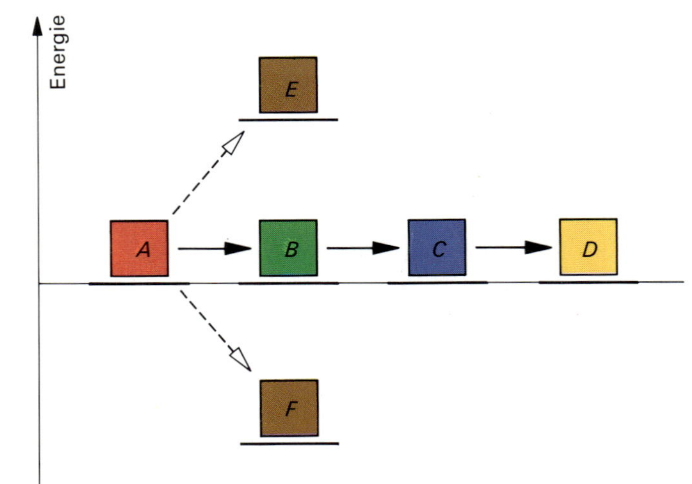

Ein abgeschlossenes System kann im Prinzip in einen anderen Zustand mit gleicher Energie überwechseln (schwarze Pfeile); der Erste Hauptsatz verbietet jedoch spontane Übergänge in einen energetisch höheren oder niedrigeren Zustand (gestrichelte Pfeile).

Hinter unserem nächsten Zug steht die Vorstellung von einem *thermischen Gleichgewicht*, das zwischen Objekten oder Systemen, die im Brennpunkt unserer Aufmerksamkeit stehen, herrscht. In der Thermodynamik benutzt man stets den Begriff *System*, und wir werden das von nun an auch tun. Thermisches Gleichgewicht herrscht, wenn sich System A im thermischen Kontakt mit System B befindet, ohne daß insgesamt in einer Richtung ein Energiefluß auftritt. Um diese Bedingung zu formulieren, müssen wir den Begriff der *Temperatur* eines Systems so definieren, daß zwei Systeme, A und B, wenn sie zufälligerweise die gleiche Temperatur haben, automatisch im thermischen Gleichgewicht sind. Der Nullte Hauptsatz, der die Definierbarkeit von Temperatur festlegt, führt uns also zu einer neuen Eigenschaft eines Systems, an der wir leicht ablesen können, ob es sich beim Kontakt mit einem anderen System im thermischen Gleichgewicht befindet oder nicht.

Auf ganz ähnliche Weise enthält der Erste Hauptsatz implizit den Begriff der Energie. Wir können fragen, welche thermodynamischen Zustände für ein System erreichbar sind, wenn wir ihm Wärme oder Arbeit zuführen. Mit Hilfe der Energie läßt sich genau angeben, welche Zustände ein System annehmen kann. Angenommen, ein Zustand weicht von einem Ausgangszustand um einen bestimmten Energiebetrag ab, dann wissen wir, daß dieser Zustand von einem abgeschlossenen System nie erreicht werden kann. Denn man müßte ihm dazu Wärme zuführen oder entziehen.

Gibt es auch im Falle des Zweiten Hauptsatzes eine Eigenschaft, mit der er sich präzise fassen läßt? Diese Eigenschaft sollte uns auf den ersten Blick sagen, ob ein System spontan zwischen zwei Zuständen gleicher Energie wechseln kann. Mit anderen Worten, es sollte neben der Energie eine Eigenschaft geben, die ein Kennzeichen für natürliche, spontane Umwandlungen ist; durch diese neue Eigenschaft könnte die Entwicklung eines Systems sozusagen von innen heraus gesteuert werden, ohne daß wir dazu durch äußere Technik etwas tun müßten.

In der Tat trifft das für die *Entropie* eines Systems zu. Von allen thermodynamischen Eigenschaften ist sie vielleicht die berühmteste, die zugleich auch am meisten Ehrfurcht einflößt. Doch sollte diese Ehrfurcht nicht am falschen Punkt ansetzen: Daß die Entropie eine komplizierte Größe ist, sollte hier nicht den Ausschlag geben. Entscheidend ist, daß sie die zukünftige Richtung der Entwicklung eines Systems beherrscht. Anders als der Energiebegriff taucht das Wort Entropie in der Umgangssprache nur sehr selten auf, und die meisten wissen damit kaum etwas anzufangen. Das heißt aber nicht, daß Entropie ein schwierigerer Begriff wäre. Ich möchte sogar behaupten (und hoffentlich im nächsten Kapitel auch demonstrieren), daß man die Entropie eines Systems leichter verstehen kann als die Energie. Diese Einfachheit der Entropie wird jedoch erst sichtbar, wenn wir zu den Atomen kommen. Solange wir an der Oberfläche der Erscheinungen bleiben — und das müssen wir vorerst tun —, stoßen wir bei der Entropie auf gewisse Schwierigkeiten.

Entropie

Wir wollen nun mit Hilfe unserer bisherigen Überlegungen eine erste brauchbare Definition für die Entropie aufstellen. Der Erste Hauptsatz sagt uns etwas über die Energie eines Systems, das von allen äußeren Einflüssen abgeschlossen ist. Die Energie bleibt nur innerhalb eines solchen *abgeschlossenen Systems* konstant, in das weder Wärme noch Arbeit dringt. Wir wollen es kurzum als *Universum* bezeichnen (wie in der Abbildung unten auf dieser Seite). Auch die Entropie bezieht sich auf ein abgeschlossenes System, das wir wiederum Universum nennen werden. Solche Bezeichnungen spiegeln die dreiste Überheblichkeit der Thermodynamik wider: Später werden wir sehen, inwieweit das thermodynamische Universum wirklich mit dem kosmischen Universum identisch ist.

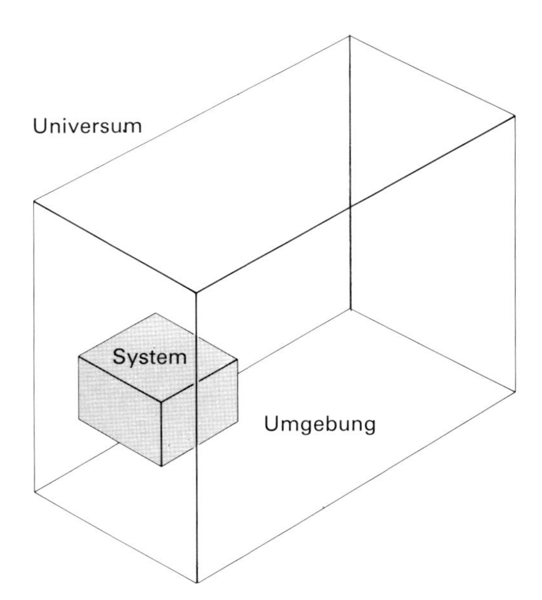

In der Thermodynamik haben wir es immer mit sogenannten Systemen zu tun, die zusammen mit ihrer Umgebung das thermodynamische Universum bilden. In der Praxis ist das nur ein kleiner Bereich des kosmischen Universums, zum Beispiel das Innere eines wärmeisolierten, geschlossenen Behälters oder ein Wasserbad mit konstant gehaltener Temperatur.

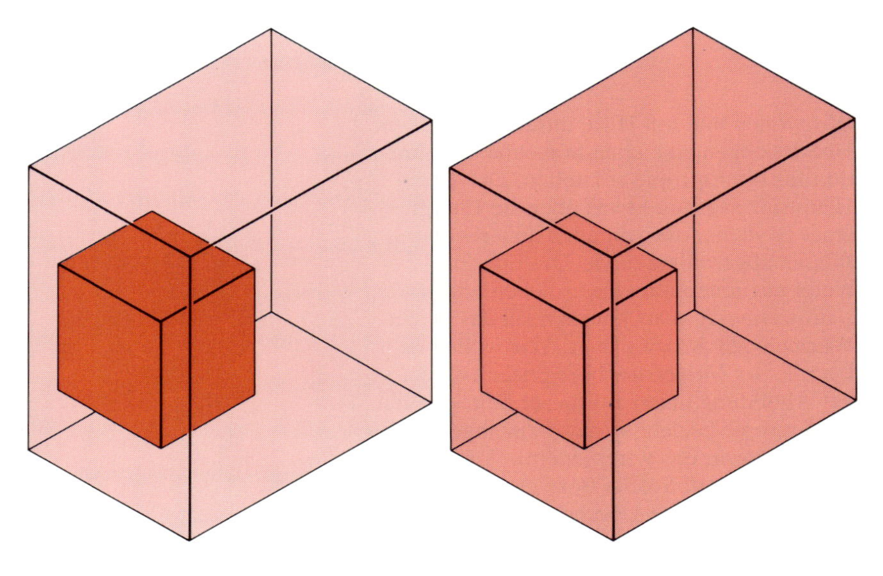

Ein isoliertes System (ein Universum) mit einem heißen Metallblock darin (links) befindet sich in einem anderen Zustand als ein System gleicher Gesamtenergie, bei dem derselbe Metallblock eine andere Temperatur hat. Es muß eine Eigenschaft geben, die diesen Unterschied ausmacht. Es ist die Entropie. Sie bewirkt, daß sich der Metallblock spontan abkühlt — und dabei die kältere Umgebung erwärmt. Gleichzeitig verhindert sie, daß umgekehrt Wärme von Heiß nach Kalt fließt.

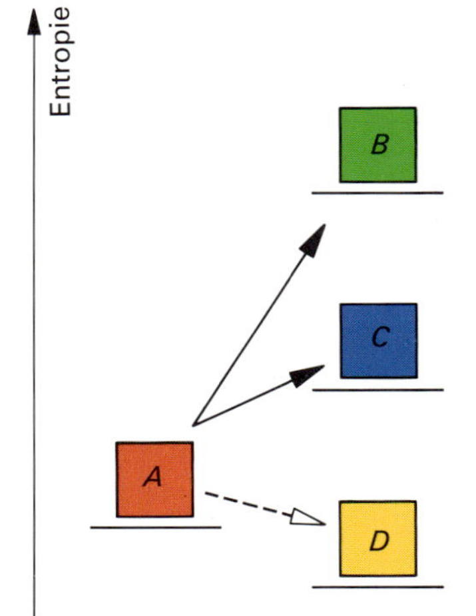

Die Zustände *A*, *B*, *C* und *D* haben zwar dieselbe Energie, aber eine unterschiedliche Entropie. Spontane Übergänge von *A* nach *B* oder *C* sind möglich, weil die Entropie zunimmt; der Übergang von *A* nach *D* tritt nicht spontan auf. Das Universum strebt nämlich immer den Zustand höherer Entropie an.

Angenommen, unser Universum kann sich in zwei Zuständen befinden: Einmal ist ein Metallblock in seinem Inneren heiß, das andere Mal kalt. Dann folgt aus dem Ersten Hauptsatz, daß der zweite Zustand vom ersten aus nur erreicht werden kann, wenn die Gesamtenergie des Universums für beide Zustände gleich ist. Der Zweite Hauptsatz schränkt diese Möglichkeit unabhängig von der Energie des Universums durch eine Entropiebedingung ein: Wenn die Entropie für den Zustand *B* größer ist als für den Zustand *A*, dann kann *A* spontan in *B* übergehen — so ist die Entropie definiert. Andererseits läßt sich der Zustand *B* innerhalb eines geschlossenen Systems nicht erreichen, sobald seine Entropie die des Zustandes *A* unterschreitet, auch wenn die Energie in beiden Fällen gleich sein sollte. Um das Universum in den Zustand *B* zu bringen, müßten wir es mit technischen Mitteln (etwa einem Kühlschrank) aus seiner Isolierung befreien — und würden damit automatisch eine Umwandlung beim Zustand unseres nun größeren Universums auslösen.

Die Entropie ist — wie wir noch sehen werden — so definiert, daß sie in einem beliebigen Universum bei natürlichen Änderungen stets zunimmt und sich bei unnatürlichen und künstlichen Umwandlungen verringert. Außerdem kann man sie benutzen, um Clausius und Kelvins Formulierungen des Zweiten Hauptsatzes wie folgt zusammenzufassen:

Zweiter Hauptsatz: Natürliche Vorgänge sind immer mit einer Zunahme der Entropie im Universum verbunden.

Dieser Zusammenhang wird nicht als Zweiter Hauptsatz ausgegeben (der eigentlich auf der direkten Erfahrung beruht), sondern als *Entropiesatz* bezeichnet, weil die Aussage von der Definition der Entropie abhängt und sich der unmittelbaren Erfahrung entzieht. (Analog bezeichnet man auch die Aussage, daß die Energie erhalten bleibt, als Energieerhaltungssatz, während ja der Erste Hauptsatz nur die Erfahrung wiedergibt, daß Arbeit Umwandlungen bewirken kann. Der

Energiesatz hängt ja darüber hinaus davon ab, was man im Sinne einer exakten Definition unter ,,Energie'' versteht.)

Kelvins Formulierung des Zweiten Hauptsatzes läßt sich durch das Entropieprinzip umschreiben, wenn wir berücksichtigen, daß die Entropie beim Erhitzen eines Systems zunimmt, aber unverändert bleibt, wenn nur Arbeit (und keine Wärme) hineingesteckt wird; entsprechend nimmt die Entropie ab, sobald ein System abgekühlt wird. Daher fällt Jacks Maschine unter ein Verbot des Zweiten Hauptsatzes, weil einer heißen Quelle Wärme entzogen wird (so daß die Entropie abfällt) und Arbeit in der Umgebung verrichtet wird (mit dem Ergebnis, daß die Entropie dort gleich bleibt). Das illustriert die Abbildung oben auf dieser Seite: Die Gesamtentropie des kleinen Universums aus Jacks Maschine und deren nächster Umgebung nimmt ab. Seine Maschine ist also widernatürlich.

Damit wir auch Jills Gerät ausmustern können, müssen wir wissen, wie die Entropie von der Temperatur abhängt. Wir können Jill (und Clausius) sozusagen dingfest machen, wenn sich die Entropie eines Systems bei hoher Temperatur durch Wärmezufuhr oder -entzug nur geringfügig ändert (bezogen auf gleiche Wärmemengen). Bei Jills Anti-Clausius-Gerät soll das kalte System angeblich Wärme abgeben, die dann vollständig von dem heißen System aufgenommen wird. Da die Temperatur des kalten Reservoirs unter der des heißen liegt, ist die Entropieabnahme dort größer als die Entropiezunahme im heißen Reservoir. Insgesamt vermindert also Jills Gerät die Entropie des thermodynamischen Universums und ist demzufolge ebenfalls widernatürlich.

Allmählich schließt sich der Kreis. Wir können Jack und Jill gemeinsam widerlegen, nachdem wir beide Aussagen des Zweiten Hauptsatzes im Entropiesatz zusammengefaßt haben. Auf die gleiche Weise müßten wir jetzt eigentlich in der Lage sein, alle natürlichen Änderungen mit Hilfe der Entropie zu beurteilen.

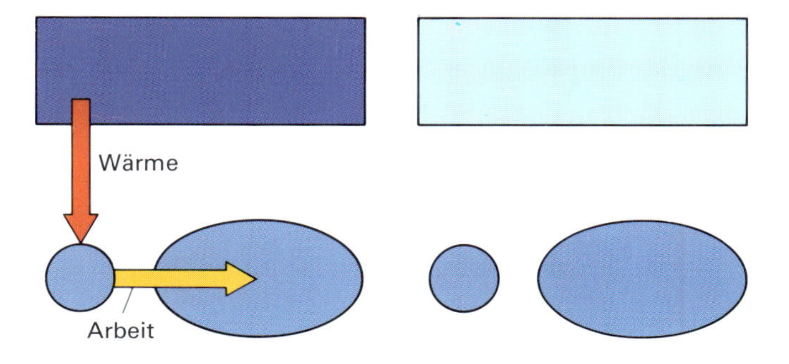

Entropieänderungen bei einem Anti-Kelvin-Apparat. Die Farbhelligkeit entspricht hier der Entropie. Wenn einem heißen Reservoir Wärme entzogen wird, nimmt dort die Entropie ab. Bei der gezeigten Apparatur soll in der Umgebung jedoch keine Entropieänderung auftreten, die diese Abnahme kompensieren könnte, weil die Arbeit quasistationär erzeugt wird. Das heißt, die Entropie eines solchen imaginären Universums soll — gegen alle Erfahrung — abnehmen.

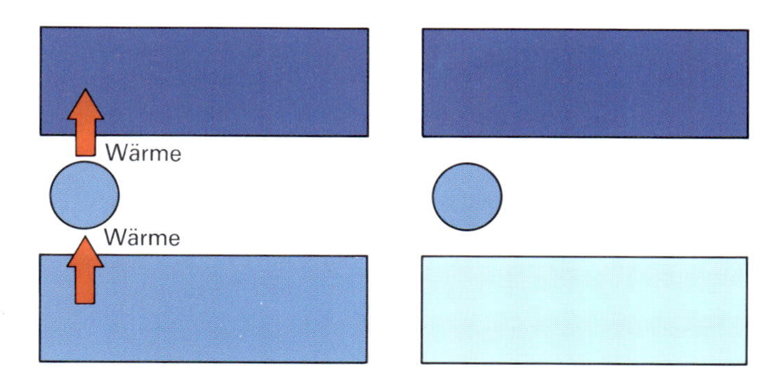

Entropieänderungen für einen Anti-Clausius-Prozeß. Wenn Wärme spontan aus einer kalten Senke in eine heiße Quelle fließt, nimmt die Entropie im kalten Reservoir stärker ab, als sie im heißen anwächst. Hier ist die Temperatur der Wärmequelle so hoch, daß die Entropiezunahme verschwindend gering wäre und sich insgesamt ein merklicher Rückgang der Entropie ergäbe.

Bislang haben wir uns allerdings darum gedrückt, die Entropie präzise zu definieren. Wir müssen aber nun den entscheidenden Sprung ins kalte Wasser auf uns nehmen. Da die Entropie zunimmt, wenn ein System erwärmt wird, und dieser Zuwachs um so größer ausfällt, je niedriger die Temperatur ist, bietet sich als naheliegende einfachste Definition die folgende Beziehung an:

Entropieänderung
= Wärmezufuhr / Temperatur.

Zum Glück erweist sich diese Definition — mit einiger Vorsicht — als tragfähig.

Zuerst müssen wir sicherstellen, daß diese Definition all das umfaßt, was wir uns bereits überlegt haben. Wenn ein System erhitzt wird, dann ist die Wärmezufuhr positiv und folglich auch die Entropieänderung (die Entropie nimmt ebenfalls zu). Wenn umgekehrt Wärme in die Umgebung abgegeben wird, ist diese ,,Wärmezufuhr'' negativ und die Entropie nimmt ab. Gewinnt ein System Energie in Form von Arbeit (und nicht Wärme), so ist die Wärmezufuhr Null und die Entropie bleibt konstant. Da die Wärmezufuhr bei hohen Temperaturen durch große Werte geteilt werden muß, wird die Entropieänderung — bezogen auf die zugeführte Wärmemenge — geringer. Umgekehrt führt eine Erwärmung von einer niedrigen Ausgangstemperatur aus bei gleicher Wärmemenge zu einer vergleichsweise großen Änderung der Entropie. All das entspricht haargenau unseren Wünschen.

Wie steht es nun mit der Anwendung unserer Definition? Die Temperatur muß während des Wärmetransports konstant bleiben (sonst wäre die Gleichung sinnlos). Im allgemeinen wird die Temperatur eines Systems ansteigen, wenn man es erhitzt. Nur wenn das System ungemein groß ist (und beispielsweise mit dem ganzen restlichen Universum in Kontakt ist), bleibt die Temperatur trotz hoher Wärmezufuhr konstant. Man spricht dann von einem Wärmereservoir. Unsere erste Definition für die Entropieänderung läßt sich nur auf ein solches Reservoir anwenden — eine Einschränkung, die extrem anmuten mag, die wir jedoch großenteils sogleich wieder zurücknehmen können.

Eine zweite Einschränkung ergibt sich aus der Art und Weise der Energieübertragung. Stellen wir uns vor, eine Maschine verrichtet Arbeit, indem sie ein Gewicht hochzieht oder eine Kurbel dreht. Was auch immer sie in ihrer Umgebung ausrichtet, in der Regel erzeugt sie dabei Wirbel und Schwingungen, und es entsteht Reibungswärme, die streng genommen die Umgebung aufheizt. In einem solchen Fall ist also zu erwarten, daß der Energietransport zu einer Entropieänderung führt, obwohl eigentlich nur eine Übertragung von Energie in Form von Arbeit angestrebt ist. Um die Definition von solchen Störfaktoren abzutrennen, müssen wir den Energietransport entsprechend spezifizieren: Die Energie soll frei von Turbulenzen und Wirbeln übertragen werden, das heißt, die Kolben einer idealen reibungsfreien Maschine verschieben sich unendlich langsam im Zylinder, und die Energie muß unendlich langsam über das Temperaturgefälle ,,hinabtropfen''. Solch einen Prozeß nennt man *quasistatisch*, und er ist nur ein idealisierter Grenzfall von Vorgängen, die immer langsamer und mit immer geringeren Reibungsverlusten ablaufen. Diese idealisierten Arbeitsbedingungen einer Maschine sollen nur dazu beitragen, die Definition der Entropie zu klären. Die Prozesse, die Energie in Wärme umsetzen, sogenannte *Dissipationsprozesse*, sind damit nicht aus der Diskussion verbannt, sondern nur zurückgestellt.

Die Entropiemessung

Wir kennen zwar nun eine Definition der Entropie, haben aber noch keine konkrete Vorstellung von diesem Begriff. Mit Eigenschaften wie Temperatur und Energie verbinden wir etwas, das man spüren kann; jedenfalls tun wir so, weil wir mit ihnen vertraut sind. Entropieänderungen scheinen dagegen als Verhältnis von Wärmezufuhr zu Temperatur jenseits des im Wortsinne Begreifbaren zu liegen. Fühlen kann man sie in der Tat nicht, aber im nächsten Kapitel werden wir zeigen, wie man den Begriff anhand des Verhaltens der Atome konkret deuten kann.

Aber ist Temperatur wirklich ein so viel anschaulicherer Begriff als Entropie? Bei heißem und kaltem Wasser denken wir sofort an den Temperaturunterschied, aber tatsächlich ist auch die Entropie verschieden. Heißes Wasser besitzt eine höhere Entropie als kaltes. Die Tatsache, daß sich heißes und kaltes Wasser mischen und in der Mischung lauwarm sind, beruht auf einer Entropieänderung. Sollten wir Hitze als Anzeichen für eine hohe Temperatur oder eine hohe Entropie verstehen? Mit welchem Begriff sind wir tatsächlich besser vertraut?

Temperatur ist uns geläufiger, weil wir sie messen können; wir lesen sie zu Hause am Thermometer ab und verwechseln dabei eigentlich Meßskala und Begriff. Nehmen wir zum Beispiel die Zeit: Wir lesen sie tagtäglich auf unseren Uhren ab, aber ihr Wesen liegt viel tiefer. Auch die Temperatur, die uns so vertraut scheint, ist im Grunde ein überaus subtiler Begriff. Wenn wir mit der Entropie unsere Schwierigkeiten haben, dann beruht das wohl vor allem darauf, daß wir nicht mit den Instrumenten vertraut sind, mit denen man sie messen kann. Um die Barrieren, die sich zwischen uns und dem Entropiebegriff aufbauen, zu überwinden, müssen wir uns ein Entropiemeter ansehen.

Ein Entropiemeter ist, wie die Abbildungen auf dieser Seite veranschaulichen, im Prinzip ein Thermometer, das an einen Mikroprozessor angeschlossen ist und die Entropie in Einheiten von Joule pro Kelvin anzeigt.

Ein Entropiemeter besteht aus einer Meßsonde, die mit einer Probe in thermischem Kontakt ist, und einer Anzeige, bei der man die Entropie ablesen kann – wie die Temperatur bei einem Thermometer.

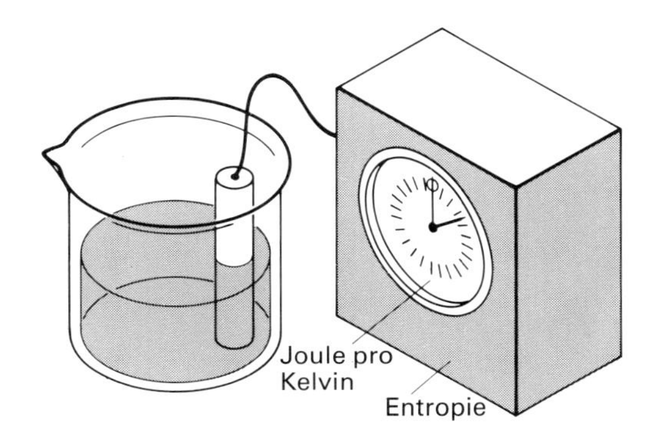

Ein Entropiemeter ist komplizierter aufgebaut als ein einfaches Quecksilberthermometer. Das Meßgerät besteht aus einem Heiz- und einem Thermoelement, deren Meßsignale elektronisch aufgezeichnet werden. Der Mikroprozessor berechnet, wie die Temperatur der Probe aufgrund der zugeführten Wärme steigt. Am Anzeigegerät kann man als Ergebnis die Entropieänderung zwischen den Anfangs- und Endtemperaturen der Probe ablesen.

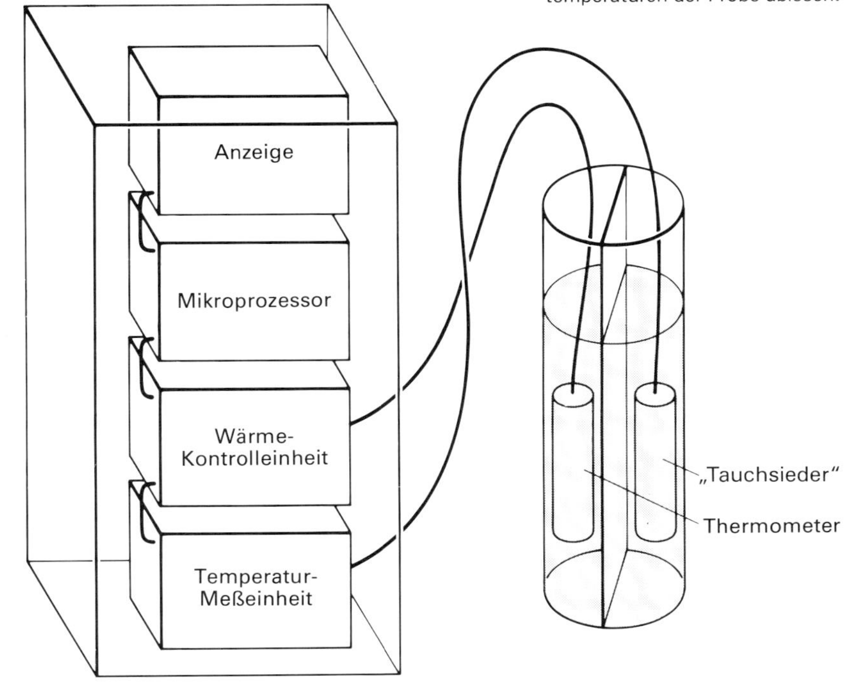

Das Entropiemeter rechnet in kleinen Schritten. Für winzige Wärmemengen, die die Probe portionsweise aufnimmt, wird die Temperatur aufgezeichnet. Die Entropieänderung wird als Quotient Wärmezufuhr/ Temperatur berechnet und als Einzelwert abgespeichert. Danach zeichnet das Meßgerät die neue Temperatur auf, führt der Probe eine neue Wärmeportion zu und wiederholt die Rechnung. Dies geht so weiter, bis die Endtemperatur erreicht ist. Bei Labormessungen wird die Entropieänderung nicht direkt bestimmt, sondern man ermittelt die Wärmekapazität der Probe für den betrachteten Temperaturbereich und berechnet daraus die Entropieänderung (siehe Anhang 2).

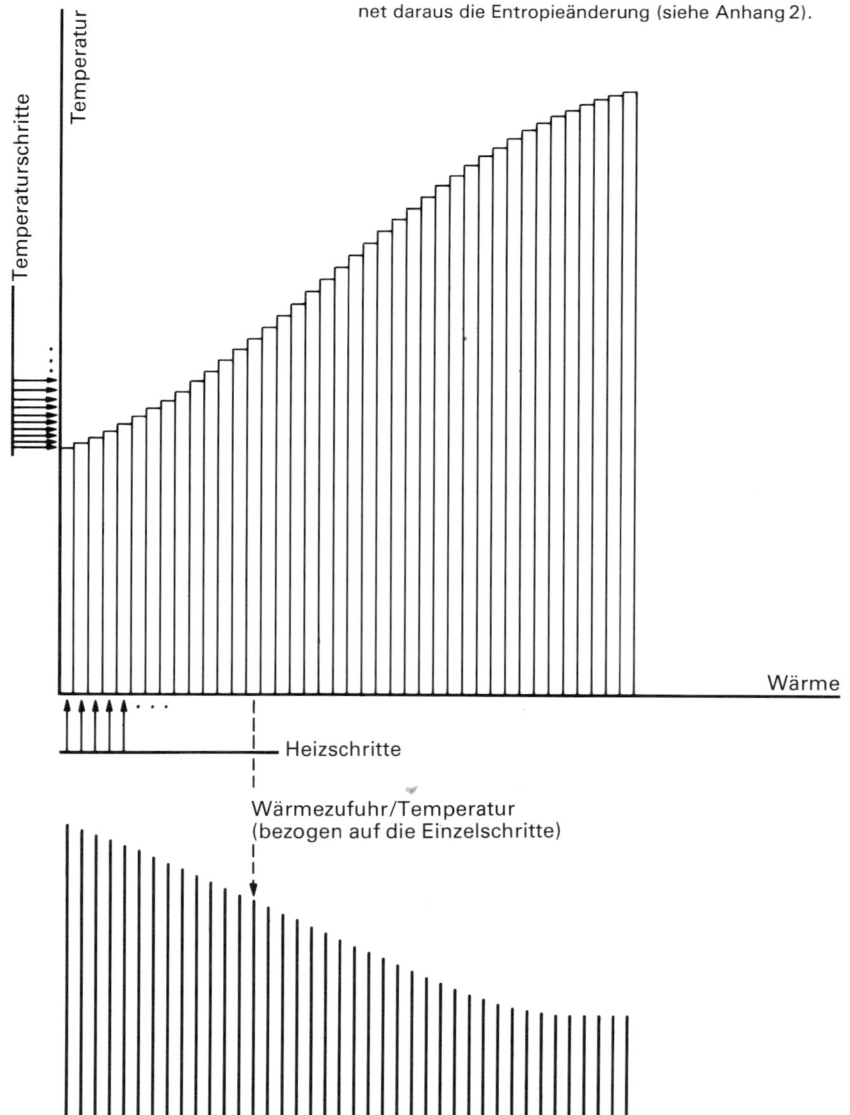

Angenommen, wir wollen die Entropieänderung beim Erhitzen eines Eisenblocks messen, dann brauchen wir dazu nur den Fühler des Entropiemeters mit diesem Block in Kontakt zu bringen. Der Mikroprozessor verrechnet die Temperatur, die von einem Thermoelement bereits in Form elektrischer Signale ,,angezeigt'' wird, mit der Wärmezufuhr des Heizelements. Wie daraus schließlich die Entropieänderung bestimmt wird, läßt sich leicht angeben — solange dafür gesorgt ist, daß die Erwärmung extrem langsam (quasistatisch) abläuft. Nur dann heizt sich der Eisenblock gleichmäßig auf und wir erhalten eine ungestörte Anzeige.

Der Mikroprozessor ist folgendermaßen programmiert: Zuerst bestimmt er die Energie, die während des Temperaturanstiegs vom Heizelement auf das Eisen übertragen wurde. Dies ist eine einfache Rechnung, wenn man einmal die *Wärmekapazität* (oder *spezifische Wärme*) der Probe bestimmt hat; der Temperaturanstieg ist nämlich direkt proportional zur einfließenden Wärme:

Temperaturanstieg

= Proportionalitätsfaktor × Wärmezufuhr.

Dabei steht der Proportionalitätsfaktor in direkter Beziehung zur Wärmekapazität (die wir in einem anderen Experiment mit der gleichen Apparatur messen könnten, wenn wir den Mikroprozessor passend umprogrammieren würden.) Das Heizelement gibt die Wärmeenergie gleichsam in kleinen Portionen an die Probe ab, wobei der Mikroprozessor für jede den Quotienten aus Wärmezufuhr und Temperatur berechnet und das Ergebnis abspeichert. Mit jedem Schritt kommt nur ganz wenig Wärme hinzu, so daß die Temperatur jeweils nur wenig ansteigt und die Entropieformel sehr genaue Einzelwerte liefert. Da die Probe jedoch kein unendliches Reservoir ist, steigt die Temperatur mit jeder ,,Wärmeportion'' auf ein etwas höheres Niveau. Der Mikroprozessor muß folglich die gleichbleibende Wärmezufuhr nun durch eine geringfügig höhere Temperatur teilen. (Im Grenzfall ist der Temperaturanstieg infinitesimal.) Anschließend wird das Ergebnis des jeweils letzten Schrittes zum vorigen Wert addiert. Das Ganze geht so weiter, bis die Temperatur schließlich ihren Endwert erreicht hat. (Bei einem idealen Experiment würde das ewig dauern.) Der Mikroprozessor zeigt zum Schluß als Summe aller Einzelwerte die Gesamtentropieänderung im Eisenstück an.

Vorläufig brauchen wir von diesem Meßprozeß nicht mehr zu verstehen. Es genügt zu wissen, daß die Entropieänderung genau wie die Temperatur eine meßbare Größe ist, die man auch mit einem Thermometer bestimmen kann.

Um den Entropieverlust in der heißen Quelle zu überwinden, muß etwas Wärme in ein kaltes Reservoir abfließen, so daß die Entropie dort um einen höheren Betrag zunimmt.

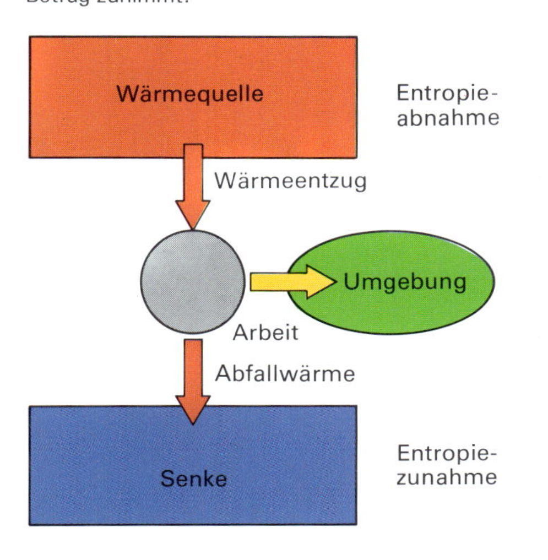

Die Qualität von Wärme

Was können wir aus dem ersten äußeren Eindruck von Entropie über die Natur der Welt entnehmen? Zunächst wollen wir uns anschauen, was die Entropie über die Rolle der Energie bei thermodynamischen Veränderungen aussagt.

Nehmen wir einmal an, wir können einer heißen Quelle eine bestimmte Energiemenge entziehen und verfügten über eine Maschine, die Wärme in Arbeit umwandelt. Da der Zweite Hauptsatz auch eine kalte Wärmesenke fordert, treffen wir entsprechende Vorkehrungen, so daß die Maschine funktioniert. Wir können Arbeit gewinnen, indem wir unseren Tribut an die Natur zahlen und immer etwas Energie in Form von Wärme an die kalte Senke abgeben.

Diese Energie müssen wir als Verlust abschreiben (sofern nicht ein noch kälteres Reservoir zur Verfügung steht, mit dem sich auch die Abwärme in Arbeit umwandeln läßt). Energie, die bei einer hohen Temperatur gespeichert wird, hat gewissermaßen eine höhere „Qualität“: Sie läßt sich in Arbeit umsetzen; entwertete Energie eignet sich viel weniger, um Arbeit zu verrichten.

Die Energiequalität kann man auch anhand der Entropie beschreiben: Wenn Wärme aus einer heißen Quelle ohne Umwege vollständig in eine kalte Senke fließt, verändert sich dadurch die Entropie des Universums. Die Entropie der Wärmequelle nimmt ab, und zwar um den Betrag der entzogenen Wärme dividiert durch die Temperatur der heißen Quelle; aber gleichzeitig erhöht sich die Entropie der Senke um einen anderen Betrag, nämlich um die gleiche Wärmeänderung geteilt durch die Temperatur der kalten Senke. Die Summe der beiden Entropieänderungen ist positiv, weil die Temperatur der Quelle höher ist als die der Senke. Die Energie des Universums ist zwar gleich geblieben, aber wegen der erhöhten Entropie weniger gut als Arbeit nutzbar — sie hat eine schlechtere Qualität. (Da sie jedoch bei niedrigeren Temperaturen gespeichert ist, braucht man zusätzliche kältere Senken.) Eine geringe Entropie kennnzeichnet Energie, die bei hoher Temperatur gespeichert wurde und eine hohe Qualität aufweist; wenn dagegen die gleiche Energiemenge bei einer niedrigeren Temperatur vorliegt, dann ist die Entropie hoch und die Energie weniger gut nutzbar.

Ähnlich wie die Entropiezunahme des Universums ein Kennzeichen der natürlichen Umwandlung ist und anzeigt, daß Energie bei immer niedrigeren Temperaturen gespeichert wird, können wir die natürliche Umwandlungsrichtung auch als Entwertung — eben Qualitätsabnahme — der Energie beschreiben. Das kann man bei den Vorgängen in unserer Umgebung immer wieder feststellen, wenn man sich die Zusammenhänge einmal klar gemacht hat.

Der Erste Hauptsatz besagt ja, daß die Energie eines Universums (und vielleicht des Kosmos) konstant ist (im Kosmos beträgt sie vermutlich Null). Wenn wir daher fossile Brennstoffe wie Kohle und Öl verbrennen oder Atomkerne spalten, vermindern wir keineswegs die Energiereserven. Im thermodynamischen Sinne kann es keine Energiekrise geben, da die Energie im Universum für alle Zeiten gleich bleibt. Doch wann immer wir Kohle oder Öl verbrennen oder eine Kettenreaktion von Kernspaltungen auslösen, erhöhen wir damit die Entropie des Universums (da all diese Prozesse spontan ablaufen). Anders ausgedrückt, all dies entwertet die Energiequalität im Kosmos.

Da unsere technisch orientierte Gesellschaft immer mehr Brennstoffvorräte verbraucht, wächst die Entropie des Universums unerbittlich zu Lasten der Energiequalität an. So gesehen stehen wir nicht vor einer Energiekrise, sondern an der Schwelle einer Entropiekrise. Es geht nicht darum, die Energie zu erhalten — das besorgt die Natur schon von selbst —, sondern wir müssen mit ihrer Qualität haushalten und Wege finden, wie wir unsere Bevölkerung mit einer geringeren Entropieproduktion weiterbringen und erhalten können: Im Kern geht es um die Erhaltung der *Energiequalität* als Aufgabe für die Zukunft.

Die Thermodynamik und besonders der Zweite Hauptsatz machen die Probleme deutlich, weisen aber auch auf Lösungen hin. (Die alles andere als wohlmeinende Rolle des Dritten Hauptsatzes werden wir noch kennenlernen.) Wir wollen das am Carnotschen Kreisprozeß erläutern.

Die prinzipiellen Schranken des Wirkungsgrads

Wenn die Carnotsche Maschine immer wieder ihren Kreisprozeß durchläuft, kann die Entropie in ihrer kleinen Welt nicht abnehmen. Das wäre ja ein Zeichen dafür, daß die Wärmeumwandlung nicht spontan in der natürlichen Richtung ablaufen würde, sondern durch äußere Einwirkung gesteuert werden müßte; aber das ist bei brauchbaren Maschinen nicht erforderlich. Wir haben nun das Rüstzeug, um die Entropieänderung für die Carnotsche Maschine zu berechnen. Dazu müssen wir allerdings annehmen, daß der Kreisprozeß quasistatisch abläuft und keinerlei Verluste auftreten.

Da die Maschine perfekt zyklisch ist, hat sie am Ende eines Zyklus wieder die gleiche Entropie wie zu Beginn. Solange alles quasistatisch vor sich geht, steigt die Entropie in der Umgebung durch die Arbeit der Maschine nicht an. Die Veränderungen beschränken sich hier auf die heiße Quelle und die kalte Senke: In der Wärmequelle steigt die Entropie um den Betrag:

Wärmezufuhr aus der heißen Quelle / T_{Quelle}.

In der kalten Senke nimmt die Entropie um einen entsprechenden Betrag

Wärmezufuhr an die kalte Senke / T_{Senke}

ab. Da das unter quasistatischen Bedingungen die einzigen Entropieänderungen sind, die insgesamt nicht negativ sein dürfen, setzen sie Bedingungen für die Wärmemenge, die mindestens an die kalte Senke abgegeben werden muß. Nur wenn sich die Entropie dort so weit erhöht, daß die Entropieabnahme in der heißen Quelle kompensiert wird, läuft der Kreisprozeß spontan in der natürlichen Richtung weiter. Mit dieser Bedingung läßt sich leicht ausrechnen, daß die Wärmezufuhr an die Senke mindestens

Minimale Wärmeabgabe an die kalte Senke = (Wärmezufuhr durch die heiße Quelle) × (T_{Senke}/T_{Quelle})

betragen muß.

Damit haben wir ein erstes wichtiges Ergebnis der Thermodynamik abgeleitet. Wir wissen nun, wie wir die Wärmeverluste gering halten können: mit einem möglichst großen Temperaturunterschied zwischen Quelle und Senke. Aus diesem Grund arbeiten moderne Kraftwerke mit überhitztem Dampf, denn sehr kalte Senken sind technisch kaum zu realisieren. Wirtschaftlicher ist es, die Wärmequelle so heiß wie möglich zu machen und so Energie von höchster Qualität zu erreichen.

Nun können wir auch ein zweites fundamentales Ergebnis der Thermodynamik begründen. Aus dem Ersten Hauptsatz (Energieerhaltungssatz) folgt, daß die Carnotsche Maschine während eines Zyklus gerade so viel Arbeit erzeugt, wie es der Differenz zwischen bereitgestellter und verlorener Wärme entspricht. Wir können diese Differenz zwischen Wärmezufuhr und Wärmeverlust auch anders ausdrücken, indem wir den *Wirkungsgrad* der Maschine einführen. Er ist definiert als das Verhältnis aus der erzeugten Arbeit und der von der Senke absorbierten Wärme. Für den Wirkungsgrad einer quasistatischen Carnotschen Maschine ergibt sich also:

Wirkungsgrad = $1 - T_{Senke}/T_{Quelle}$.

Er hängt, wie man sieht, nur von den Temperaturen der Quelle und der Senke ab, nicht aber vom Arbeitsmedium Maschine — Luft, Quecksilber, Dampf und so weiter. Bei modernen Kraftwerken benutzt man für die Stromerzeugung Dampf mit einer Temperatur von etwa 800 Kelvin (oder rund 530 Grad Celsius) und Senken mit etwa 373 Kelvin (oder circa 100 Grad Celsius).• Der theoretisch maximal mögliche Wirkungsgrad liegt daher ungefähr bei 54 Prozent, wenngleich in der Praxis andere Verluste hinzukommen und ihn auf nur 40 Prozent reduzieren. Mit höheren Quellentemperaturen könnte man im Prinzip den Wirkungsgrad verbessern, aber das scheitert an anderen Problemen, die mit der begrenzten Belastbarkeit des Materials zusammenhängen. Kernreaktoren werden aus Sicherheitsgründen bei Temperaturen von 620 Kelvin betrieben, was den theoretischen Wirkungsgrad auf rund 40 Prozent beschränkt. Verluste verschlingen davon noch einmal acht Prozent, so daß effektiv ungefähr 32 Prozent übrig bleiben. In einem Automotor werden kurzzeitig etwa 3300 Kelvin erreicht; das Auspuffgas hat noch 1400 Kelvin, so daß theoretisch ein Wirkungsgrad von 56 Prozent möglich wäre. Da ein Automotor leicht und beweglich sein soll, muß man Abstriche in Kauf nehmen und erzielt in der Praxis nur etwa 25 Prozent.

Dampfdruckdiagramme für Carnotprozesse, bei denen die Temperatur der kalten Senke mit jedem Zyklus abnimmt, während die Wärmezufuhr konstant bleibt. Arbeit und Wirkungsgrad nehmen von *A* nach *F* (mit abnehmender Temperatur der Senke) zu, was man an den dunkel gerasterten Flächen ablesen kann.

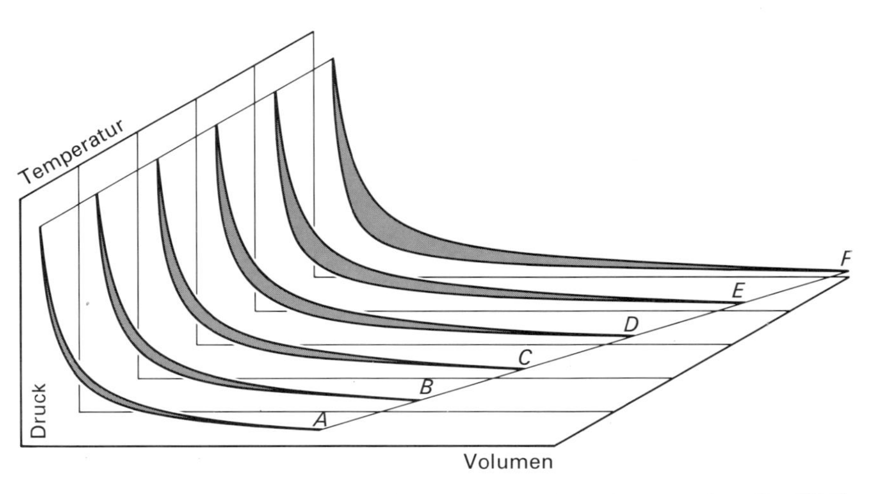

• Die beiden Temperaturskalen sind am Ende von Anhang 1 erläutert. Die Kelvin-Skala hat die gleiche Gradeinteilung wie die Celsius-Skala, beginnt jedoch nicht beim Schmelzpunkt des Wassers, sondern beim absoluten Temperaturnullpunkt von etwa —273 Grad Celsius. Um Kelvin in Celsiusgrade umzurechnen, braucht man also nur 273 abzuziehen.

Entscheidend bei alldem ist die Tatsache, daß dem Wirkungsgrad einer Maschine absolute Grenzen gesetzt sind: Wie ausgeklügelt man sie auch immer baut, solange sich der Ingenieur nach festen Temperaturen für Quelle und Senke richten muß, kann der Wirkungsgrad der Maschine nie den Carnotschen Maximalwert überschreiten. Das sollte jetzt nicht mehr verwundern: Um Wärme spontan in Arbeit umzuwandeln, muß die Entropie des Universums insgesamt ansteigen. Wenn Wärme aus der heißen Quelle abfließt, verringert sich dort die Entropie. Da die (ideale) Maschine von selbst keine Entropie erzeugt, muß von außen für eine kompensatorische Entropiezunahme gesorgt sein. Es muß also zumindest einen geringen Wärmeverlust — mit anderen Worten: eine Senke — außerhalb der Maschine geben, damit sie arbeiten kann. Diese Senke sollte möglichst kalt sein, so daß bereits geringe Wärmemengen dort eine große Entropiezunahme bewirken. Je niedriger die Temperatur ist, desto stärker erhöht sich die Entropie und um so geringere Wärmeverluste reichen aus, um während des Zyklus insgesamt eine positive Entropieänderung im Universum zu erzielen. Der Wirkungsgrad der Umwandlung steigt an, wenn die Temperatur der kalten Senke sinkt.

Aber offenbar gibt es hier auch eine untere Grenze. Der Wirkungsgrad kann bei der Umwandlung von Wärme in Arbeit nie größer werden als Eins, denn das würde den Ersten Hauptsatz verletzen. Die Temperatur der kalten Senke darf also nicht negativ werden — wie man an der Formel für den Wirkungsgrad ablesen kann. Damit gibt es eine natürliche untere Temperaturgrenze, einen *absoluten Nullpunkt*; kälter kann auch die kälteste Senke nie werden. In dieser endlosen Arktis wäre ein Wirkungsgrad von Eins erreichbar, da schon ein winziger Wärmehauch in der kalte Senke zu einer riesigen positiven Entropie führen würde (der Quotient Wärme/Temperatur wird unendlich groß). Doch können wir dieses gleichsam in absolutem Frost erstarrte Nirwana überhaupt erreichen?

Die Frage können wir beantworten, indem wir uns den Carnotschen Kreisprozeß vorstellen, bei dem die Temperatur der Senke stetig abnimmt. Damit das Arbeitsgas der Carnotschen Maschine in der Expansionsphase eine gewisse Wärmemenge aus der heißen Quelle aufnehmen kann, muß der Kolben um ein bestimmtes Stück aus dem Zylinder herausgezogen werden — in der Abbildung auf Seite 15 von *A* nach *B*). Dabei spielt es keine Rolle, was anschließend mit der Energie passiert. Bei der adiabatischen Expansion von *C* nach *D* kühlt das Gas ab; um hier eine möglichst niedrige Temperatur zu erreichen, sollte sich das Volumen stark vergrößern. Das ist für einige Zyklen in der Abbildung auf der linken Seite dargestellt (und läßt sich mit dem Programm in Anhang 3 leicht in der Computersimulation nachvollziehen): Je niedriger die angestrebte Temperatur ist, desto größer wird die Fläche zwischen den Dampfdruckkurven für die Expansions- und Kompressionsphasen — sprich: die Arbeit. Um sehr niedrige Temperaturen zu erreichen, benötigen wir schon extrem große Maschinen, und um die Temperatur auf Null zu bringen, wäre eine unendlich große Maschine erforderlich. Eine Senke am absoluten Nullpunkt bleibt daher ein unerreichbarer Traum der Kraftwerkbauer.

Der Dritte Hauptsatz verallgemeinert dieses deprimierende Ergebnis:

Dritter Hauptsatz: Der absolute Nullpunkt läßt sich nicht in einer endlichen Anzahl von Schritten erreichen.

Damit können wir die drei klassischen Hauptsätze der Thermodynamik wie folgt zusammenfassen:

Erster Hauptsatz: Wärme läßt sich in Arbeit umwandeln...

Zweiter Hauptsatz: aber vollständig nur am absoluten Nullpunkt...

Dritter Hauptsatz: der jedoch nicht erreicht werden kann!

Ein letzter Blick von außen

Wir haben in diesem Kapitel einen langen Weg hinter uns gebracht. Die Erfahrungen, die Kelvin und Clausius zusammengefaßt hatten, zeigten uns zwei Gesichter der Natur: die Asymmetrien zwischen Wärme und Arbeit beziehungsweise Warm und Kalt. Diese beiden Asymmetrien erwiesen sich als zwei Seiten einer Medaille, nachdem wir die Entropie als Eigenschaft des Systems eingeführt hatten. Wie man sie messen kann und welche Schlüsse sie über die Natur der Wärmeumwandlung zuläßt, wissen wir inzwischen; und außerdem haben wir gesehen, daß die Entropie im Universum immer ansteigt und dadurch die Energie zwangsläufig an Qualität verliert.

All dies bleibt an der Oberfläche des Geschehens; wir stehen immer noch außen und haben keinerlei Einblick in die inneren Veränderungen, die sich beim Erwärmen und Abkühlen von Materie abspielen. Es ist also an der Zeit, sich damit zu beschäftigen.

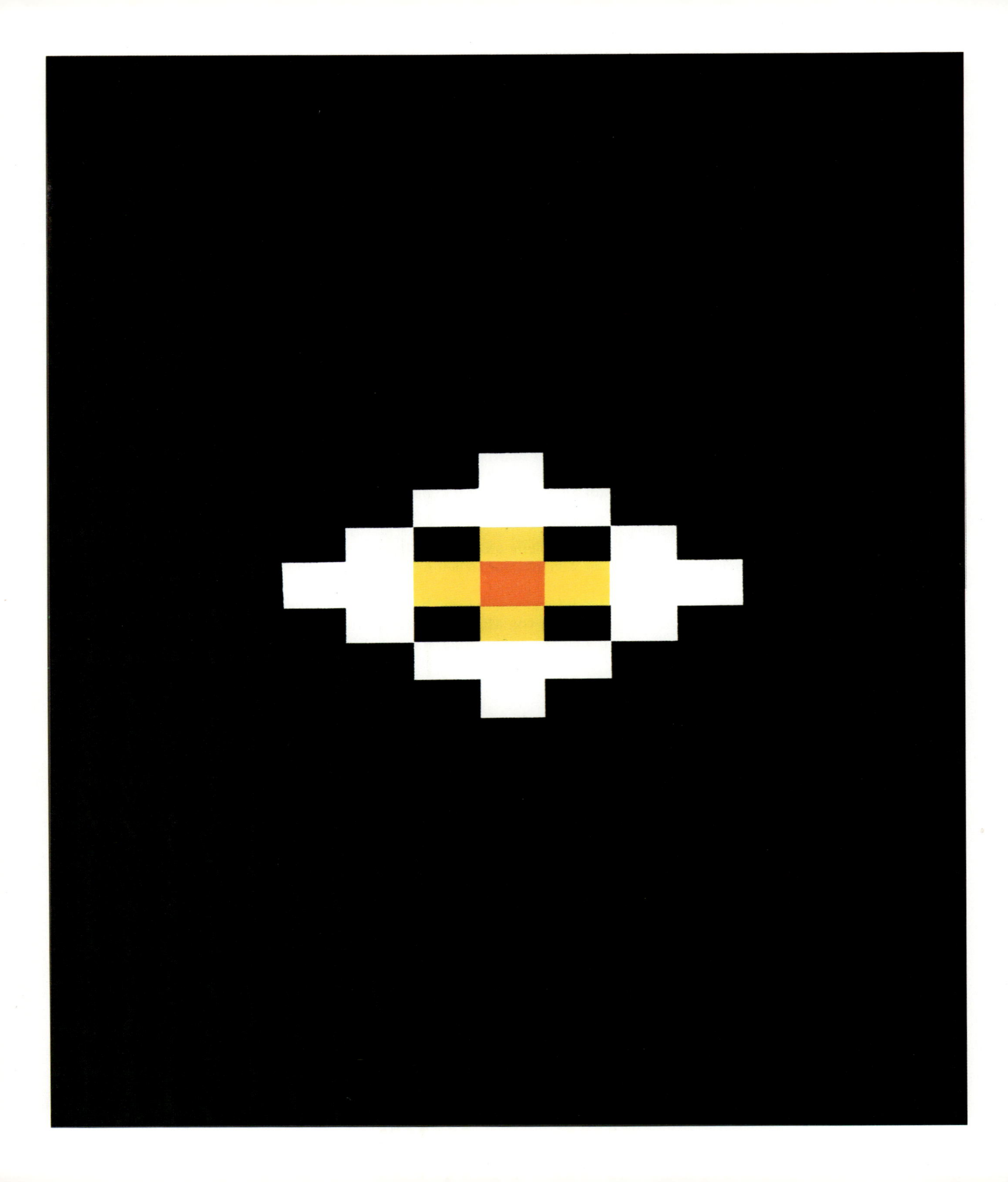

Der Sturz ins Chaos

Materie besteht aus Atomen — mit dieser Feststellung haben wir unsere oberflächliche Erfahrungswelt bereits verlassen und können nun nach den fundamentaleren Materiebausteinen „graben". Vielleicht stoßen wir letztlich doch noch auf eine endliche Vielfalt. Möglicherweise hatte Kelvin mit seiner Vermutung recht, die Welt habe sich auf der Grundlage einer ewigen, schwer erfaßbaren und vielleicht sogar verschwindenden Energie entfaltet. Wir könnten vom Atom in immer höhere Schichten der Materie vordringen, aber wir wollen auf der atomaren Ebene bleiben, denn auf dieser Ebene laufen die typischen Umwandlungen in der Thermodynamik ab: Unter dem Deckmantel der Wärme wird hier Energie umgesetzt, die in der Regel nicht ausreicht, um die Atome eines Systems aufzubrechen. Deshalb wurde die Thermodynamik als Wissenschaft erschlossen, noch bevor man mit immer energieaufwendigeren Methoden Atome und ihre Kerne spaltete und deren innere Struktur untersuchte. Verglichen mit den gewaltigen Energien, die bei modernen Experimenten Atome, Kerne und sogar Elementarteilchen zertrümmern, geht Wärme mit den Atomen recht behutsam um und schont ihre Struktur — wie sehr sie auch sonst alles verbrennen mag.

Obwohl schon die alten Griechen über *Atome* nachgedacht haben, tauchte dieser Begriff in seiner heutigen Bedeutung erst zu Beginn des 19. Jahrhunderts auf; zur vollen Entfaltung gelangte er dann im 20. Jahrhundert. Gleichzeitig wuchs die Einsicht, daß die Thermodynamik — so elegant und logisch diese in sich zunehmend abgeschlossene Theorie auch sein mochte — unvollständig bleiben würde, solange keine Beziehung zum Atommodell hergestellt war. Zwar stieß diese Forderung anfangs auf einigen Widerstand, aber sie hatte auch ihre Vorreiter, darunter Clausius, der die atomare Natur von Wärme und Arbeit erkannte. Er zündete gleichsam das Licht an, mit dem Boltzmann kurz darauf die Welt der Thermodynamik erhellte.

Was wir bislang nur für Atome behauptet haben, betrifft in der Thermodynamik auch Moleküle und ihre elektrisch geladenen Varianten, die Ionen. Um sie alle in unsere Überlegungen einzubeziehen, werden wir sie im folgenden unter dem Begriff *Teilchen* zusammenfassen.

Teilchenenergie im Inneren von Materie

Für den ersten Schritt in die Materie müssen wir unsere Kenntnisse über die Energie auffrischen und ein wenig elementare Physik betreiben. Ein Teilchen kann aufgrund seiner Lage und/oder seiner Bewegung Energie besitzen. Die Lage bestimmt dabei die potentielle Energie, und die Bewegung ist mit einer kinetischen (oder Bewegungs-) Energie verknüpft.

Im Schwerefeld der Erde hängt die potentielle Energie eines Teilchens davon ab, in welcher Höhe es sich über dem Erdboden befindet: Mit zunehmender Höhe vergrößert sich auch die potentielle Energie. Bei einer Metallfeder wächst die potentielle Energie, wenn man sie spannt oder zusammendrückt. Geladene Teilchen haben aufgrund ihrer elektrostatischen Anziehung oder Abstoßung potentielle Energie. Das gilt auch für benachbarte Atome, deren elektrisch geladene Bestandteile (Atomkerne und Elektronen) sich über die Grenzen der Atome elektrostatisch beeinflussen können.

Ein Teilchen, das sich bewegt, besitzt kinetische Energie, und zwar um so mehr, je schneller es ist. Solange es ruht, hat die Bewegungsenergie den Wert Null. Wenn sich schwere Teilchen mit hoher Geschwindigkeit bewegen, haben sie hohe kinetische Energien; das gilt gleichermaßen für Kanonenkugeln wie für Protonen in einem Teilchenbeschleuniger.

Vor allem aber bleibt die Gesamtenergie eines Teilchens erhalten: Die Summe aus potentieller und kinetischer Energie ist konstant, sofern keine äußeren Kräfte einwirken. Dieser Satz von der *Energieerhaltung* rückte im 19. Jahrhundert in den Mittelpunkt der Physik, als die Energie als allgemeines Konzept eingeführt wurde. Damit läßt sich die Bewegung von Bällen und Kugeln ebenso beschreiben wie das Verhalten von Teilchen atomarer Größe (solange man sich nicht in das Reich der Quantenmechanik begibt). Beispielsweise erklärt die Energieerhaltung, wie ein Pendel schwingt. Dabei wandelt sich periodisch potentielle Energie in kinetische um: Das Pendel fällt vom hochgelegenen Umkehrpunkt immer schneller auf den untersten Schwingungspunkt zu (wobei es potentielle Energie verliert und kinetische gewinnt), um dann immer langsamer zum gegenüberliegenden Umkehrpunkt hinaufzuklettern (wobei wieder die potentielle Energie zunimmt). Potentielle und kinetische Energie sind gleichwertig: Sie lassen sich vollständig ineinander umwandeln, und ihre Summe ist bei einem isolierten Objekt konstant.

In der Thermodynamik hat man es mit riesigen Ansammlungen von Teilchen zu tun. Ein wichtiger Richtwert ist hier die *Avogadrozahl*, die angibt, wieviele Atome in zwölf Gramm Kohlenstoff enthalten sind: 6×10^{23}. (Das liegt zufällig in der gleichen Größenordnung wie die Anzahl der Sterne in allen Galaxien des sichtbaren Universums.) Es kommt uns hier nicht auf den genauen Wert der Avogadrozahl oder die exakte Anzahl der Atome in einem System an, sondern es soll nur eine Vorstellung davon vermittelt werden, wie unermeßlich groß die Zahl der Atome in den materiellen Gegenständen des Alltags ist.

Auf den ersten Blick mag es überraschen, daß man mit den Eigenschaften derart riesiger Teilchenmengen wissenschaftlich umzugehen verstand, noch bevor man die Atome entdeckte und wußte, wie sie sich beschreiben lassen. Das erklärt sich aus dem Wesen der Thermodynamik: Sie betrachtet Eigenschaften eines Systems, die *statistischen Mittelwerten* für große Teilchenansammlungen entsprechen. Ähnlich wie man in der Bevölkerungsstatistik nicht von den Einzelpersonen ausgeht, seien es Verbraucher, Kleiderträger oder Lohnempfänger, weil man viel einfacher mit Durchschnittswerten rechnen kann, beschränkt man sich in der Thermodynamik bei vielen Teilchen auf statistische Mittelwerte. Einzelne Schwankungen — in der Thermodynamik spricht man hier von

Fluktuationen — gleichen sich in der Regel insgesamt aus, und die individuellen Abweichungen können den Mittelwert kaum verfälschen, wenn die Bevölkerungs- oder Teilchenzahl nur groß genug ist. Bei einer typischen Materialprobe ist die Statistik sogar um vieles günstiger als bei der Bevölkerung einer Nation.

Die Energie eines thermodynamischen Systems entspricht der Summe aus den kinetischen und potentiellen Energien sämtlicher Teilchen. Und sie sollte nach dem Ersten Hauptsatz konstant bleiben, solange kein Energieaustausch mit der Umgebung stattfindet. In einem solchen Vielteilchensystem kommt jedoch ein neuer Aspekt der Bewegung ins Spiel, der bei einem einzelnen Teilchen nicht auftaucht.

Angenommen, in einem System bewegen sich alle Teilchen zufällig mit einheitlicher Geschwindigkeit in dieselbe Richtung, dann fliegen sie in fester Formation — ähnlich wie ein Fußball — davon. Das gesamte System verhält sich wie ein einzelnes massives Teilchen und folgt den Gesetzen der Mechanik.

Anstatt sich ,,im Gleichschritt'' zu bewegen, können die Teilchen auch zufällig durcheinanderwirbeln. Ihre Gesamtenergie mag dann sogar genauso hoch sein wie beim fliegenden System, aber sie führt gleichwohl nicht mehr zu einer Verschiebung des Ganzen. Wenn wir jedes einzelne Teilchen verfolgen könnten, würden wir feststellen, daß es sich bald ein winziges Stückchen hierhin, dann wieder dorthin bewegt; ständig stößt es mit irgendwelchen Nachbarn zusammen und wird immer wieder in eine andere Richtung geschubst. Die Bewegungen der Teilchen sind zufällig und folgen keinem Zusammenhang — das heißt: sie sind *inkohärent*.

Man bezeichnet diese zufällige, chaotische, inkohärente Bewegung als *thermische Bewegung* oder *Brownsche Bewegung*. Da es bei einem einzelnen Teilchen natürlich sinnlos wäre, hinsichtlich seiner Bewegung von einem Zusammenhang oder von einer Korrelation zu sprechen, haben wir den Geltungsbereich der Einteilchendynamik bereits verlassen und müssen uns nun an die thermodynamische Betrachtungsweise bei Vielteilchensystemen gewöhnen. Wir werden die einfachen Dampfmaschinen, aber später auch Lebensvorgänge wie das Öffnen einer Blüte mit ganz anderen Augen sehen, wenn wir weiter in das Reich der Thermodynamik vordringen.

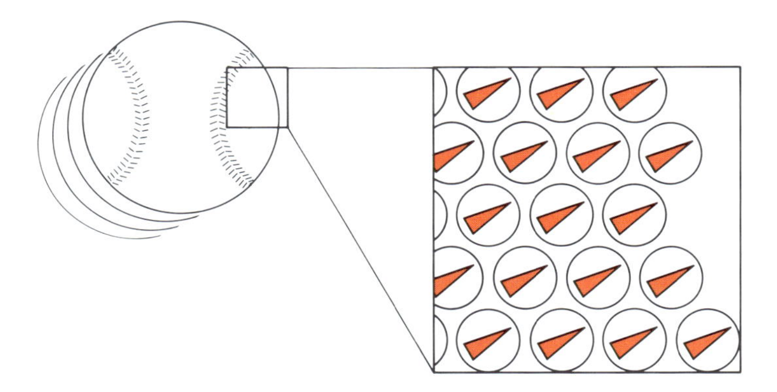

Wenn ein Ball fliegt, bewegen sich alle seine Bestandteile in einer zusammenhängenden Formation: Die Bewegung ist kohärent.

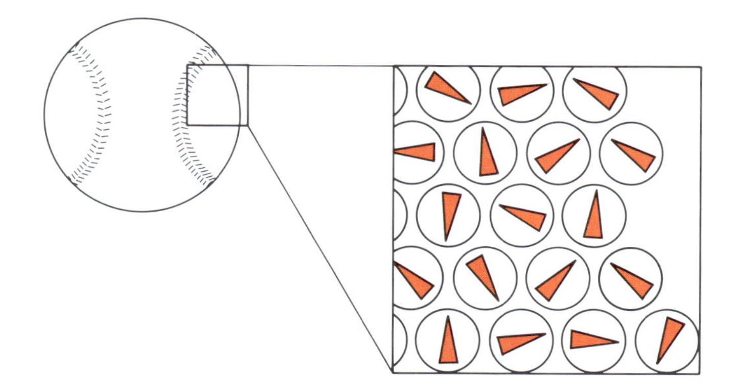

Energie läßt sich als Wärme in einem ruhenden Ball speichern. Nun bewegen sich die Teilchen völlig zusammenhanglos: Diese Inkohärenz ist typisch für die thermische Bewegung.

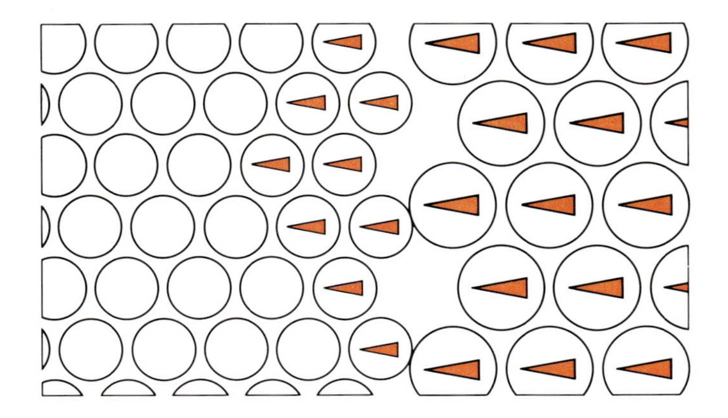

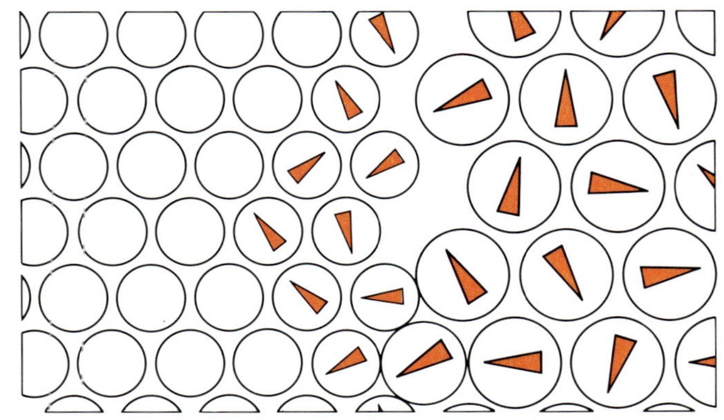

Arbeit ist ein Energietransport, bei dem kohärente (gleichgerichtete) Bewegung von Teilchen auf ein System übertragen wird. Die Teilchen des Systems übernehmen die kohärente Bewegung — und wandeln sie allenfalls später in eine inkohärente thermische um. Wärme kennzeichnet einen Energietransport, bei dem eine inkohärente Bewegung in der Umgebung auf ein System übergreift: Durch Stöße werden die Teilchen des Systems in inkohärente thermische Bewegung versetzt.

Wir können nun auf den Ersten Hauptsatz zurückkommen und seine Aussage mit Hilfe der Kohärenz oder Inkohärenz von Teilchenbewegungen ausdrücken. Wir hatten ja gesehen, daß es zwei Möglichkeiten gibt, Energie auf ein System zu übertragen: Es kann entweder Arbeit oder Wärme hineingesteckt werden. Das gleiche läßt sich nun so zusammenfassen:

Wenn wir *Arbeit* an einem System verrichten, geschieht dies durch eine *kohärente Bewegung*. Sofern umgekehrt das System Arbeit an der Umgebung verrichtet, löst es dort eine kohärente Bewegung von Teilchen aus.

Führen wir einem System *Wärme* zu, so regen wir seine Teilchen mit einer *inkohärenten Bewegung* an; entsprechend erwärmt ein System seine Umgebung durch die inkohärente Bewegung seiner Teilchen. Den Unterschied verdeutlicht die Abbildung oben auf dieser Seite.

Schauen wir uns dazu einige Beispiele an. Um etwa die Energie eines ein Kilogramm schweren Eisenwürfels (mit einer Seitenlänge von ungefähr fünf Zentimetern) zu ändern, können wir ihn einen Meter anheben. Dadurch nimmt seine potentielle Energie um etwa zehn Joule zu. (Die Einheit Joule ist in Anhang 1 erklärt.) Wir haben nun alle Atome kohärent um einen Meter verschoben und die Lageenergie des Würfels erhöht — sprich: die potentielle Energie seiner Atome. Die Energie wurde in Form von Arbeit übertragen.

Wenn der Würfel nicht gehoben, sondern waagerecht verschoben wird, nimmt die kinetische Energie der (kohärent bewegten) Atome zu. Bei einer Geschwindigkeit von 4,5 Metern pro Sekunde (oder 162 Kilometern pro Stunde) erhöht sich die Energie des Würfels um zehn Joule. Wiederum wird Energie durch Verrichten von Arbeit übertragen.

Wir können den Würfel schließlich erhitzen und ihm Energie in Form von Wärme zuführen. Schon wenn die Temperatur um 0,03 Kelvin ansteigt, gewinnt der Würfel soviel Energie wie zuvor: exakt zehn Joule. Obwohl er in seiner Ruhelage verharrt und sich scheinbar nichts bewegt, ist auch diese zusätzliche Energie in einer Bewegung „gespeichert": der *thermischen* Bewegung der Atome. Doch nun sind Lage und Geschwindigkeit inkohärent, so daß keine Verschiebung des gesamten Würfels zustande kommt. Indem wir eine inkohärente Bewegung angeregt haben, konnten wir die kinetische Energie der Atome erhöhen, also Energie in Form von Wärme übertragen.

Das Universum im Modell

Das Universum ist recht kompliziert, aber zum Glück läuft auch vieles darin sehr einfach ab. In der weiteren Diskussion wollen wir der Einfachheit halber nur die grundlegenden Gesetzmäßigkeiten bei solchen Prozessen im Auge behalten und uns nicht auf die komplizierte Realität einlassen, etwa Lebensvorgänge wie das Verhalten von Hunden oder die kognitiven Prozesse, die bestimmten Ansichten des Menschen zugrunde liegen. Natürlich müssen wir sicher stellen, daß durch die Vereinfachungen keine wichtigen Einzelheiten verloren gehen. Deshalb werden wir von den sehr einfachen Modellen des Universums immer wieder zu den tatsächlichen Verhältnissen zurückkehren, sofern die wahre Natur der betrachteten Vorgänge im Modell verborgen bleibt.

Wir werden mit zwei einfachen Modelluniversen arbeiten. Das eine davon wollen wir *Mark I-Universum* nennen. Es besteht aus bis zu 1600 Atomen•, von denen jedes in zwei Zuständen vorkommen kann: energetisch angeregt oder nicht angeregt. Diese beiden Zustände wollen wir mit AN und AUS bezeichnen. In der Abbildung in der Mitte dieser Seite sind AN-Zustände einzelner Atome als rote Felder gekennzeichnet. Wenn wir die AN-Zustände nicht näher spezifizieren, heißt das im folgenden stets, daß die Bewegungen der AN-Atome *nicht korreliert* sind. Mehrere rote Felder in einem Teil des Universums, das ein System verkörpert, stehen für eine thermische Bewegung von Atomen, in der sich die Wärmeenergie des Systems widerspiegelt. Kohärenz einer Atomgruppe werden wir durch rote Pfeile andeuten, die alle in eine Richtung weisen; bei einem solchen System

• Daß es gerade 1600 Atome sind, hängt mit der Auflösung des Graphik-Bildschirms für den Apple II-Computer zusammen, auf dem wir unsere Modelluniversen berechnet haben. Entsprechende Programme (für den Apple II) sind im Anhang 3 wiedergegeben.

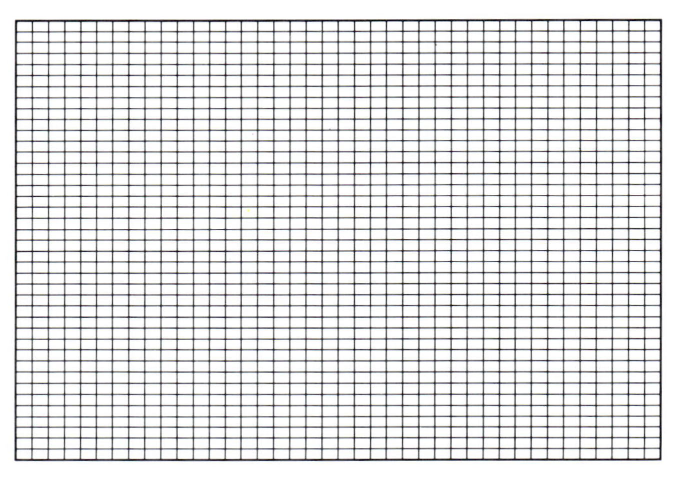

Das Mark I-Universum. Jedes rechteckige Feld stellt ein Atom dar; insgesamt sind es 1600.

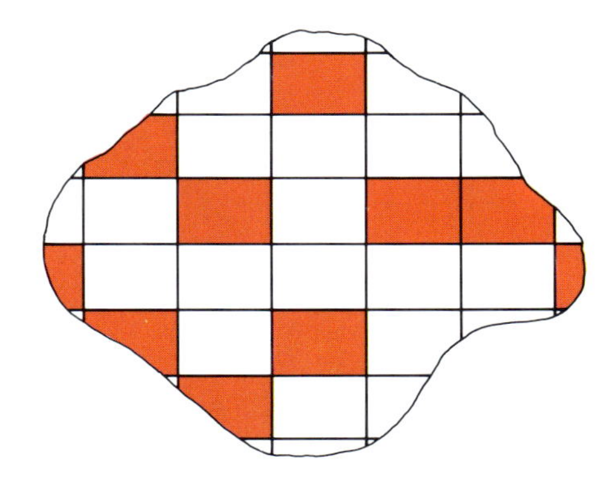

Ein Atom im Modelluniversum kann zwischen zwei Energiezuständen wählen: dem AN-Zustand (rot) mit höherer Wärmeenergie und dem AUS-Zustand (weiß). Man kann sich die AN-Atome als Atome vorstellen, die inkohärent vibrieren und alle die gleiche Energie haben.

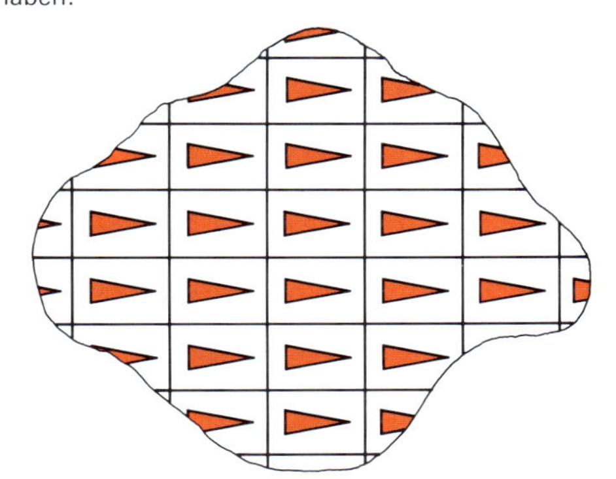

Ein Atom des Modelluniversums befindet sich im AN^+-Zustand, wenn die gespeicherte Energie mit der aller anderen Atome korreliert ist. Das ist zum Beispiel bei gleichförmiger Bewegung der Fall. Die AN^+-Zustände sind hier durch rote Pfeile markiert, wobei alle Atome jeweils nur eine ganz bestimmte, charakteristische Energie speichern können.

wollen wir die Zustände der Atome mit AN^+ kennzeichnen.

Als weitere Vereinfachung haben wir beim Mark I-Universum die Einschränkung gemacht, daß jedes Atom im AN-Zustand nur eine ganz bestimmte Energie besitzen kann; insbesondere wollen wir verdeutlichen, daß eine Energie von einem Joule erforderlich ist, um ein Atom AN zu schalten. Wenn man bedenkt, daß man mit nur 10^{-18} Joule Energie ein Wasserstoffatom auseinanderreißt, entspricht ein Joule einer atomaren Kanonenkugel. Der spezielle Wert ist auch für unsere Betrachtungen meist unwichtig, so daß wir guten Gewissens den einfachsten Wert annehmen können, um etwas Konkretes in der Hand zu haben. Ansonsten würde es auch genügen, nur einen einheitlichen, aber nicht näher bestimmten Energiebetrag vorauszusetzen.

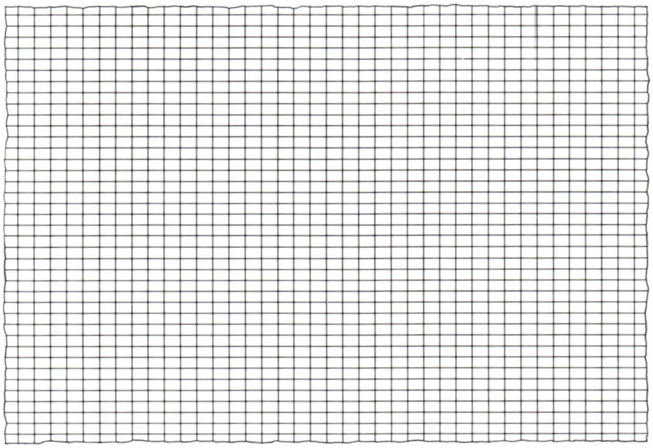

Das Mark II-Universum ist wie das Mark I-Universum aufgebaut, hat aber keine begrenzte Anzahl von identischen Atomen, sondern unendlich viele.

Das Mark III-Universum enthält alle Arten von Atomen, die zu komplexen Strukturen — wie hier einer Landschaft — verbunden sind. Die atomaren Prozesse, auf denen diese Strukturen beruhen, sind jedoch nicht komplexer als in den anderen Mark-Universen.

Das *Mark II-Universum* unterscheidet sich vom Mark I-Modell nur darin, daß die Zahl der Atome diesmal unbegrenzt ist: Wir dürfen weiterhin 1600 Felder mit Atomen betrachten, doch sie geben jetzt nur noch einen winzigen Bruchteil des gesamten Universums wieder. Auf dieses Mark II-Universum werden wir zurückgreifen, wenn wir ein Modell für Wärmereservoirs brauchen, die ja unersättliche Senken oder unerschöpfliche Quellen darstellen.

Das *Mark III-Modell* kommt der Realität näher. Es ist komplizierter aufgebaut und umfaßt verschiedene Sorten von Atomen, die verschiedene Energien besitzen und sich zu Molekülen aneinanderlagern können. Mit diesem Modell kann man Landschaften bis zu den Menschen darin simulieren.

Vorerst wollen wir uns jedoch auf das einfachste, das Mark I-Universum, beschränken und verfolgen, was es über Umwandlungs- oder Änderungsprozesse verrät. Als Spielregel setzen wir voraus, daß die Energie im Universum insgesamt erhalten (also die Anzahl der AN-Atome konstant) bleibt. Jedes einzelne Atom darf seine AN-Energie an ein Nachbaratom weiterreichen oder, wenn es sich selbst im AUS-Zustand befindet, seinerseits Energie von einem AN-Nachbarn aufnehmen. (Da ein Atom nur die Wahl zwischen AN und AUS hat, besitzt es im AN-Zustand gerade das Höchstmaß an Energie; es kann also unter diesen Bedingungen keine weitere aufnehmen.)

Wir können in unserem Modelluniversum nun eine Ausgangssituation vorstellen, wie sie in der oberen Abbildung auf der nächsten Seite dargestellt ist. Dann könnten der graue Bereich und die weiße Umgebung widerspiegeln, was in zwei Eisenblöcken abläuft, wenn sie im thermischen Kontakt sind. Jeder AN-Zustand kennzeichnet ein Eisenatom, das heftig um seine Mittellage schwingt; der AUS-Zustand steht dagegen für ein ruhendes Atom. Wenn ein vibrierendes AN-Atom einen ruhenden Nachbarn anstößt, gerät der — auf Kosten der Vibrationsenergie des AN-Atoms — seinerseits ins Schwingen und geht mithin in den AN-Zustand über. Auf diese Weise kann der AN-Zustand von Atom zu Atom wandern, je nachdem, wo zufällig gerade Zusammenstöße stattfinden.

Entscheidend am Verhalten des Modelluniversums (und auch des realen Kosmos) ist, daß es mit einem Minimum an Regeln erklärt werden kann. Wir brauchen bei unserem Mark I-Modell nur vorauszusetzen, daß die Anzahl der AN-Zustände (gleicher Energie) konstant bleibt, und zuzulassen, daß sich eine ungerichtete und ungezwungene Zufallsbewegung entwickelt. Am Schluß besitzt das Universum dann ganz charakteristische Eigenschaften. Dieselben Eigenschaften kämen zustande, wenn man beispielsweise Regeln einführen würde, nach denen die Energie von Atom zu Atom übertragen wird. Aber solche Regeln sind schlichtweg überflüssig, und die Wissenschaft ist sparsam mit ihren Annahmen.

Nehmen wir an, wir haben im Modelluniversum ein System mit vielen AN-Zuständen und ein zweites mit lauter AUS-Atomen. Das System 1 (das eine Eisenstück) enthält in Form der thermischen Bewegung viel Wärmeenergie, das System 2 überhaupt keine. Was wird geschehen?

Da die angeregten Atome des Systems 1 hin und her „zappeln", stoßen sie zusammen und können ihre Energie auf ihre jeweiligen Nachbaratome übertragen. In diesem Fall kann ein AN-Atom AUS- und ein benachbartes AUS-Atom AN-gehen. Das neue AN-Atom vibriert nun selbst, stößt an seine Nachbarn und tauscht mit ihnen Energie aus. Diese Energie, der AN-Zustand, wandert daher ziellos umher, bis er schließlich den Rand des Systems erreicht hat.

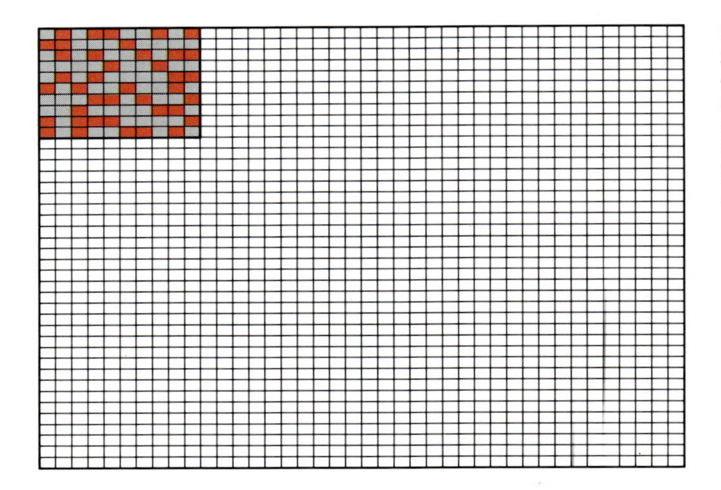

Der Anfangszustand eines Mark I-Universums, das zwei sich berührende Metallwürfel darstellt. Die gesamte Energie des Universums befindet sich im kleineren heißen Würfel, dessen Atome AN sind; im größeren Würfel sind alle Atome AUS. Mit Hilfe der Formel auf Seite 47 können wir die Temperaturen berechnen und erhalten für den gezeigten Anfangszustand die Werte 2,47 (Würfel) und Null (Umgebung).

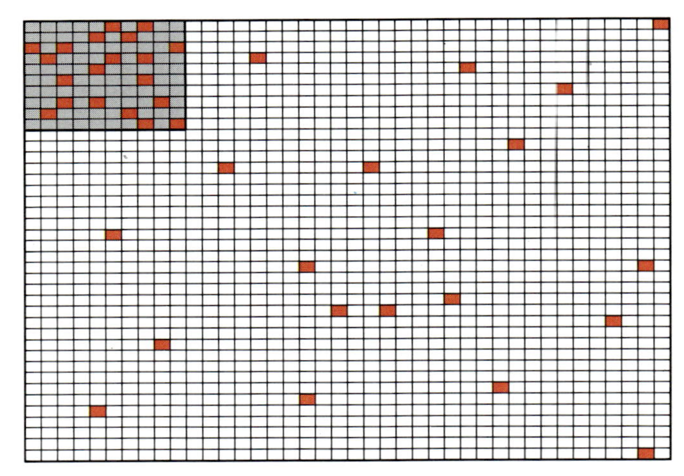

Im Mark I-Universum hat sich die Energie nach dem Anfangszustand durch Stöße etwas gleichmäßiger verteilt. Der kleine Würfel ist noch immer heißer und enthält mehr AN-Atome als der größere. Die Temperaturwerte liegen nun bei 0,72 und 0,23.

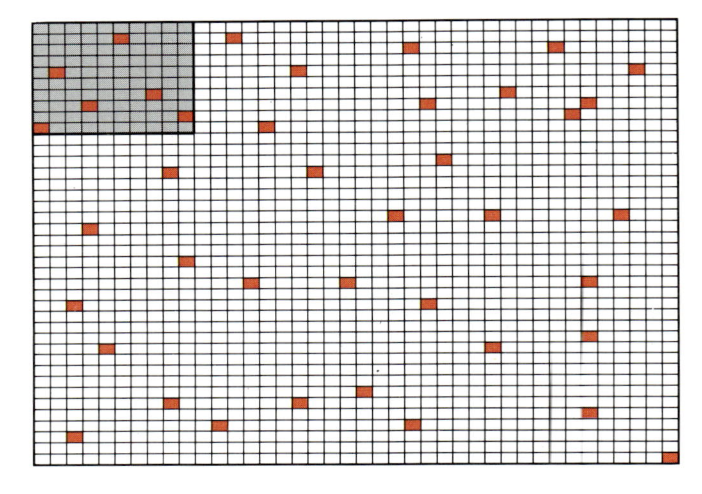

Die AN-Atome haben sich schließlich gleichmäßig über das gesamte Mark I-Universum verteilt. Vereinzelt finden sich geringe Anhäufungen, die aber nur Schwankungen — oder Fluktuationen — gegenüber einer einheitlichen mittleren Dichte der AN-Atome in beiden Systemen sind. Die Temperatur beträgt einheitlich 0,27. Es stellt sich ein thermisches Gleichgewicht ein.

An der Grenze zwischen System 1 und 2 gehen die Zusammenstöße genau so weiter wie im Innern des Systems 1. Ein angeregtes Atom am Rand von System 1 kann mit seinem Nachbarn am Rand von System 2 kollidieren und ihn AN-regen. Dieses AN-Atom stößt wiederum mit seinen Nachbarn zusammen, und so breitet sich nach und nach die AN-Energie auch in System 2 aus. Auf diese Weise nimmt dort die thermische Bewegung zu; System 2 erwärmt sich auf Kosten von System 1, das stetig abkühlt.

Wie endet das alles? Für den aufmerksamen Beobachter gibt es kein Ende, weil der AN-Zustand ständig durch Stöße weiterwandert. (Und eine Regel, die ein Ende vorschreibt, hatten wir ja auch nicht vorgesehen.) Für einen Beobachter, der weit genug entfernt ist, um die Systeme als Ganzes — und nicht nur das Verhalten der einzelnen Atome — zu sehen, stellt sich scheinbar doch ein Endzustand ein: Thermodynamisch ändert sich nichts Wesentliches mehr, sobald die AN-Zustände sich gleichmäßig über die beiden Systeme verteilt haben.

Die Entwicklung unseres Modelluniversums führt zwar nicht zu einem gleichbleibenden Endzustand, aber doch zu einer bestimmten — nämlich zufälligen — Verteilung der AN-Zustände, die schließlich im Mittel überall gleich häufig anzutreffen sind. Das ständige Umschalten der AN- und AUS-Zustände ändert scheinbar nichts an der großräumigeren Energieverteilung — jenseits des atomaren Maßstabs. Wenn sich die Energie erst einmal gleichmäßig über das Universum verteilt hat, bleibt das fortan so.

Hier muß man allerdings die Einschränkung machen, daß die ziellose Wanderung der AN-Zustände durch unwahrscheinliche Zufälle theoretisch auch dazu führen könnte, daß sich irgendwann alle AN-Atome wieder in System 1 anhäufen. Schon bei einem Modelluniversum aus 1600 Atomen wäre die Wahrscheinlichkeit dafür extrem gering, und im realen ist sie praktisch Null, weil die Avogadrozahl unvorstellbar hoch ist — selbst bei kleinen Materiebrocken wächst sie ins Astronomische. Mit anderen Worten: Wärmeenergie, die sich einmal gleichmäßig ausgebreitet hat, kehrt nie wieder spontan in ihr ursprüngliches System zurück. Diese *Irreversibilität* folgt aus ganz wenigen, aber fundamentalen Spielregeln für thermodynamische (Verteilungs-)Prozesse.

Die Temperatur

Bevor wir diese Beobachtung nun zu einem handlichen Paket schnüren, wollen wir festhalten, daß wir hier der Bedeutung des Temperaturbegriffs bereits ziemlich nahegekommen sind. Als natürliche Folge einer Energieumverteilung hat sich unser System 2 auf Kosten von System 1 erwärmt, bis die AN-Energie gleichmäßig über sämtliche Atome beider Systeme verteilt ist. Da System 2 größer ist und mehr Atome enthält, ist dort auch die AN-Energie insgesamt höher; aber das Verhältnis von AN- und AUS-Atomen ist in beiden Systemen gleich.

All das paßt zu unseren gewohnten Vorstellungen von Heiß und Kalt, wenn wir das Verhältnis von AN- und AUS-Zuständen als Gradmesser für die *Temperatur* deuten: Energie fließt als Wärme von hohen Temperaturen zu niedrigen. Tatsächlich war in System 1 das Verhältnis von AN- und AUS-Zuständen anfangs größer; es verringerte sich erst, während System 2 erwärmt wurde. Der Nettoenergiefluß zwischen beiden Systemen brach schließlich ab, sobald sich ein Gleichgewicht zwischen den AN/AUS-Verhältnissen (Temperaturen) der Systeme einstellte — wobei die Gesamtenergien meist voneinander abwichen. So gesehen erweist sich die Temperatur als Maß für die inkohärenten Bewegungen der Teilchen in einem thermodynamischen System, während sie mit Verschiebungen in keiner Weise zusammenhängt. Sie ist im Wortsinne eine thermodynamische (nicht „dynamische") Eigenschaft von Vielteilchensystemen. Es wäre absurd, sie auf ein einzelnes Teilchen zu beziehen. Wenn wir davon sprechen, daß ein Gegenstand warm sei, sagen wir damit etwas über die Anregung all seiner Bestandteile aus, ordnen jedoch keineswegs einem einzelnen Teilchen eine Temperatur zu.

Je größer das Verhältnis von AN- und AUS-Atomen dann wird, um so höher steigt die Temperatur; das gilt nicht nur in unserem Modell, sondern läßt sich auch auf das wirkliche Universum übertragen: Hohe Temperaturen entsprechen Systemen, in denen sich viele Teilchen in einem angeregten Zustand befinden. Wiederum müssen wir zwischen der Temperatur und der Energie eines Systems säuberlich trennen: Seine Energie kann hoch und die Temperatur trotzdem niedrig sein: Zum Beispiel kann ein großes System viele AN-Atome und folglich eine hohe Energie aufweisen, aber wenn die Zahl der AUS-Atome noch viel größer ist, hat das System gleichwohl eine niedrige Temperatur. So sind die Ozeane der Erde kalt, aber sie können ungeheuer viel Energie speichern. Die Energie hängt von der Größe eines Systems ab, die Temperatur nicht.

Was wir jetzt noch benötigen, ist im Grunde nur noch eine Frage der physikalischen Buchführung. Ursprünglich wurde der Temperaturbegriff auf einem völlig anderen Weg eingeführt, und es wäre ein glücklicher Zufall, wenn die klassische Definition numerisch gerade dem Verhältnis der AN- und AUS-Atome gliche. Vernünftigerweise können wir nur erwarten, daß ein Temperaturanstieg im klassischen Sinne einer Zunahme des atomaren AN/AUS-Verhältnisses entspricht; dabei wäre es jedoch zuviel verlangt, anzunehmen, daß beide Meßgrößen auf die gleiche Weise ansteigen.

Wir wissen aus unseren Überlegungen zum Wirkungsgrad von Maschinen, daß die klassische Thermodynamik eine untere Temperaturgrenze fordert: den absoluten Temperaturnullpunkt. Auf der Ebene der Atome läßt sich das leicht verstehen: Am absoluten Nullpunkt enthält ein System überhaupt keine Atome im AN-Zustand (das war gerade der Anfangszustand von System 2 in unserem Modelluniversum). Da ein AUS-Atom nichts mehr an Wärmeenergie zu verlieren hat, bestätigt sich hier die klassische Voraussage einer unteren Temperaturgrenze. Wir werden noch an einigen anderen Beispielen sehen, daß die atomare Deutung eine klassische Schlußfolgerung sehr anschaulich und ohne Umwege erklärt.

Die thermodynamische und die atomare Auffassung von Temperatur lassen sich auch quantitativ in Einklang bringen. Wir können alle thermodynamischen Ausdrücke für Temperatur, Energie und Entropie beibehalten, wenn wir die Temperatur wie folgt mit dem Verhältnis aus AN- und AUS-Zuständen verknüpfen:

$$\text{Temperatur} = A / \log\,(\text{Anzahl}_{\text{AUS}} / \text{Anzahl}_{\text{AN}}).$$

Hier kennzeichnet A eine Konstante, die davon abhängt, wieviel Energie man zum AN-Schalten eines Atoms benötigt. Wenn wir A aus Bequemlichkeit willkürlich Eins setzen, ergibt sich für alle Temperaturen nach dieser Gleichung eine reine Zahl. (Wir könnten A, wie im Anhang 2 beschrieben, auch in der Einheit Kelvin angeben, aber das würde uns hier unnötig aufhalten.)

Wenn wir die obige Formel auf die AN- und AUS-Atome in unserem Modelluniversum anwenden, können wir die Temperaturen für die Momentanzustände zweier Systeme berechnen, wie sie auf Seite 44 im Mark I-Modell dargestellt sind. Als wichtigstes Ergebnis kommt dann heraus, daß sich die beiden Systemtemperaturen einem gemeinsamen Wert nähern, der zwischen den Anfangstemperaturen liegt. Sobald er einmal erreicht ist, wird er — bis auf statistische Fluktuationen — für immer beibehalten.

Mit Hilfe des Computers lassen sich auch die Fluktuationen der Temperatur innerhalb eines Systems darstellen. Mitunter können sie sehr groß werden, besonders in kleinen Systemen. Bei System 1 machen sich Abweichungen um wenige AN-Zustände bereits als merkliche Sprünge über oder unter die Durchschnittstemperatur bemerkbar, weil die Gesamtzahl der Atome vergleichsweise gering ist. Bei realen, erheblich größeren Systemen sind die Temperaturschwankungen, wenn sich ein Gleichgewicht eingestellt hat, weitaus geringer. Und bei einem unendlich großen System sinken sie praktisch auf Null.

Fluktuationen der Temperaturen bei zwei Systemen im thermischen Gleichgewicht. Die Temperaturen, die hier für das größere System orange und für das kleinere grün dargestellt sind, schwanken um denselben Mittelwert. Im Modelluniversum fallen die Abweichungen größer aus als in realen Systemen, wo die Zahl der Atome viel größer ist. Die Computerkurve ergibt sich unter der Annahme, daß sich von den 1600 Atomen des Mark I-Universums immer 100 im AN-Zustand befinden, wobei die Positionen der einzelnen Zustände beliebig wechseln dürfen; zu Beginn waren sämtliche 100 Atome des kleineren Systems im AN-Zustand.

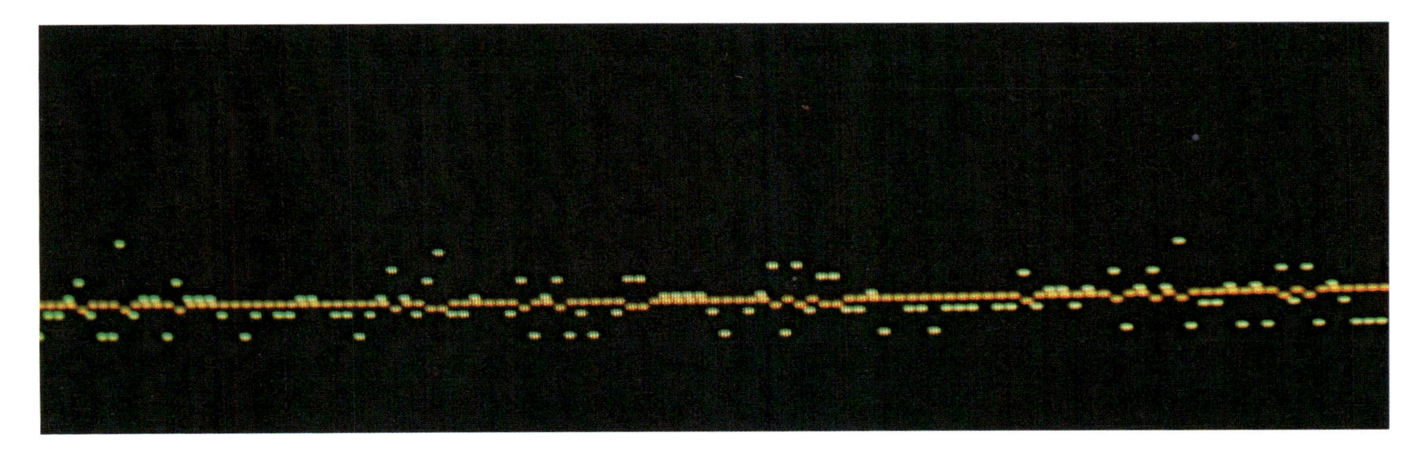

Die natürliche Richtung der Umwandlung

Wir haben nun auch einen Schlüssel, um ohne hergeholte Spielregeln die Richtung bei natürlichen Umwandlungsprozessen zu verstehen. Mit der einfachen Annahme, daß Atome bei Zusammenstößen ihre Energie austauschen können, sind wir gleichsam zufällig unter die Fittiche des Zweiten Hauptsatzes geraten und haben bestimmte Erscheinungen in der Welt auf elegante Weise erklärt. Entscheidend ist hier, daß sich Energie ohne Ziel und Richtung überall hin verteilt und dadurch einen irreversiblen Wandel auslöst. Und wenn ein außenstehender Beobachter die Folgen dieser ziellosen Energieübertragungen betrachtet, stellt er nichts anderes fest als die Grundaussage des Zweiten Hauptsatzes.

Vorläufig wollen wir diesen Satz auf atomarer Basis so umformulieren: Die Energie wird sich immer weiter verteilen. (Wir werden das noch präziser fassen, wenn wir uns genauere Einblicke in die Materie verschafft haben.) Die Energie folgt dabei keineswegs irgendeinem zweckgerichteten Prinzip, sondern sie verteilt sich nur deshalb, weil Teilchen zufällig miteinander zusammenstoßen und dabei Energie austauschen und weitergeben. Diese Tendenz spiegelt sozusagen eine echte Freiheit wider, ganz ohne Absicht oder Zwang. Das ist ein wichtiger Gesichtspunkt bei allen weiteren Überlegungen in diesem Buch.

Bislang haben wir bei den natürlichen Umwandlungsprozessen nur die Spitze eines Eisbergs gesehen. In zunehmendem Maße wird sich jedoch herausstellen, daß die einfache Vorstellung von der Energieumverteilung letztlich jegliche Veränderung im Universum bestimmt. Wenn wir das verstehen, nähern wir uns dem Ursprung der Natur. Es sollte nun auch klarer werden, warum der Zweite Hauptsatz Vorgänge betrifft, die im Grunde einfacher sind als die Ereignisse, auf die sich der Erste Hauptsatz (der Energieerhaltungssatz) bezieht.

Der Energiebegriff ist meiner Meinung nach schwerer zu definieren, auch wenn wir ihn anhand der kinetischen und potentiellen Anteile näher spezifiziert haben. Aber was genau ist darunter zu verstehen? Vielleicht müssen wir bei einem Konzept, mit dem wir so nahe an die Grundfesten des Universums stoßen, einfach damit rechnen, daß sich uns der Begriff immer wieder entzieht. Andererseits setzt der Zweite Hauptsatz die Energie als eine feststehende Größe voraus und beschäftigt sich mit deren Verteilung. Trotz aller begrifflichen Schwierigkeiten läßt sich aber ohne weiteres verstehen, was mit Ausbreitung der Energie gemeint ist.

Unsere atomare Interpretation des Zweiten Hauptsatzes hängt mit der Clausiusschen Formulierung zusammen, daß Wärme nicht spontan gegen ein Temperaturgefälle oder einen *Temperaturgradienten* fließt. Durch Zufall kann Energie an eine Stelle transportiert werden, wo sich bereits viel Energie — in Form von AN-Atomen — angesammelt

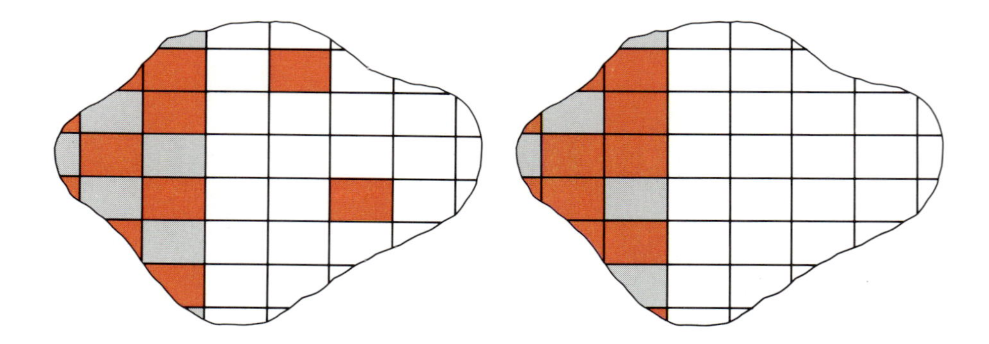

Eine lokale Anhäufung von AN-Zuständen im Universum ist extrem unwahrscheinlich, weil sich die Energie im Mittel gleichmäßig über den gesamten Raum verteilt. Diese Tatsache ist die mikroskopische Basis für die Clausiussche Formulierung des Zweiten Hauptsatzes.

hat, aber das ist so unwahrscheinlich, daß wir vorerst nicht weiter darauf eingehen müssen.

Wie steht es mit Kelvins Formulierung des Zweiten Hauptsatzes? Oder anders gefragt, wie ist die Energieausbreitung mit der Umwandlung von Wärme in Arbeit zu vereinbaren? Um das zu klären, müssen wir uns ins Gedächtnis rufen, daß Wärme nicht wie die Arbeit bei kohärenter Bewegung entsteht. Die atomare Ursache für diese Asymmetrie läßt sich anhand eines alltäglichen Beispiels verstehen.

Ein Ball, der auf den Boden fällt, hüpft auf und ab, bevor er irgendwann schließlich zur Ruhe kommt. Kein verläßlicher Augenzeuge hat jemals davon berichtet, er habe genau das Umgekehrte beobachtet: einen ruhenden Ball, der plötzlich anfängt zu hüpfen und dabei immer höher springt. Dies würde auch Kelvins Aussage widersprechen, denn wenn der Ball an seinem höchsten Punkt angelangt wäre, könnten wir seine potentielle Energie ja in Arbeit umsetzen. Wir müßten den Ball dazu nur einfangen und mit einem Seilzug verbinden, so daß er im nun folgenden Fall ein Gewicht hochzieht. Die Energie eines solchen Balles, der spontan vom Boden hochspringt, könnte natürlich nur Wärme aus seiner Umgebung sein (denn wir stellen nicht die Gültigkeit des Ersten Hauptsatzes in Frage; wir machen also wieder Jacks Spiel). Diese Umwandlung von Wärme in Arbeit hat Kelvin gerade ausgeschlossen. Wenn wir also anhand der Bewegungen der Atome begründen können, warum der Ball keine Wärmeeergie aus dem Boden in Hüpfen umsetzen kann, haben wir beide Formulierungen, die Kelvinsche wie die Clausiussche, im Netz der Thermodynamik eingeholt.

Ein springender Ball ist ja nichts anderes als eine Ansammlung aus vielen Atomen, die sich kohärent bewegen. Da der Ball in der Regel auch (zimmer-)warm ist, kommt noch die thermische Bewegung hinzu. Aber sie bringt das kohärente Auf und Ab der Atome nicht durcheinander, und wir wollen sie im Moment noch außer acht lassen. Was beim Aufprall geschieht, wird in unserem Modelluniversum deutlich: Während der kurzen Berührung wird Energie zwischen Ball- und Bodenatomen ausgetauscht. Die Ballatome kehren dabei ihre Bewegungsrichtung um. Wenn sie anschließend als geschlossene Formation hochsteigen, verwandelt sich ihre kinetische Energie in potentielle. Der Ball wird allmählich langsamer und kommt schließlich zum Stillstand, bevor er erneut zu Boden fällt.

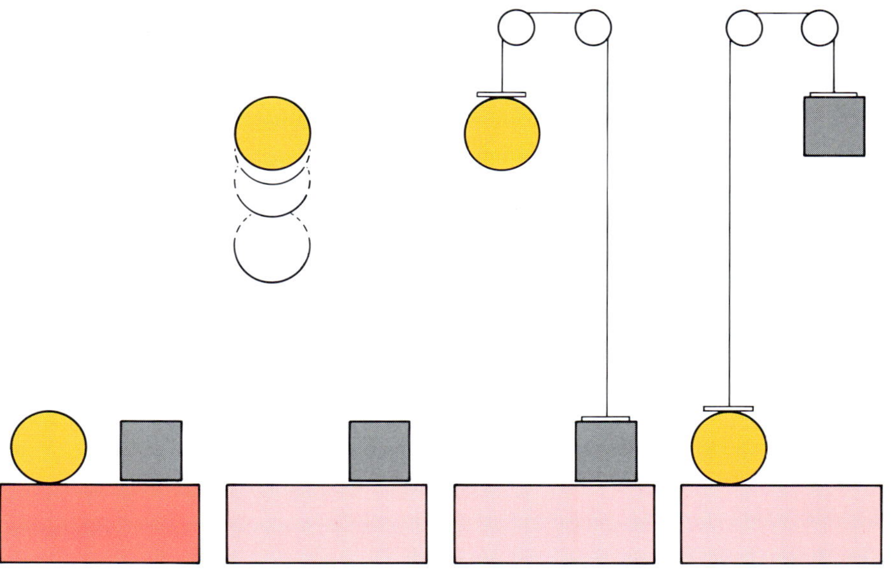

Ein Ball, der die Wärmeenergie seiner Umgebung (tiefrotes Reservoir) spontan in eine Hüpfbewegung umsetzen könnte, müßte am höchsten Punkt seiner Bewegung genug Energie haben, um ein Gewicht mit gleicher Masse auf die Höhe des Umkehrpunktes zu heben. Somit hätte er Wärme aus seiner Umgebung in Arbeit umgewandelt, was im Widerspruch zu Kelvins Formulierung des Zweiten Hauptsatzes steht.

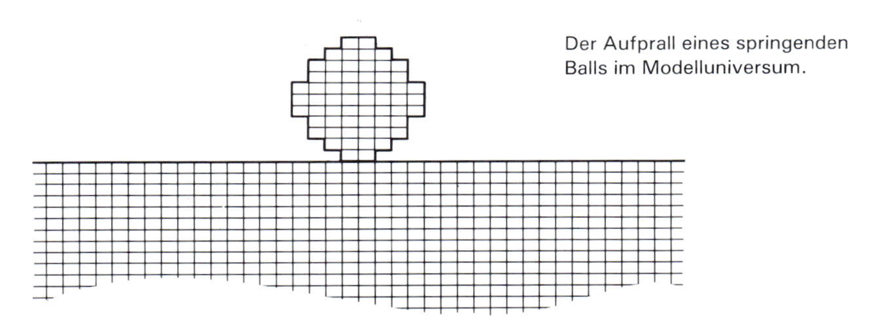

Der Aufprall eines springenden Balls im Modelluniversum.

Während des Aufpralls bleibt die Gesamtenergie, mit der der Ball am Boden auftrifft, allerdings nicht als kohärente Bewegung erhalten. Im Moment der Berührung geben die Atome im Ball etwas Energie an ihre Nachbarn im Boden ab. Auch von dem, was übrig bleibt, wird ein Teil wahllos verteilt. Was der Beobachter gewöhnlich als frontalen Zusammenstoß erlebt, sieht im atomaren Bereich völlig anders aus. Die Teilchen treffen mit Geschwindigkeiten aufeinander, deren Richtungen ganz beliebige Winkel einschließen, so daß die Bewegung wahllos in alle Richtungen übertragen wird. Weil die Atome dort, wo der Ball die Unterlage berührt, „zusammengestaucht" werden, entsteht sowohl eine kohärente als auch eine chaotische Bewegung: Durch den Festkörper wandert eine Stoßwelle, aber diese Welle aus zusammengedrückten Atomen ist ungeordnet und verliert sich im weiteren Verlauf in der allgemeinen Wärmebewegung. Ein ähnliches Schicksal steht der Welle bevor, die sich in der umgebenden Luft als Schall ausbreitet — und die unser Ohr als Aufprall des Balls hört.

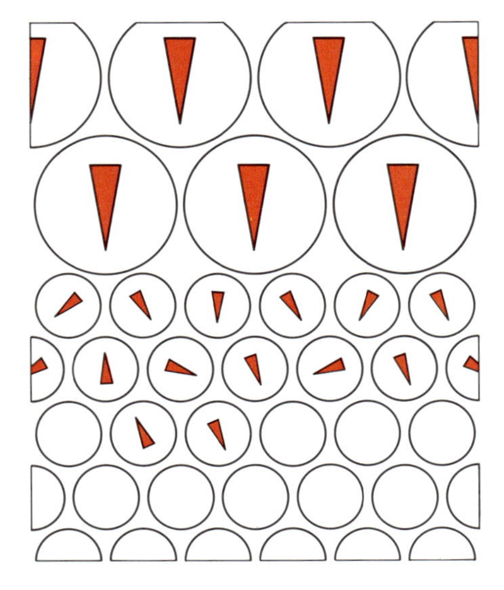

Während des Aufpralls stoßen die Ballatome (oder Teilchen) nicht frontal mit allen Teilchen der Unterlage zusammen. Dadurch wird die kohärente Bewegung zum Teil zu inkohärenter „degradiert".

Entscheidend für unsere Überlegungen ist die Tatsache, daß mit jedem Aufprall etwas kohärente Bewegung des Balls in eine inkohärente Wärmebewegung seiner Atome — und der des restlichen Universums — übergeht. In der Abbildung auf der rechten Seite wird dies durch gelbe Felder veranschaulicht, die AN-gehende Atome an den Oberflächen von Ball und Unterlage darstellen. Mit jedem hinzukommenden AN-Atom wird die kohärente Bewegung nach und nach AUS-geschaltet. Daher sind die Oberflächen nach jedem Sprung ein wenig wärmer, da sich die Wärmebewegung jedesmal verstärkt, bis die kohärente Bewegung der Ballatome schließlich vollständig in einer inkohärenten Bewegung der Atome des Universums aufgegangen ist, die sich nun gleichmäßig über das ganze Universum verteilt. Der etwas erwärmte Ball wird auf der etwas wärmeren Unterlage zur Ruhe kommen, und beide werden die gleiche Temperatur haben, da die AN-Atome statistisch gleichmäßig verteilt sind. Man bezeichnet diese Umwandlung der kinetischen Energie des Balles in Wärmebewegung als *Dissipation*. Es ist typisch für solche Dissipationsprozesse, daß aus Kohärenz Inkohärenz wird.

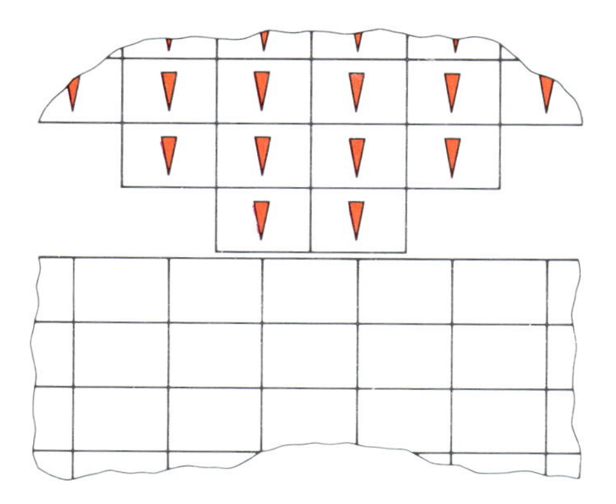

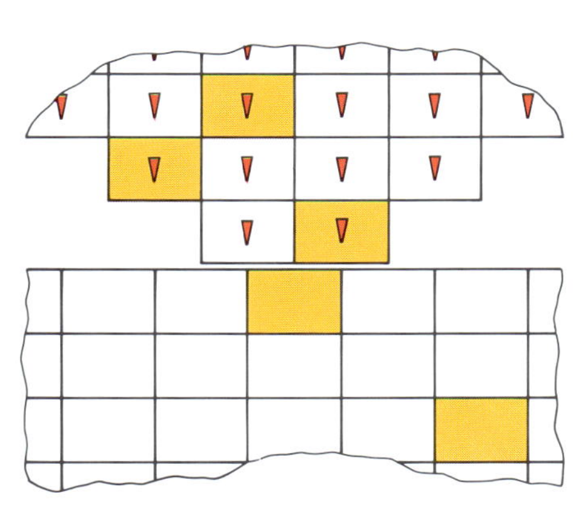

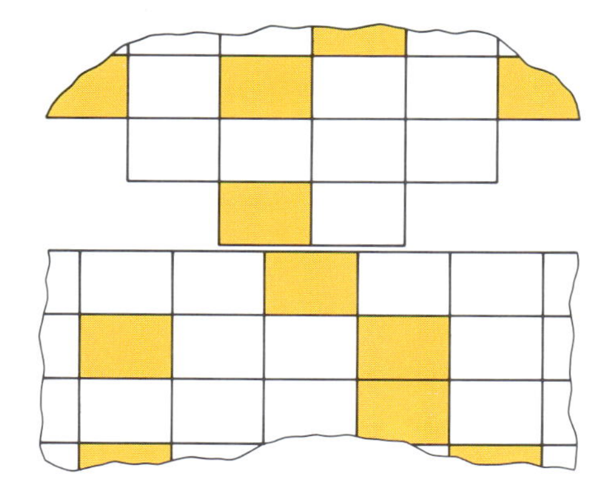

Mit jedem Aufprall wird die kohärente Ballbewegung (oben) stärker inkohärent (unten), bis schließlich die gesamte kinetische Energie (rot) in Wärme (gelb) umgewandelt ist.

Eine Umkehrung der Reihenfolge erscheint äußerst unwahrscheinlich. Theoretisch können wir uns so etwas zwar vorstellen: Wenn ein Ball auf einem warmen Tisch liegt, dann sind die Atome ja in ständiger Bewegung um eine mittlere Lage, und die Energie würde ausreichen, um den Ball zum Fliegen zu bringen. Leider ist diese Energie aus zwei Gründen nicht verfügbar.

Die Probleme beginnen damit, daß sich die Energie über sämtliche Atome des Universums verteilt. Sie müßte sich vermehrt im Ball ansammeln, damit er aufwärts fliegen könnte. Eine solche Akkumulation ist jedoch sehr unwahrscheinlich, weil die AN-Zustände der Atome ziellos herumwandern und die Chancen extrem schlecht stehen, daß im Ball genügend Atome gleichzeitig im AN-Zustand sind. Wie lange wir auf diesen seltenen Moment warten müßten, läßt sich mit Hilfe des Computerprogrammes für Fluktuationen in Anhang 3 untersuchen. Dieses Programm behandelt zufällige Stöße in einem thermodynamischen Universum genau so, wie wir sie in unserem Modelluniversum dargestellt haben. Wahrscheinlich müßten wir eine halbe Ewigkeit warten, bis ein Ball mit seinen unzähligen Atomen wie von Geisterhand zu hüpfen begänne — und bis dahin wäre seine Materie mit ziemlicher Sicherheit zerfallen.

Das Problem liegt tatsächlich noch tiefer. Wir könnten ja einen Ball auf einer heißen Oberfläche beobachten, so daß er genug Energie aufnehmen könnte. Wir haben bereits gesehen, daß ein Eisenwürfel von einem Kilogramm Masse mit einer Hubarbeit von zehn Joule um einen Meter nach oben gezogen werden kann. Diese Energie läßt sich leicht auf den Würfel übertragen, wenn er auf einer etwas heißeren Oberfläche liegt. Aber auch kalte Bälle auf heißen Oberflächen springen nicht plötzlich in die Luft. Warum nicht? Weil die Energie der Ball-Atome, sprich: die AN-Zustände, nur eine *notwendige* Bedingung ist, damit der Ball hochspringen kann; aber diese Bedingung ist keineswegs *hinreichend*. Der Ball könnte nur dann hochspringen, wenn die Atome im kohärenten AN^+-Zustand wären. Das heißt, die benötigte Energie muß als kohärente Bewegung der Atome und nicht bloß als inkohärente Wärmebewegung vorliegen. Selbst wenn genügend Wärmeenergie in den Ball geflossen ist, bleibt es äußerst unwahrscheinlich, daß alle Atome ,,synchron'' in den AN^+-Zustand übergehen und eine kohärente Bewegung zustande kommt.

Hier sind wir am entscheidenden Punkt der Kelvinschen Formulierung des Zweiten Hauptsatzes angelangt: Bei thermodynamischen Systemen sind die Kohärenz der Bewegung und der Ort der Teilchen ein fundamentales Unterscheidungsmerkmal. Wir müssen bei der Energieübertragung nicht nur die räumliche Verteilung über die Atome im Universum erklären, sondern auch den Verlust der Kohärenz. Man kann also die Grundlagen des Zweiten Hauptsatzes auch im *Gleichverteilungssatz* für die kinetische Energie wiederfinden: Sie neigt dazu, sich gleichmäßig im Raum zu zerstreuen.

Natürliche Prozesse

Das natürliche Bestreben der Energie, sich auf die Teilchen im Raum zu verteilen und dabei die Kohärenz zu verringern, legt eine Richtung für spontan ablaufende Prozesse fest. Nach dem Ersten Hauptsatz könnte etwa ein Ball — wider alle Erfahrung — anfangen zu springen, wenn er sich gleichzeitig genügend abkühlt; oder eine Feder dürfte sich, wenn es nur nach der Energieerhaltung ginge, spontan zusammenziehen, und ein Eisenwürfel könnte plötzlich heißer als seine Umgebung werden. Auch wenn die Energie als Wärme vorhanden sein mag, so ist sie nicht als Arbeit verfügbar; deshalb warten wir vergeblich auf all diese ,,Wunder''. Energie häuft sich eben nicht — oder nur mit äußerst geringer Wahrscheinlichkeit — spontan in riesigen Mengen auf kleinstem Raum an; und selbst wenn dieser seltene Fall einträte, wäre die Wahrscheinlichkeit gering, daß auch Kohärenz vorläge.

Natürliche Vorgänge sind immer mit einer Umverteilung von Energie verknüpft. So gesehen ist klar, warum sich ein heißer Körper auf seine Umgebungstemperatur abkühlt, warum kohärente Bewegung inkohärent wird und eine konstante Bewegung durch Reibung allmählich in Wärmebewegung übergeht. Die Asymmetrie, auf die der Zweite Hauptsatz hinweist, ist eine Erscheinung der Dissipation von Energie — wie immer sie sich auswirken mag. Eine geordnete Energieverteilung entwickelt sich in Richtung Chaos.

Wie wir im vorigen Kapitel gesehen haben, ist diese Veränderung mit einer Entropiezunahme verbunden. Demnach kann man Entropie als ein Maß für Chaos und Unordnung auffassen. Außerdem haben wir natürliche Prozesse mit einem Verfall der Energiequalität in Verbindung gebracht. Diese Qualität spiegelt ein fehlendes Chaos, oder, wenn man so will, den Grad von Ordnung, wider. Energie von hoher Qualität muß sich auf kleinem Raum konzentrieren — wie beispielsweise in einem Stück Kohle oder einem Atomkern. Es kann auch Energie sein, die in einer kohärenten Bewegung von Atomen gespeichert ist (etwa in fließendem Wasser).

Wir sind dabei, Begriffe und Konzepte als Einheit zu verstehen und eine Vorstellung davon zu gewinnen, was die Welt im Innersten vorantreibt. Nun müssen wir einen Zusammenhang zur Entropie herstellen. Dazu werden wir uns Boltzmanns Standpunkt über das Wesen der Umwandlung zu eigen machen.

Das Chaos in Zahlen

Auf dem Hauptfriedhof von Wien gibt es einen Grabstein, der eine Gleichung als Inschrift trägt: eine der bemerkenswertesten physikalischen Formeln, die untrennbar mit dem Namen Ludwig Boltzmann verknüpft ist. Wir wollen sie als mathematische Brücke benutzen, um unsere bislang nur qualitativen Überlegungen zur Energieausbreitung zu quantifizieren.

Die Formel $S = k \log W$ stellt eine Beziehung zwischen thermodynamischen Größen her, die Boltzmanns Lebenswerk bestimmt haben. S steht hier für die Entropie eines Systems, das kleine k bezeichnet eine fundamentale Naturkonstante, die man heute Boltzmannkonstante nennt. Da ihr Wert für unsere weitere Diskussion unerheblich ist, setzen wir sie der Einfachheit halber gleich Eins. Hinter dem Symbol W verbirgt sich ein Gradmesser für das Chaos in einem System. Wie das gemeint ist, werden wir noch erläutern.

Wir sind nun erstmals der Formel begegnet, die im Mittelpunkt unserer weiteren Diskussion stehen wird, weil sie einen Zusammenhang zwischen Entropie und Chaos herstellt. In ihren Folgen für die moderne Physik steht sie der berühmten Einsteinschen Energiegleichung $E = mc^2$ nicht nach, die man gewöhnlich auch als Nichtphysiker kennt. Die Entropie S, auf der linken Seite der Gleichung, ist schließlich die Größe, die der Zweite Hauptsatz fordert und die ein entscheidendes Kriterium für spontane Umwandlungen darstellt. Rechts finden wir eine Funktion, die angibt, inwieweit sich Energie bereits überallhin verteilt hat — und deshalb ein Maß für Chaos ist. Der Begriff der Energieverteilung zielt, wie wir bereits gesehen haben, auf den Kern mikroskopischer Umwandlungen ab. Während die Entropie S zur gesicherten Erfahrungswelt der klassischen Thermodynamik gehört, bezeichnet W Mechanismen in der Welt der Atome, die unseren vertrauten Beobachtungen zugrunde liegen. Die Gleichung ist so gesehen eine Brücke zwischen der makroskopischen Welt der Erscheinungen und ihren atomaren Ursachen im Mikrokosmos.

Ähnlich wie wir bei der Energie zunächst Qualität und dann Quantität betrachtet haben, wollen wir in diesem Kapitel die qualitative Diskussion des vorigen Kapitels vertiefen und Energieverteilung quantitativ beschreiben. Schon Clausius erkannte, wie wir bereits gesehen haben, den Unterschied zwischen Wärme und Arbeit; er verstand auch die Inkohärenz der Wärmebewegung sowie die Bedeutung von Energieabnahme und -umverteilung. Boltzmanns Verdienst war, aus all dem ein mathematisches Instrument zu machen, mit dem sich das Chaos in Zahlen fassen läßt.

Boltzmanns Grabstein auf dem Hauptfriedhof von Wien. Die eingemeißelte Gleichung $S = k \log W$ verknüpft die Entropie S mit einem Gradmesser für Unordnung und Chaos; k ist das Symbol für eine Konstante, die zu Ehren Boltzmanns benannt wurde.

Damit können wir das Programm für dieses Kapitel formulieren: Wir müssen das Chaos *numerisch* spezifizieren und über die intuitive Vorstellung hinauskommen, daß natürliche Prozesse ein Sturz ins Chaos sind. Wir müssen sie präzise quantifizieren.

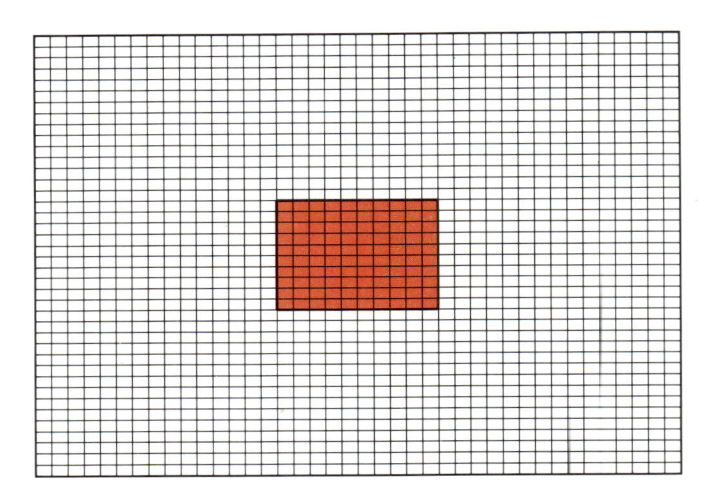

Ein Zustand des Mark I-Universums, in dem alle Atome in System 1 AN und in System 2 AUS sind.

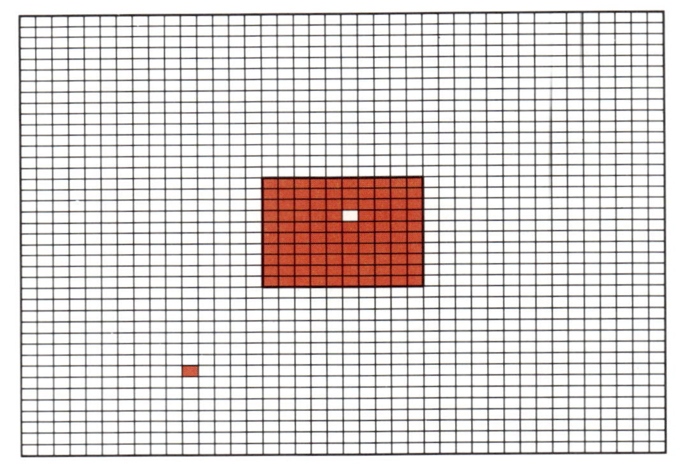

Ein AN-Zustand aus System 1 ist jetzt in das System 2 entwichen. Dadurch entsteht in System 1 ein AUS, das an 100 verschiedenen Plätzen auftreten kann; für das einzelne AN-Atom stehen daher in System 2 1500 verschiedene Anordnungen zur Wahl.

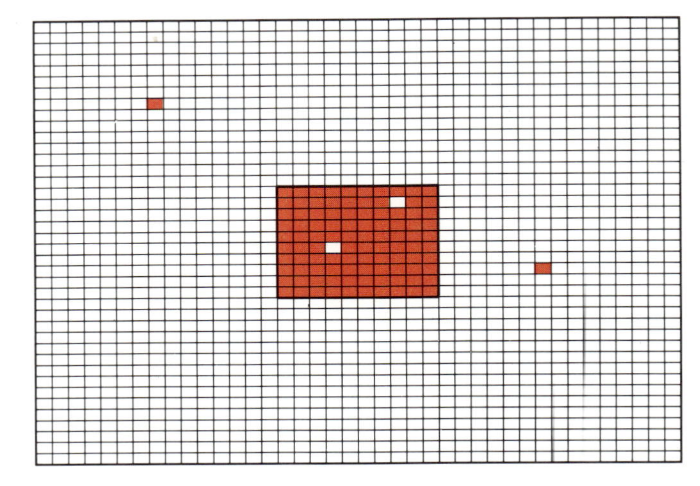

Zwei AN-Zustände sind in das System 2 übergewechselt. Die beiden AUS, die sie in System 1 zurücklassen, können sich auf $(100 \times 99)/2$ verschiedene Weisen verteilen; für die beiden ANs im größeren System 2 gibt es noch mehr Alternativen: nämlich $(1500 \times 1499)/2$ Möglichkeiten, und alle weichen voneinander ab.

Der Boltzmannsche Dämon

Wie kann man Chaos quantifizieren? Welche Bedeutung verbirgt sich hinter W? Auf beide Fragen finden wir eine Antwort, wenn wir irgendeinen speziellen Anfangszustand des Mark I-Universums betrachten und verfolgen, was sich im Laufe der Zeit daraus entwickelt. In der Abbildung oben auf der gegenüberliegenden Seite sind zum Anfangszeitpunkt alle Atome in einem System 1 AN und im System 2 AUS.

Die Frage ist nun: Auf wieviele Arten kann das Innere eines Systems umgeordnet werden, ohne daß ein außenstehender Beobachter etwas davon bemerkt? Die Antwort finden wir mit der Größe W, denn sie enthält den wesentlichen Schritt von Atomen zu Systemen, für die der Beobachter in bezug auf einzelnes blind ist. Die Thermodynamik beschäftigt sich nur mit dem durchschnittlichen Verhalten von großen Atomansammlungen. Welche Rolle dabei jedes einzelne Atom spielt, braucht man nicht genau zu wissen. Solange der thermodynamische Beobachter keine makroskopischen Veränderungen bemerken kann, ist der Zustand des Systems als gleichbleibend anzusehen. Nur ein Beobachter, der alle beteiligten Atome einzeln überwachen würde, könnte verfolgen, daß wirklich Veränderungen im Gange sind.

Wir wollen uns diese Vorgänge als das Werk eines Dämons vorstellen, eines kleinen, unwirklichen und geschlechtslosen Wesens, das mit unaufhörlicher Geschäftigkeit atomare Zustände umordnet. Ich will dieses Wesen als *Boltzmannschen Dämon*• bezeichnen. Ständig organisiert er ein thermodynamisches System um. Im Universum ordnet er zum Beispiel einfach AN- und AUS-Zustände neu — und verkörpert dabei die Regellosigkeit, die für das Universum typisch ist. Er ist unentwegt damit beschäftigt, die AN-Zustände durcheinanderzubringen — in einem ziel- und richtungslosen Umordnen und Umgruppieren der atomaren Zustände.

Als Zaungäste am Spielfeld der Thermodynamik können wir den Dämon nicht sehen, solange die Anzahl der AN-Atome in einem System konstant bleibt. So emsig er die AN-Zustände verschieben mag, er kann keine neuen AN-Atome erzeugen! Deshalb bleibt oft verborgen, ob er gerade aktiv oder bloß anwesend ist. Aber wir kennen die Anzahl der verschiedenen Anordnungen, in die Boltzmanns Dämon hineinstolpern kann, auch wenn wir nichts davon bemerken, daß Änderungen im Gange sind. Diese Anzahl entspricht der Größe W.

Wenn wir den Anfangszustand unseres Modelluniversums betrachten, bei dem alle Atome aus System 1 im AN-Zustand sind, kann der Dämon allerdings nichts tun, ohne daß wir es bemerken. Innerhalb von System 1 kann der AN-Zustand nämlich nicht verändert werden; und sobald der Dämon AN-Zustände auf Atome von System 2 verschöbe, wäre das ja feststellbar: Die Temperatur würde dann in System 2 ansteigen und in System 1 abfallen — was wir beides an einem empfindlichen Thermometer ablesen könnten. In unserem Modelluniversum gibt es also nur eine einzige Anordnung, bei der alle Atome im System 1 AN sind. Daraus schließen wir, daß $W = 1$ sein muß. Aus der Boltzmanngleichung $S = k \log W$ ergibt sich mithin für die Entropie dieses Zustandes im System 1 der Wert $\log 1 = 0$. In dieser hochverdichteten, beträchtlichen Energiesammlung verschwindet die Entropie — die Qualität der Energie ist hundertprozentig perfekt.

Im Laufe der Zeit wird es dem Dämon gelingen, ein AN in das äußere System 2 zu bringen. Dies ist dann seine große Stunde, denn nun kann er die AN-Zustände innerhalb von System 1 auf viele verschiedene Arten umordnen, ohne daß wir es merken. Aber wir können leicht den neuen Wert von W

• Es gibt noch einen zweiten Dämon, der Unheil anrichtet: den *Maxwellschen Dämon*, den man nicht mit dem Boltzmannschen verwechseln darf.

abschätzen: Er ist gleich der Anzahl aller Möglichkeiten, von den 100 Atomen in System 1 ein einzelnes AUS zu schalten. Das heißt, $W = 100$. Der Dämon kann die 99 AN-Zustände in System 1 auf 100 verschiedene Arten anordnen. Da der natürliche Logarithmus• von 100 (ln 100) den Wert 4,61 hat, erhalten wir aus der Boltzmanngleichung für die Entropie $S = 4{,}61$. Das ist mehr als im Anfangszustand; das System ist chaotischer geworden, denn wir wissen ja nicht, wo sich das eine AUS aufhält.

Später wird der Dämon einen zweiten AN-Zustand und damit Energie aus System 1 zum System 2 transportieren. Damit bleibt ein zweites AUS-Atom in System 1 zurück, wo der Dämon nun mit der Plazierung von zwei Lücken und 98 AN-Zuständen sein unsichtbares Spiel treiben kann. Wieviele Möglichkeiten er für die Anordnung der Zustände in System 1 hat, ergibt sich aus den möglichen Kombinationen der beiden AUS-Zustände. Der erste kann dabei jedem der 100 Atome zugeordnet werden; für das zweite AUS stehen dann nur noch die restlichen 99 Möglichkeiten zur Wahl. Insgesamt kann der Dämon also $100 \times 99 = 9900$ Anordnungen zustande bringen. Einige davon sind allerdings identisch. Wenn der Dämon beispielsweise zuerst das Atom Nummer 23 und danach Atom 32 AUS schaltet, führt das zum gleichen Endergebnis, wie wenn er zuerst das Atom 32 und dann erst das Atom 23 in den AUS-Zustand versetzt: Schließlich sind in beiden Fällen die Atome 23 und 32 AUS. Da sich nur die Hälfte der 9900 möglichen Anordnungen unterscheidet, hat der Dämon 4950 verschiedene Möglichkeiten, das System 1 im Verborgenen umzuordnen. Demnach beträgt W 4950. Ein Blick auf Boltzmanns Grabinschrift zeigt uns, daß die Entropie S damit auf $\ln 4950 = 8{,}51$ gewachsen ist.

Wir dürfen nicht aus den Augen verlieren, daß die Entropie auch in System 2 zugenommen hat. Am Anfang lag sie bei Null, weil kein Atom AN war und es daher nur eine einzige Anordnung (der AUS-Zustände) gab; nachdem der Dämon einen AN-Zustand aus dem System 1 in das System 2 geschafft hatte, boten sich viele Möglichkeiten, diesen AN-Zustand unterzubringen. In System 2 kommen 1500 Atome für das AN-Schalten in Frage. Die Anzahl der unentdeckbaren und ununterscheidbaren Anordnungen für den thermodynamischen Zustand mit einem AN-Atom in System 2 beträgt 1500. Die Entropie hat also den Wert $\ln 1500 = 7{,}31$. Bei zwei AN-Zuständen im System 2 gibt es 1500 Positionen für den ersten und 1499 für den zweiten. Wieder müssen wir das Produkt halbieren, um die Zahl der verschiedenen

• Mit dem Ausdruck $\log x$ bezeichnet man üblicherweise den Zehnerlogarithmus. Wir rechnen hier jedoch immer mit dem natürlichen Logarithmus, der sich auf die Eulersche Zahl $e = 2{,}718$ anstelle von 10 als Basis bezieht. Damit können wir viele wichtige Rechenwege sehr vereinfachen.

Anordnungsmöglichkeiten zu erhalten: $(1500 \times 1499)/2 = 1\,124\,250$. Die Entropie von System 2 hat für diesen Zustand also den Wert $\ln 1\,124\,250 = 13{,}93$. Man beachte, daß die Entropie in System 2 schneller zunimmt als in System 1. Das liegt einfach daran, daß System 2 größer ist und ein einzelner AN-Zustand an mehr Stellen auftreten kann. Der Dämon hat beim Umordnen mehr Möglichkeiten, wenn er mehr Atome zum AN- und AUS-Schalten vorfindet.

Wir könnten die Anzahl der Anordnungen berechnen, die der Dämon durch Umschalten von AN- und AUS-Atomen in beiden Systemen erzeugen kann. Der Logarithmus dieser Zahl entspräche dann der Entropie. Auch wenn die Zahl der Möglichkeiten ins Astronomische wachsen kann, verschafft uns der Logarithmus handliche Werte. Logarithmen nehmen auch bei exponentiell anwachsenden Zahlen nur langsam zu. So steigt der natürliche Logarithmus zwischen 100 und 10^{23} (der Größenordnung der Avogadrozahl) nur von 4,61 auf 54,7.

Wie sich das Modelluniversum im Laufe der Zeit weiter entwickelt, läßt sich mit Hilfe des Entropie-Programmes in Anhang 2 auf einem Computerbildschirm verfolgen. Die Entropieänderungen kann man dann an einfachen Kurven ablesen, die oben rechts für beide Systeme und für das Universum (als Summe) dargestellt sind. Weil der Dämon in System 1 anfangs immer mehr Freiheit bekommt, die AN-Zustände zu verlegen (da zunehmend neue Lücken auftreten), wächst die Entropie zu Beginn. Sobald jedoch die Hälfte der Atome AUS ist, werden die AN-Zustände knapp, und die Entropie sinkt. Wenn alle Atome AUS wären, hätte der Dämon keinerlei Spielraum mehr, weil er auf eine Anordnung beschränkt wäre. Die Entropie läge dann wieder bei Null. Etwas anders liegen die Dinge in System 2: Es gewinnt zwar Energie, aber nicht genug, um die Hälfte seiner Atome in den AN-Zustand zu heben. Es gibt ja insgesamt nur 100 AN-Atome, gegenüber 1500 Atomen in System 2. Daher nimmt nur die Entropie im System 2 zu. Die Entropieänderungen beider Systeme ergeben für das Universum dann insgesamt einen Verlauf, der ein Maximum aufweist.

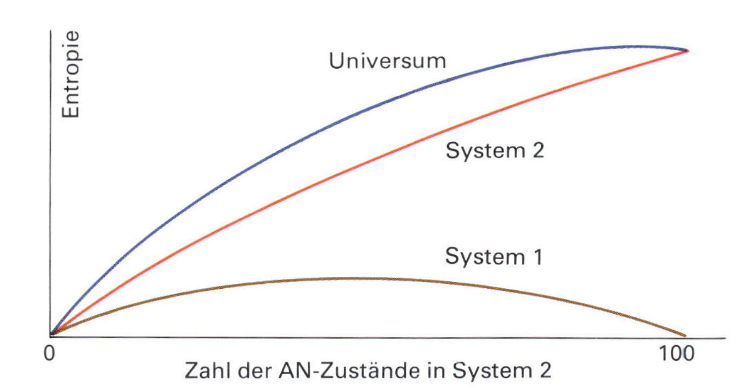

Die Entropien der Systeme 1 und 2 sowie des gesamten Universums als Funktion der Anzahl von AN-Zuständen, die aus System 1 entwichen sind. Die Gesamtentropie erreicht einen Maximalwert von 369, wenn sich 93 bis 94 AN-Zustände über das System 2 verteilen (rechnerisch müßten es im Mittel 93,75 ANs sein). Dann sind die AN-Zustände im Verhältnis zu den AUS-Zuständen bei beiden Systemen gleich häufig, das heißt, die Temperaturen sind ausgeglichen.

Dieses Entropiemaximum wird erreicht, wenn die Anzahl der AN- und AUS-Atome bei beiden Systemen im gleichen Verhältnis zueinander stehen. Anders ausgedrückt: Sobald die Temperatur in beiden Systemen gleich ist, hat die Entropie ihren höchsten Wert. Und das entspricht auch unseren Erwartungen. Wenn sich die Energie gleichmäßig verteilt, geht mit diesem Qualitätsverlust ein Anwachsen der Entropie im Universum einher. Die Boltzmanngleichung zeigt, daß es sich um zwei Seiten einer Medaille handelt: Der Gleichverteilungssatz entspricht dem Satz von der Entropiezunahme.

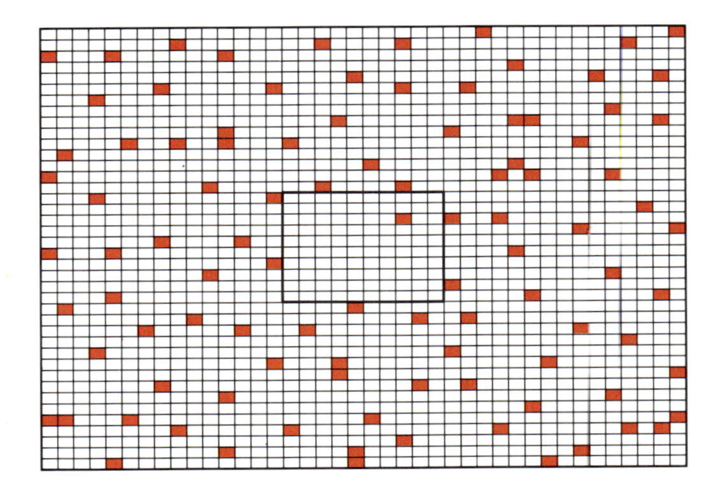

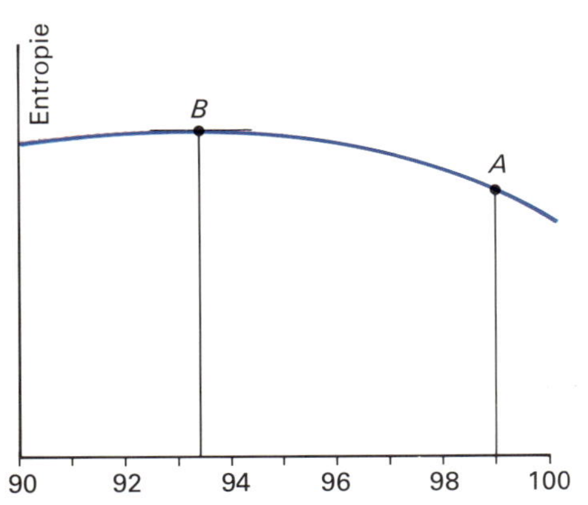

Ein Anfangszustand des Mark I-Universums, bei dem von den insgesamt 100 ANs nur eines in System 1 vorhanden ist.

Eine mögliche Anordnung für die AN-Zustände bei thermischem Gleichgewicht zwischen den beiden Systemen (entsprechend Punkt *B* der Entropiekurve).

Die Entropiekurve für das Mark I-Universum mit anfangs nur einem AN-Atom in System 1. Die zugehörige Anfangsentropie entspricht dem Punkt *A*; bei *B* wird das Maximum erreicht: Jetzt befinden sich die beiden Systeme 1 und 2 in einem thermischen Gleichgewicht, denn ihre Temperaturen sind, von Fluktuationen abgesehen, konstant gleich.

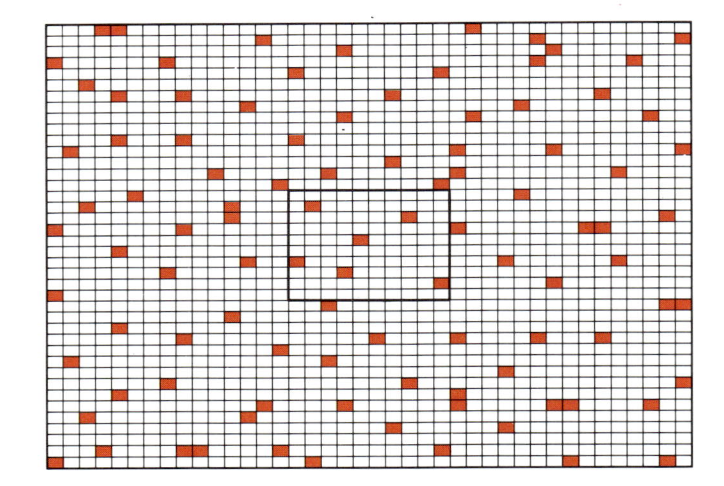

Die Entropiekurve erklärt auch die natürliche Richtung des Energieflusses bei einem Temperaturgradienten. Nehmen wir an, im Universum befindet sich zum betrachteten Zeitpunkt nur ein AN-Atom in System 1, so daß in System 2 nun 99 Atome AN sind. Dann ist die Temperatur in System 1 niedriger als in System 2. (Wir können das anhand der Formel auf Seite 47 ausrechnen und erhalten dann die Werte 0,22 und 0,38.) Die Entropie von System 2 können wir der obigen Kurve entnehmen, indem wir den Funktionswert von 99 (mit *A* bezeichnet) ablesen.

Intuitiv wissen wir, was geschehen wird: Aus System 2 wird Wärmeenergie in das System 1 fließen, bis sie sich gleichmäßig über das gesamte Universum verteilt hat. Dann ergibt sich für jedes Atom die gleiche Wahrscheinlichkeit, es im AN-Zustand vorzufinden. Da es insgesamt 100 AN-Atome unter 1600 Atomen gibt, beträgt diese Wahrscheinlichkeit im thermischen Gleichgewicht $100/1600 = 0{,}0625$. In System 1 mit 100 Atomen sind im Gleichgewicht rein rechnerisch also $100 \times 0{,}0625 = 6{,}25$ Atome AN. Tatsächlich muß es natürlich ein ganzzahliger Wert sein, denn Atome sind entweder AN oder AUS; meist befinden sich also sechs oder sieben Atome im AN-Zustand. Der Einfachheit halber gehen wir von sechs (gelegentlich auch sieben) AN-Atomen in System 1 und 94 (oder 93) in System 2 aus.

Unter diesen Bedingungen beträgt die Temperatur in System 1 also 0,36 (beziehungsweise 0,39), wenn sechs (sieben) Atome AN sind, und in System 2 mit 94 AN-Atomen liegt sie bei 0,37. Auch für 93 AN-Atome hat sie dort diesen Wert, weil die Quotienten 93/1500 und 94/1500 nur wenig abweichen und diese Differenz im Logarithmus erst recht nivelliert wird. Dadurch sind die Temperaturen praktisch gleich. Der rechnerische Unterschied kommt ohnehin nur dadurch zustande, daß wir 6,25 auf- oder abgerundet haben. Tatsächlich sind die mittleren Temperaturen in beiden Systemen gleich und entsprechen dem Wert, der sich bei maximaler Entropie im Universum ergibt — dem Punkt *B* in der Kurve auf der linken Seite. Das entspricht haargenau unseren früheren Überlegungen: Ein heißes System kühlt sich ab, bis ein thermisches Gleichgewicht mit der Umgebung — und zugleich maximale Entropie — erreicht ist.

Der Dämon in der Falle

Ein Erfolg bei der quantitativen Beschreibung bringt die Wissenschaft meist auch qualitativ einen Schritt weiter. Oft gehen Verständnis und Mathematik eine Symbiose ein und treiben sich wechselseitig voran; so wächst mit den mathematischen Fortschritten gleichzeitig das Verständnis. Das gilt insbesondere auch für den Schritt, in dem wir nun unsere intuitive Vorstellung vom Chaos präzisieren konnten, indem wir die Anzahl der möglichen Anordnungen — oder *Konfigurationen* — eines Systems bestimmten, die dem außenstehenden Beobachter verborgen bleiben.

Die Boltzmanngleichung wirft ein neues Licht auf die Vorstellung vom thermischen Gleichgewicht. Im Modelluniversum war es gerade dadurch gekennzeichnet, daß die Gesamtentropie beider Systeme maximal wurde. Wie wir gesehen haben, gibt es keinen Nettoenergiefluß zwischen den Systemen; beide verharren für immer in ihrem Zustand, wenn man von den zufälligen Fluktuationen absieht, die die Gleichmäßigkeit der Energieverteilung „aufrauhen". Obwohl im thermischen Gleichgewicht beide Systeme nach außen hin in Ruhe sind und keine sichtbare Veränderung auftritt, bleibt der Dämon nach wie vor aktiv. Er ist unvergänglich und hastet ewig ziellos von Atom zu Atom, um hier AUS-zulöschen und dort AN-zuzünden. Wir haben es hier mit einem *dynamischen Gleichgewicht* zu tun, bei dem die thermische Bewegung unvermindert anhält; die beobachtete Ruhe trügt. Tatsächlich verbirgt sich hinter nahezu allen scheinbar ruhigen Endzuständen, die sich nach thermodynamischen Prozessen einstellen, ein dynamisches Gleichgewicht, das von einem atomaren Leben unter der vermeintlich toten Oberfläche zeugt.

Viel wichtiger ist die Tatsache, daß der Dämon bei diesem Gleichgewichtszustand in seiner eigenen Raserei gefangen bleibt. Es handelt sich ja, wie wir gesehen haben, um den Zustand mit maximaler Gesamtentropie,

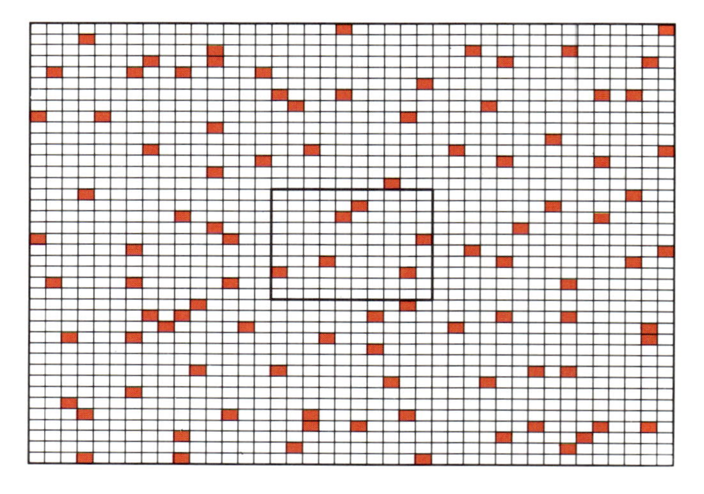

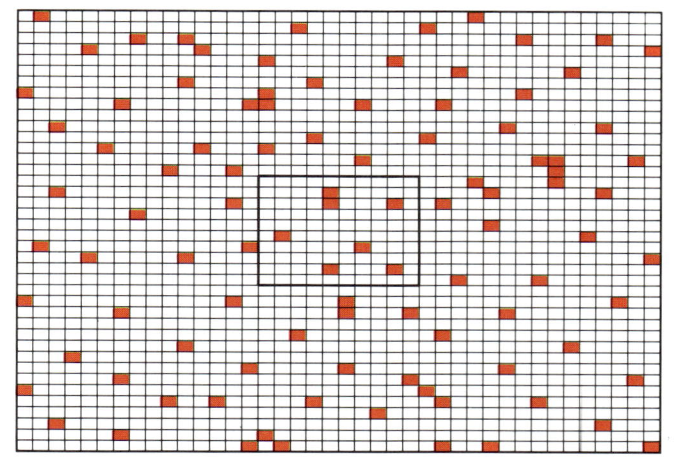

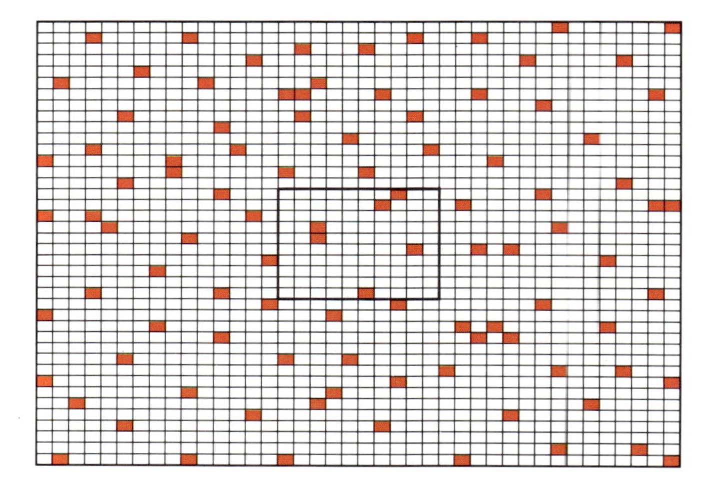

und die ist für den Dämon eben bindend. Zugleich entspricht die Maximalentropie demjenigen (gemittelten) thermodynamischen Zustand, der sich über eine maximale Anzahl von Wegen erreichen läßt. Angenommen, das Modelluniversum kann in vielen Konfigurationen vorkommen, bei denen sich die ANs über beide Systeme verteilen, dann entsprechen die verschiedenen AN-Verteilungen natürlich mikroskopisch verschiedenen thermodynamischen Zuständen. Im allgemeinen werden aber viele davon denselben makroskopischen Zustand hervorrufen, der natürlich um so häufiger erreicht wird, je mehr Verteilungen ihn erzeugen. Daher kann man jedem thermodynamischen Zustand eines makroskopischen Systems eine *Wahrscheinlichkeit* zuschreiben, indem man die *Zahl der mikroskopischen Konfigurationsmöglichkeiten* betrachtet. Je größer diese Anzahl ist — und das heißt, je mehr Wege es gibt, auf denen man einen thermodynamischen Zustand erreichen kann, desto wahrscheinlicher ist er. Durch die Umverteilung entsteht also besonders oft — eben mit hoher Wahrscheinlichkeit — eine der Anordnungen für einen

Drei Anordnungen der AN-Zustände, die im Modelluniversum bei thermischem Gleichgewicht möglich sind — es gibt Myriaden weiterer Konfigurationen. Unter diesen Bedingungen sind zumeist sechs oder sieben AN-Atome in System 1 anzutreffen.

bestimmten thermodynamischen Zustand, wenn sich dieser Zustand auf vielen Wegen erreichen läßt. Demnach muß eine gleichmäßige Verteilung der wahrscheinlichste Zustand des Universums sein, denn zu ihr führen die meisten Wege. Mit anderen Worten ausgedrückt: Das thermische Gleichgewicht ist der wahrscheinlichste Zustand des Universums.

Der gleiche Schluß folgt auch aus einer etwas anderen Überlegung. Wir können dem Dämon völlige Freiheit lassen, ANs zu verschieben oder umzuändern. Dann wird er im Laufe der Zeit durch alle möglichen Anordnungen hasten, die für die 100 AN-Zustände möglich sind, und vielleicht erreicht er ein Großteil dieser Anordnungen sogar viele Male. Es mag eine Milliarde Jahre dauern, bis schließlich jede nur denkbare Anordnung des Universums durchlaufen wurde, aber da praktisch alle einer gleichmäßigen Verteilung des AN-Zustandes entsprechen, werden allenfalls für eine Millisekunde einmal alle Atome des System 1 AN sein. Es gibt so viele Anordnungen mit Gleichverteilung, daß der Dämon die meiste Zeit damit zubringt, sie zu erzeugen, und nur ein winziger Augenblick für andere Konfigurationen übrigbleibt.

Dieser Aspekt läßt sich mit dem Fluktuations-Programm in Anhang 3 näher untersuchen. Bei unserem Modelluniversum mit nur 1600 Atomen und erst recht bei dem kleinen System 1 mit gerade noch 100 Atomen besteht eine besonders hohe Wahrscheinlichkeit, daß merkliche Abweichungen auftreten. Aber auch hier bringt der Dämon nur sehr selten merkliche Fluktuationen zuwege; die meiste Arbeit tut er im Verborgenen. Das verdeutlichen die drei Konfigurationen des Modelluniversums, die auf der gegenüberliegenden Seite abgebildet sind. In allen Fällen befinden sich im System 1 sechs oder sieben AN-Atome, deren Verteilung freilich in jedem Zustand anders ist. Trotzdem scheint das System von außen stabil: Das Thermometer zeigt eine gleichbleibende Temperatur, während der Dämon geschäftig sein Unwesen treibt.

Diese ständige Veränderung ist ein Grundzug thermodynamischer Zustände. Es gibt viele Konfigurationen des Universums, und das wahllose Herumwandern der Energie macht sie im Prinzip alle gleichermaßen möglich. Ein Prozeß mag mit einem höchst unwahrscheinlichen Zustand beginnen, sagen wir einer sehr niedrigen Temperatur von System 1 (wie in der Abbildung auf Seite 60). Das Universum wird dann mit der Zeit immer wahrscheinlichere Zustände durchlaufen und damit dem natürlichen Weg der spontanen Umwandlung folgen. Wenn es einen relativ wahrscheinlichen Zustand erreicht hat (zu dem also relativ viele Wege hinführen), wird es kaum in einen weniger wahrscheinlichen übergehen. Die Wahrscheinlichkeit, daß es durch zufällige Stöße in diesen Zustand zurückgebracht wird, ist einfach zu gering. Der Gleichgewichtszustand erweist sich als der wahrscheinlichste Endzustand des Universums. Der Dämon baut sich gleichsam von selbst einen Käfig, wenn er das große Chaos schafft und darin herumfuhrwerkt: indem er sich für die Zukunft praktisch den Weg in die Vergangenheit versperrt. Er hätte zwar prinzipiell die Möglichkeit, zu einer früheren Konfiguration zurückzukehren, sofern er das Chaos nach einem Plan systematisch entwirren könnte. Da er das aber nicht kann, wird sich das Chaos nicht von selbst in Ordnung umwandeln — außer durch eine fast unmögliche Kette von unwahrscheinlichen Zufällen.

Die Eigenschaften des Modelluniversums spiegeln die Eigenschaften des wirklichen Universums wider. Allerdings kann sich die Energie im realen Kosmos auf so viele Weisen ausbreiten, daß sich auch Strukturen entwickeln, die über längere Zeiträume scheinbar stabil bleiben, während das Universum als Ganzes unaufhaltsam und unwiderruflich dem Gleichgewicht zustrebt.

Wir haben nun im wesentlichen die *statistische* Seite der Entwicklung von thermodynamischen Systemen kennengelernt. Wir wissen, warum natürliche Umwandlungen nicht umkehrbar — oder *reversibel* — sind:

aufgrund der vernachlässigbar geringen Wahrscheinlichkeit, die nicht mit einer prinzipiellen Sicherheit zu verwechseln ist! Die Vorgänge, die wir beobachten und verfolgen können, stehen im Einklang mit der Entwicklung des Universums, die zu immer wahrscheinlicheren Zuständen führt, bis irgendwann einmal eine an Sicherheit grenzende Wahrscheinlichkeit erreicht ist. Aber im Prinzip gibt es doch ein Hintertürchen für Wunder.

Es wäre beispielsweise ein Wunder, wenn ein Metallblock plötzlich glühend heiß würde, oder erst recht, wenn sich Wasser spontan in Wein verwandelte. Zumindest bei der ,,geringeren Unmöglichkeit'' gibt der Zufall dem Dämon eine Chance. Es wäre jedenfalls denkbar, daß seine unermüdliche Geschäftigkeit einen großen Teil der Gesamtenergie des Universums in einem winzigen Bereich zusammenbringt, denn die Wahrscheinlichkeit dafür ist nicht exakt Null, aber sie ist vernachlässigbar gering. Noch ungünstiger stehen die Chancen, daß sich die Materiebausteine von Wasser genau wie im Wein anordnen — und aus Wasser Wein wird. Diese Wahrscheinlichkeit ist so gut wie Null. Das Hintertürchen ist gleichsam unendlich schmal. Wenn also über Wunder berichtet wird, ist die Wahrscheinlichkeit, daß es sich um Übertreibungen, falsche Gerüchte, Halluzinationen, Täuschungen, Mißverständnisse oder einfach Tricks handelt, erheblich größer als die verschwindend geringe statistische Chance für die jeweiligen Vorgänge. Um David Hume zu zitieren: ,,Es ist stets wahrscheinlicher, daß ein Berichterstatter ein Betrüger ist, als daß das Wunder tatsächlich geschah.''

Kohärenz und der Übergang ins Chaos

Der Zusammenhang zwischen der Entropie und der Größe *W* in der Boltzmanngleichung grenzt auch die Bedeutung von Chaos ein. Wir wollen das ausnutzen, um uns natürliche Umwandlungsprozesse genauer anzusehen und schließlich Chaos und Unordnung so zu definieren, daß sich Materie auch thermodynamisch als geordneter Zustand erweist.

Betrachten wir nochmals den Übergang einer kohärenten, geordneten Bewegung in Wärmebewegung, wie wir sie beim springenden Ball kennengelernt haben. Solange sich sämtliche Atome im Ball kohärent bewegen, beträgt dessen Entropie Null. Der Dämon kann also im Anfangszustand noch keine AN^+-Zustände umordnen, da das unweigerlich den Bewegungszustand des Körpers verändern würde — und das bliebe uns nicht verborgen. Folglich hat *W* den Wert Eins, die Entropie Null. Wenn der Körper Wärmeenergie besitzt, kommt die entsprechende Entropie als Beitrag zur Gesamtentropie hinzu — sie braucht allerdings nur hinzuaddiert werden. Der Einfachheit halber wollen wir so tun, als sei die absolute Temperatur Null und kein Entropiebeitrag aufgrund von Wärme zu berücksichtigen. Aus dem gleichen Grund soll auch die Unterlage — sagen wir ein Tisch — vor dem Aufprall des Balls absolut frei von jeglicher Wärme sein.

Wenn nun der Ball auftrifft, wird Bewegungsenergie in Wärmebewegung von Atomen umgewandelt, und zwar sowohl im Tisch als auch im Ball. In beiden nimmt daher die Energie zu, denn nun kann der Dämon AN-Zustände umverteilen.

Das Universum entwickelt sich dabei zu einem wahrscheinlicheren Zustand hin. Anfangs gibt es nur eine Anordnung für die atomaren AN-Zustände (genauer: die einheitlich gerichteten AN^+-Zustände). Diese kohärente Bewegung des Balls wäre als

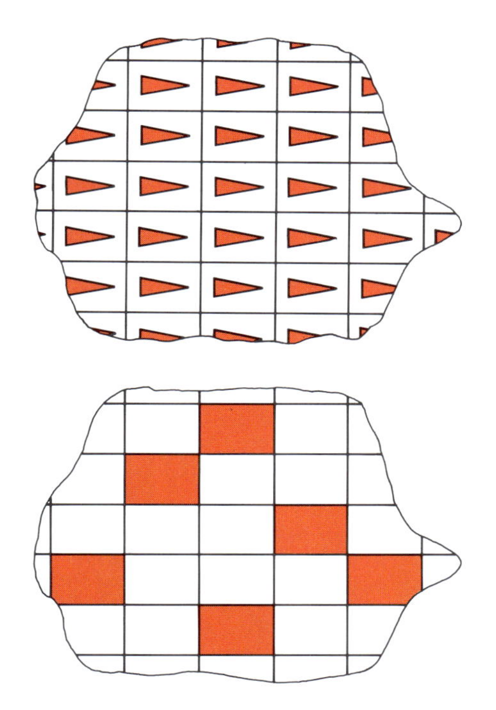

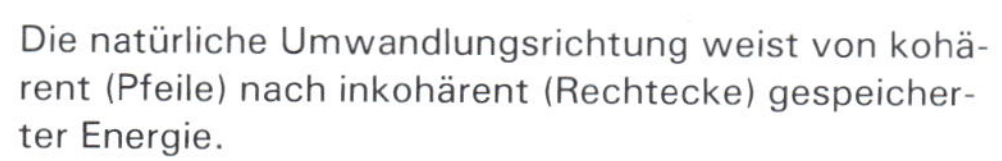

Die natürliche Umwandlungsrichtung weist von kohärent (Pfeile) nach inkohärent (Rechtecke) gespeicherter Energie.

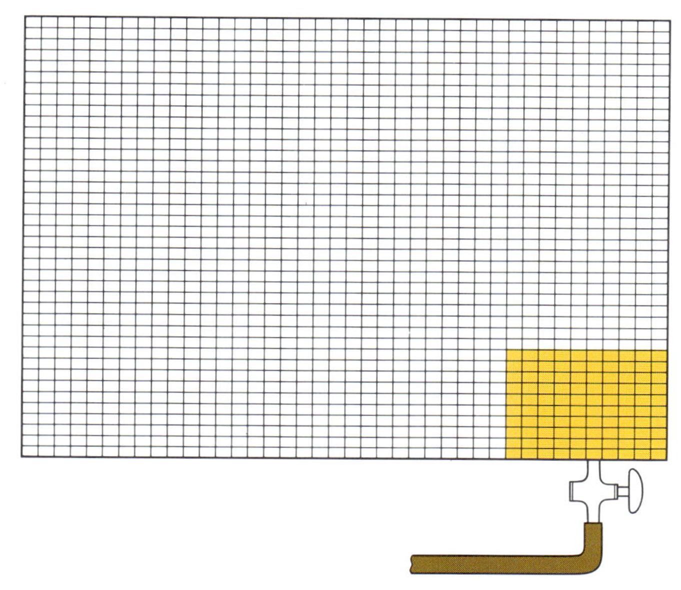

Ein hypothetischer Anfangszustand des Mark I-Universums, bei dem in einer Ecke Gas eingelassen wurde. Dieses Gas füllt zunächst nur einen begrenzten Teilbereich (farbig) aus.

Im Gleichgewichtszustand haben sich die Gasteilchen (im Mittel) gleichmäßig über den vorhandenen Raum verteilt — hier ist eine der Myriaden von möglichen Anordnungen gezeigt. Dieser Endzustand läßt sich auf weit mehr Wegen erreichen als der Anfangszustand und ist deshalb um vieles wahrscheinlicher.

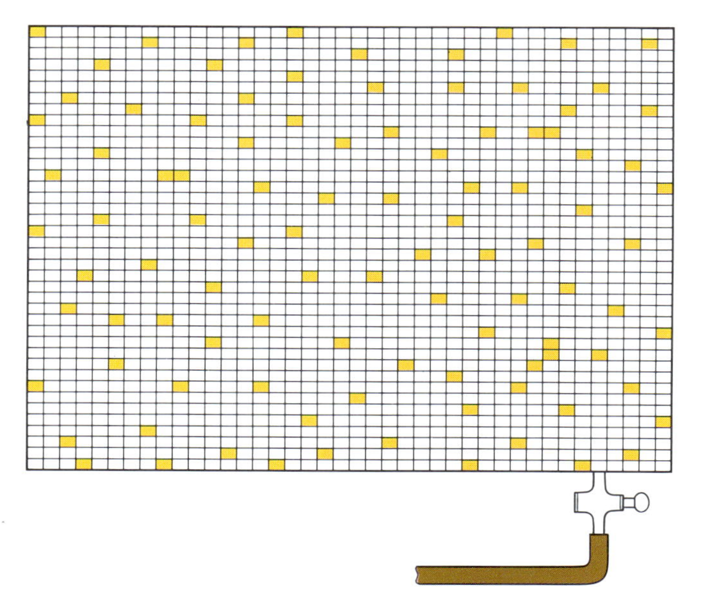

Werk des Dämons sehr unwahrscheinlich, auch wenn er die benötigten ANs aus der Tasche ziehen könnte und sie nur verteilen müßte. Wenn sie aber einmal durch äußere Eingriffe entstanden ist, führt jeder Aufprall das Universum in eine wahrscheinlichere Konfiguration — eine, die der Dämon eher erreichen kann. Sobald die Energie gleichmäßig und inkohärent verteilt ist, hat das Universum seinen wahrscheinlichsten Zustand erreicht. Jetzt kann der Dämon Anordnungen ausprobieren, ohne daß wir ihm auf die Schliche kommen könnten.

In einem letzten Schritt wollen wir das Chaos in einem Modelluniversum untersuchen, dessen Teilchen sich frei von Ort zu Ort bewegen können. Dieses Universum wäre praktisch ein ideales Gas, in dem sich Energie ungehindert ausbreitet. Nehmen wir nun

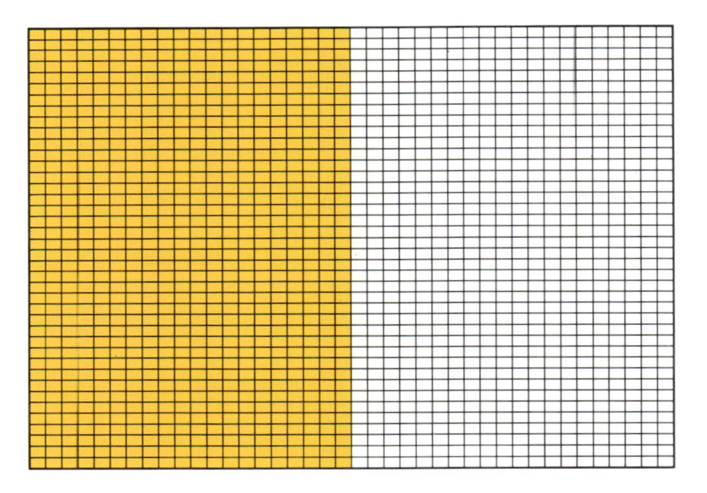

Ein Ausgangszustand des Modelluniversums, bei dem alle Gasteilchen (es sind 800) in der linken Hälfte des Volumens liegen.

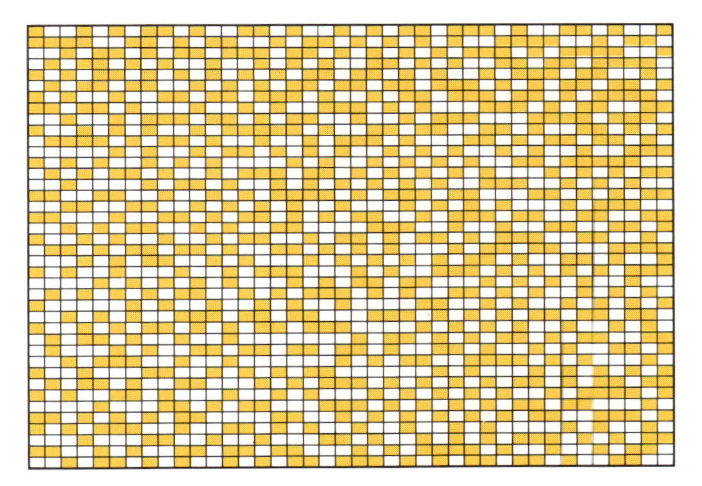

Im Gleichgewichtszustand sind alle Gasteilchen gleichmäßig verteilt. Nun kann man jedes Teilchen mit gleicher Wahrscheinlichkeit in der linken oder rechten Hälfte antreffen. Die Zahl der insgesamt möglichen Anordnungen ist gegenüber dem Anfangszustand auf das 2^{800}fache gewachsen; die Entropie hat also um $\ln 2^{800} = 800 \ln 2$ zugenommen.

weiterhin an, im Anfangszustand hätten wir, mit einem Gasstoß, alle Teilchen auf einen kleinen Bereich des Universums konzentriert (wie in der Abbildung auf der vorigen Seite). Intuitiv wissen wir, was nun folgt: Die Teilchen werden sich spontan ausbreiten und mit der Zeit den gesamten Raum ausfüllen. Das läßt sich leicht als Übergang zum Chaos verstehen, denn ein Gas ist ja nichts anderes als eine Ansammlung von willkürlich umherirrenden Teilchen. (Das Wort *Gas* leitet sich denn auch von dem gleichen Wortstamm ab wie *Chaos*.) Die Teilchen bewegen sich in alle Richtungen, stoßen zusammen und prallen zurück, so daß jedes willkürlich in irgendeine Ecke des Raumes verschlagen wird. Die ursprünglich eng begrenzte Gaswolke breitet sich also rasch aus und verteilt sich binnen kurzer Zeit gleichmäßig im Raum (Abbildung links). Es ist äußerst unwahrscheinlich, daß sich alle Teilchen irgendwann spontan wieder in ihrer Startecke sammeln. Natürlich könnten wir sie mit einem Kolben auf engem Raum zusammenpressen, aber dazu müßten wir Arbeit verrichten; diese Veränderung wäre nicht spontan, sondern künstlich gesteuert.

Die Ausbreitung der Gaswolke läßt sich als Folge einer Gleichverteilung von Energie verstehen, denn die AN-Zustände sind physikalisch mit Atomen gekoppelt: Jedes Atom besitzt kinetische Energie, die sich mit ihm ausbreitet. Aber in welchem Sinne hat dabei die Entropie zugenommen? Auch hier gibt die Boltzmanngleichung eine Antwort, wenn wir den Wert von W und das Treiben des unsichtbaren Dämons in Rechnung stellen.

Nehmen wir an, eine Gaswolke füllt anfangs die Hälfte des gesamten Modelluniversums aus. Erfahrungsgemäß wissen wir, daß sich das Gas schließlich im Gleichgewichtszustand über den gesamten Raum verteilt und dann das doppelte Volumen beansprucht. Im Anfangszustand hält sich der Dämon nur in der gasgefüllten Hälfte auf, wo sich auch ein Teilchen A befindet, das wir nun im Auge behalten wollen.

Im Endzustand kann der Dämon die Gasteilchen in beiden Hälften des Universums aufmarschieren lassen, wobei wir bei allen den AN-Zustand voraussetzen. Das Teilchen A kann nun natürlich in der einen oder anderen Hälfte des Universums sein. Es wird wie alle anderen Teilchen vom Dämon — der sich unter dem Deckmantel zufälliger Stöße verbirgt — an immer neue Stellen geschubst, ohne daß der außenstehende Beobachter sieht, welcher Sturm im Inneren des Gases tobt.

Da sich das Gas ungehindert im gesamten Universum ausbreitet, verdoppelt sich für jedes Teilchen die Anzahl der Stellen, auf die es vom Dämon geschoben werden kann. Angenommen, für zwei Teilchen wird plötzlich die zweite Hälfte des Universums zugänglich, dann verdoppelt sich die Anzahl der möglichen Positionen für beide. Daher wächst die Zahl der Konfigurationen gleicher Energie um einen Faktor $2 \times 2 = 2^2 = 4$, wenn die beiden Teilchen aus der Gaswolke ausbrechen. Bei drei Ausreißerteilchen wächst dieser Faktor mithin auf $2 \times 2 \times 2 = 2^3 = 8$ zu, für vier Teilchen auf $2 \times 2 \times 2 \times 2 = 2^4 = 16$, und so weiter. Wenn sich 100 Teilchen auf das doppelte Volumen ausbreiten, steigt der Wert von W um den Faktor 2^{100}; die Entropie wächst also vom Anfangswert $\ln W$ auf $\ln (2^{100} \times W)$ an. Der Zuwachs entspricht der Differenz•, also $\ln 2^{100} = 100 \ln 2 = 69{,}3$.

Die Boltzmanngleichung umfaßt also auch die Ausbreitung von Energieträgern. Sie ist in der Tat ein universell anwendbares Vermächtnis, das die Entropieänderung bei der Energieumverteilung festlegt. Dabei ist unerheblich, ob die Energie über Träger verbreitet wird, die sich im Raum bewegen und untereinander mischen, ob sie von einem Träger auf einen anderen übergeht oder ob sie nur ihre Qualität durch Verlust von Kohärenz einbüßt. In jedem Fall wird sich ein System spontan nur in Richtung wachsender Entropie entwickeln — eben zu vermehrtem Chaos, wie es die Boltzmanngleichung gebietet.

• Wir können hier folgende allgemeine Rechenregeln für den Logarithmus ausnutzen: $\log a \times b = \log a + \log b$ und $\log x^a = a \log x$. Diese Beziehungen gelten unabhängig von der Basis des jeweiligen Logarithmus.

Das Chaos als treibende Kraft

Wir sind an einem Wendepunkt angelangt und werden dem Chaos nun bessere Seiten abgewinnen. Unser dämonischer Held, der offensichtlich zu einem Leben des Umordnens und Zerstörens schönster Ordnung verdammt ist, macht sich nun an ein gutes Werk.

Einerseits haben wir die unmittelbare Erfahrungswelt kennengelernt — mit der Dampfmaschine als Symbol. Andererseits finden wir auf der Ebene der Atome die Grundlagen für all die vertrauten Beobachtungen.

Unsere Überlegungen zur Dampfmaschine führten uns zu einer fundamentalen Asymmetrie der Natur; wir konnten sie damit umreißen, daß die Entropie des Universums bei jeder natürlichen Umwandlung ansteigt. Dabei hatten wir Entropie mit dem Quotienten aus Wärmezufuhr/Temperatur verknüpft. Als Folge der Asymmetrie hatten wir eine prinzipielle Ineffizienz bei jeder Umwandlung von Wärme in Arbeit kennengelernt: unvermeidliche Wärmeverluste, die bei einer Maschine stets als Tribut zu zahlen sind und deren Höhe von den Betriebstemperaturen abhängt.

Was wir über die Mikrowelt der Atome wissen, läßt vermuten, daß natürliche Veränderungen mit einer Energieausbreitung einhergehen. Wir haben gesehen, daß dies einem Verlust an Kohärenz gleichkommt, was die Form der gespeicherten Energie betrifft. Wir haben behauptet, daß sämtliche spontan ablaufenden Vorgänge in der Welt durch die Gleichverteilung von Energie gekennzeichnet sind; in der Ziellosigkeit dieser Prozesse manifestiert sich die zufällige, regellose Ausbreitung der Energie.

Eine Brücke zwischen den beiden Welten haben wir bereits mit der Boltzmanngleichung geschlagen, die ja eine makroskopisch beobachtbare Größe — die Entropie S — mit einem mikroskopischen Gradmesser für die Verteilung atomarer Zustände verknüpft: der Größe W. Das Universum strebt, wie wir gesehen haben, immer zur wahrscheinlicheren Konfiguration. Hat es sie im Laufe seiner spontanen Entwicklung erreicht, kehrt es nicht mehr in eine weniger wahrscheinliche Vorstufe zurück.

Auf diesem Hintergrund spielt sich alles Geschehen in unserer Umgebung und auch in uns selbst ab. Die Natur kennt ungewöhnliche Wege ins Chaos, und nicht selten entwickeln sich solche Übergänge unausgewogen. Die Welt wird aber nicht auf eintönige Weise überall gleich chaotisch, sondern hier und da kann ein schöpferischer Akt geordnete Strukturen hervorbringen — etwa wenn ein Gebäude entsteht oder eine Meinung sich bildet. Der ständige Abstieg ins allgemeine Chaos ähnelt in gewisser Hinsicht einem Wasserfall, dessen bewegte Oberfläche immer wieder andere Formen, etwa Tropfen, hervorbringt. Das Chaos mag sich in einem kleinen Bereich zeitweise sogar verringern, solange es an anderer Stelle nur genügend zunimmt.

Wir müssen uns nun in einem Netz von Verbindungen zurechtfinden, die den Weg der Natur ins Chaos mitbestimmen. Als Leitfaden soll uns wieder der Carnotsche Kreisprozeß dienen: Anhand des ziellosen Energietransfers zwischen den Atomen wollen wir untersuchen, wie trotz der allgemeinen Entwertung bei der Energie stellenweise das Chaos vermindert wird. Schließlich werden wir auch die schöpferische Kraft des Chaos erforschen.

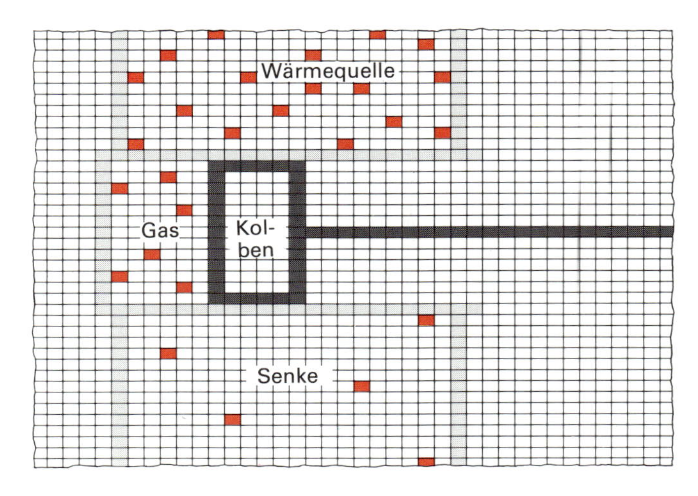

Das Mark II-Universum der Carnotmaschine. Im Zylinder ist eine konstante Gasmenge eingeschlossen, während er zeitweise mit der heißen Quelle und der kalten Senke in thermischen Kontakt kommen oder von ihnen isoliert sein kann.

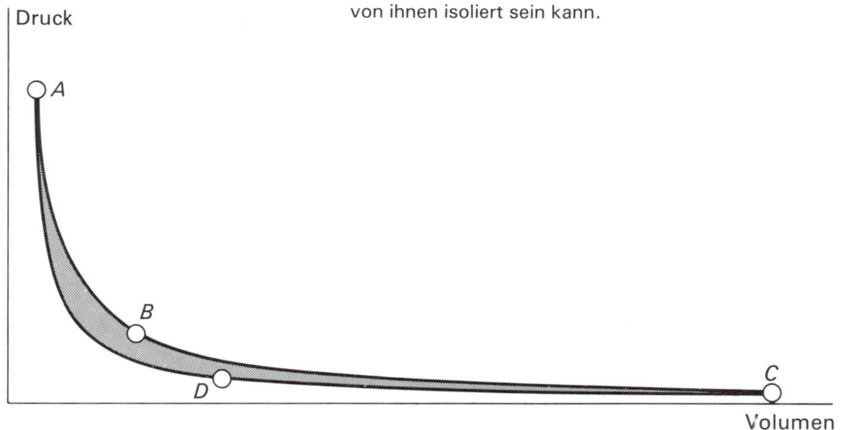

Das Dampfdruck- oder Indikatordiagramm für den Carnotprozeß.

Der Carnotprozeß unter dem Mikroskop

Wir können ein einfaches Modell für die Carnotsche Maschine aufstellen, indem wir den Kreisprozeß anhand eines Mark-Universums darstellen. Diesmal ist es nicht das Mark I-Universum, sondern das Mark II-Modell, bei dem die Umgebung des interessierenden Systems keine Grenzen aufweist: Die heiße Quelle entspricht dann einem unerschöpflichen Wärmereservoir, und die kalte Senke kann unbegrenzt Energie aufnehmen. Wir müssen nun das Dampfdruckdiagramm für den Carnotschen Kreisprozeß, das wir bereits beschrieben haben, nochmals neu begründen: Wie kann durch eine zufällige Energieausbreitung von Atom zu Atom kohärente Bewegung entstehen? Oder anders gefragt: Was bedeutet es im mikroskopischen Sinne, daß Wärme in Arbeit umgewandelt wird?

Wenn der Kreisprozeß bei Punkt *A* beginnt, hat das Gas die gleiche Temperatur wie die Wärmequelle. Damit ist auch das Zahlenverhältnis von AN- und AUS-Atomen gleich. (Wir wollen unser Modell vereinfachen und annehmen, daß man im Arbeitsgas genausoviel Energie zum AN-Schalten benötigt wie in der Umgebung, und von den Unterschieden im atomaren Aufbau absehen.) Wir werden der Einfachheit halber kurz von einem AN/AUS-Verhältnis sprechen.

In der Carnotmaschine stoßen die frei beweglichen Gasteilchen mit jedem Hindernis zusammen, das zufällig auf ihrem Weg liegt. Sie sind dabei zwischen vier Wänden eingesperrt, von denen eine beweglich ist — diejenige, die der Frontseite des Kolbens entspricht. Entscheidend dabei ist, daß diese Wand durch die aufprallenden Gasteilchen bewegt werden kann. Das bewirkt eine grundlegende Asymmetrie der Maschine: Sie reagiert nur in bezug auf eine bestimmte Richtung, denn das Bombardement der Gasteilchen kann den Kolben nur parallel zur Zylinderachse bewegen. Die Frontseite des

Kolbens reagiert nur auf die senkrechte Impulskomponente der aufprallenden Teilchen. Alle anderen Komponenten werden reflektiert, ohne daß sich der Kolben verschiebt. Maschinen wählen gleichsam bestimmte Bewegungen aus, weil ihre Bauweise eine innere Asymmetrie hervorruft; hier ist es der Kolben, der sich im Zylinder nur in einer Richtung verschieben kann. Aufgrund dieser Asymmetrie läßt sich aus Wärme Arbeit gewinnen: indem die wahllose thermische Bewegung selektiv in einer ganz bestimmten Richtung Veränderungen auslöst.

Die inkohärente Bewegung der Gasteilchen erzeugt so eine kohärente Bewegung der Teilchen, aus denen der Kolben (und seine Befestigung) besteht. Wenn Teilchen beim Auftreffen ihre Bewegungsenergie abgeben, werden sie natürlich AUS-geschaltet, aber solange das Gas mit der heißen Quelle in Kontakt bleibt, werden diese Verluste durch den ziellosen Energiezufluß ausgeglichen: Das AN/AUS-Verhältnis bleibt gleich. Das gilt für den isothermen Schritt von *A* nach *B*, bei dem der Kolben durch das ziellose Umherwandern der Gasteilchen aus dem Zylinder herausgetrieben wird. Durch die Asymmetrie der Umgebung entsteht aus thermischer Bewegung Kohärenz.

Auch nachdem am Punkt *B* der thermische Kontakt mit der Wärmequelle unterbrochen ist, reagiert der Kolben weiterhin auf die „Treffer" der Gasteilchen und schiebt sich weiter nach außen. Da aus der Quelle nun keine Energie mehr nachgeliefert werden kann, gehen die Atome, die ihre Energie an den Kolben abgeben, bei diesem adiabatischen Schritt in den AUS-Zustand über. Das AN/AUS-Verhältnis sinkt — und mit ihm die Temperatur.

Am Punkt *C* kehrt die Kurbelwelle die Bewegungsrichtung des Kolbens um, während das Arbeitsgas mit der kalten Senke in thermischem Kontakt ist. Nun regt die kohärente Bewegung des zurückgestoßenen Kolbens die Gasteilchen zu einer schnelleren Wärmebewegung an. Die Wirkung ist

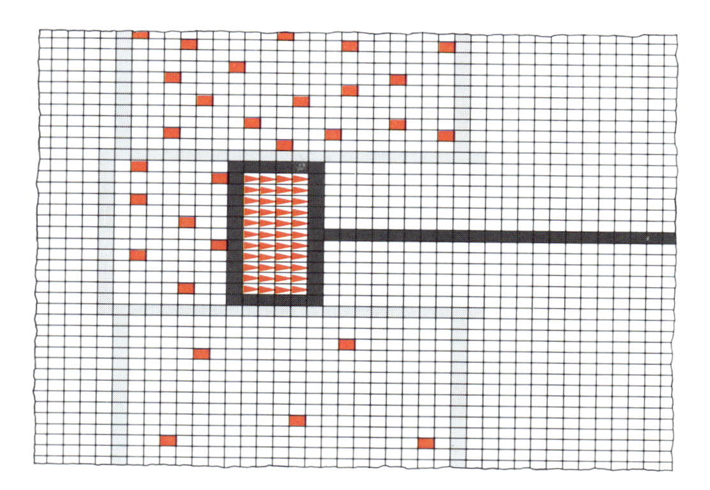

Bei der isothermen Expansion von *A* nach *B* (beim Beginn des Arbeitshubs) werden die Atome des Kolbens in kohärente Bewegung versetzt. Die Wärmebewegung der AN-Atome kann nur senkrecht zur Kolbenfläche in Bewegungsenergie — oder AN^+-Zustände — der Kolbenteilchen umgesetzt werden. Da das Gas im thermischen Kontakt mit dem Wärmereservoir ist, werden die zum Kolben übergewechselten AN-Zustände ersetzt, so daß die Temperatur (das AN/AUS-Verhältnis) im Gas konstant bleibt.

Das Universum während der adiabatischen Expansion von *B* nach *C*. Auch in dieser letzten Phase des Arbeitshubs wird Wärmebewegung in kohärente Bewegung umgewandelt, aber das Gas ist jetzt wärmeisoliert; die Zahl der AN-Atome nimmt ab und die Temperatur sinkt. (Die Zahl der Atome im Zylinder bleibt konstant; die Felder symbolisieren keine wundersame Vermehrung der Atome, sondern nur ein wachsendes Volumen mit mehr Platzangebot.)

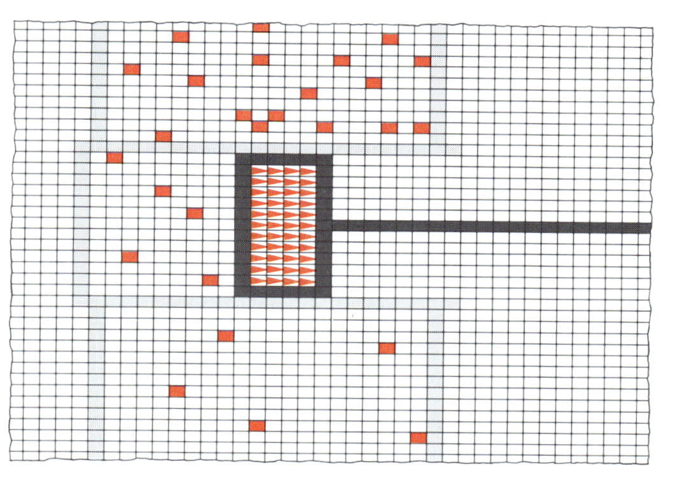

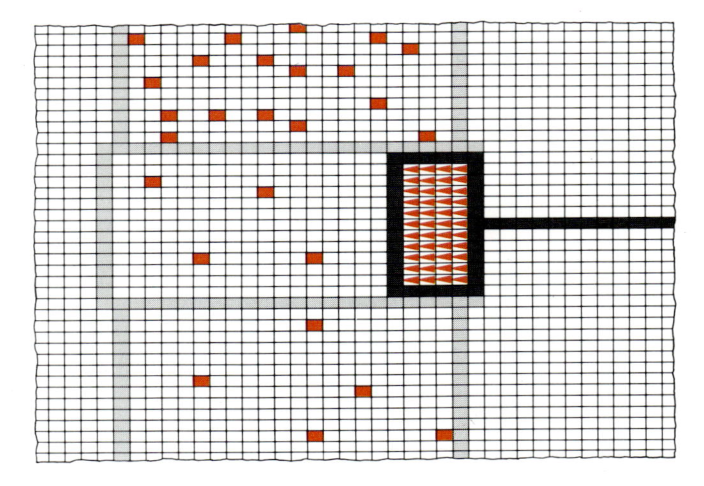

Die Kurbelwelle hat sich am Punkt *C* so weit gedreht, daß sich der Kolben wieder in den Zylinder schiebt; das Gas wird isotherm verdichtet. Im mikroskopischen Maßstab betrachtet wird nun kohärente Bewegung der Kolbenteilchen auf die Gasteilchen übertragen. Die Kohärenz löst sich jedoch in ungeordnete Wärmebewegung auf. Der Kolben versetzt Gasatome in kohärente AN$^+$-Zustände, die aber sofort in inkohärente AN-Zustände zerfallen. Da sich das Gas bei dieser adiabatischen Kompression in thermischem Kontakt mit der kalten Senke befindet, werden die zusätzlichen AN-Zustände nach außen „weitergereicht", und die Temperatur bleibt konstant.

Im letzten adiabatischen Kompressionsschritt von *D* nach *A* versetzt der eindringende Kolben weiterhin Gasatome in den AN-Zustand. Jetzt verhindert jedoch die thermische Isolierung, daß Wärmeenergie in die Senke fließt. Die Zahl der AN-Atome steigt, und mit ihr die Temperatur.

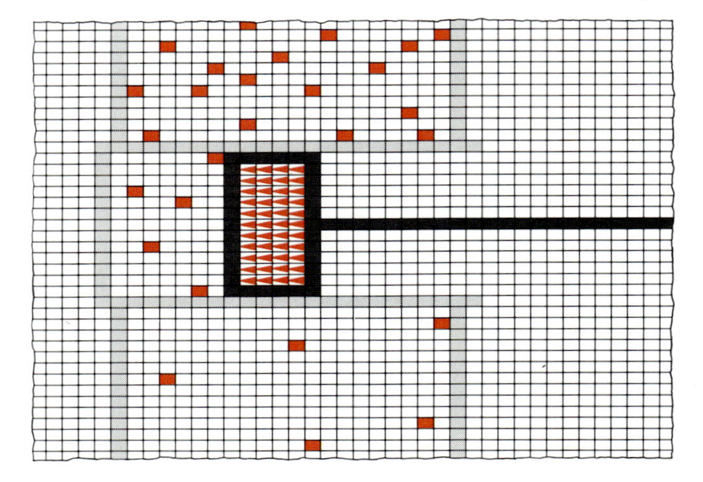

ähnlich wie bei Tischtennisbällen, die, vom Schläger getroffen, schneller werden; man kann sich die Kompression durchaus als Tischtennis mit unvorstellbar vielen, winzigen Bällen vorstellen. Der Kolben verrichtet Arbeit an dem Gas, indem sich die kohärente Bewegung seiner Teilchen auf die Gasteilchen überträgt. Diese stoßen jedoch rasch untereinander zusammen, so daß ihre Bewegung in Sekundenbruchteilen schon wieder inkohärent ist. Obwohl Arbeit verrichtet wird, entsteht keine dauerhafte Kohärenz. Im Gas erhöht sich durch die Energiezufuhr die Zahl der AN-Zustände, aber es erwärmt sich dabei nicht: Da die Teilchen ständig mit der kalten Wand zur Senke und weiterhin untereinander zusammenstoßen, bleibt das Gas durch den thermischen Kontakt mit der Senke auf einer konstanten Temperatur.

Am Punkt *D* wird der Wärmekontakt mit der Senke unterbrochen; die Kompression ist nun adiabatisch. Durch die Kolbenteilchen zu verstärkter Bewegung angeregt, gehen immer mehr Gasteilchen in den AN-Zustand über. Nun können sie ihre Energie aber nicht mehr an die Umgebung abstoßen, so daß die Arbeit des Kolbens in dieser Phase die Gastemperatur erhöht. Die Maschine kehrt zum Ausgangspunkt *A* zurück; der Kreislauf ist geschlossen.

Insgesamt wurde dabei mehr Unordnung als Ordnung geschaffen. Wenn dann mit dem Antriebshub des Kolbens ein Gewicht hochgezogen wird, kann das völlig ohne Entropieerzeugung vor sich gehen, solange das Gewicht quasistatisch bewegt wird. Die Energie, die aus der heißen Quelle abfließt, vermindert dort sogar die Unordnung: Mit einer schrumpfenden Zahl von AN-Zuständen sinkt für den Dämon die Aussicht, viel umgruppieren zu können. Zwar gelangt nur ein Teil dieser Wärmeenergie in die Senke, aber solange sie kalt genug (und das AN/AUS-Verhältnis niedrig) bleibt, wird der dort herumschleichende Dämon genug Gelegenheiten finden, AN-Zustände neu zu verteilen — er gewinnt weit mehr Spielraum, als der Dämon in der Wärmequelle einbüßt.

Das heißt, bereits wenig Energie kann in der kalten Senke ein beträchtliches Chaos heraufbeschwören. (Wenn man im Lesesaal einer Bibliothek niest, fällt man dort als Unruhestifter ja auch viel mehr auf als im Lärm einer belebten Straße.) Bei niedrigen Temperaturen in der kalten Senke genügt es also, dort einige ANs einzuschalten, um damit mehr Unordnung in der Welt zu schaffen, selbst wenn sich das Chaos in der heißen Quelle durch Wärmeentzug etwas verringert. Niedrige Temperatur bedeutet dabei: eine relativ geringe Dichte der AN-Zustände, also ein niedriges AN/AUS-Verhältnis und mithin viele Möglichkeiten, neue ANs zu verteilen. Wenn die Maschine beim Betrieb Wärme in Arbeit umwandelt, läuft der Kreisprozeß spontan weiter, weil die Entropie dabei stetig zunehmen kann.

Das läßt sich auch anders umschreiben: Das Universum ist nach einem vollständigen Zyklus in einem wahrscheinlicheren thermodynamischen Zustand als davor, in dem Sinne, daß der spätere Zustand auf mehr Wegen erreicht werden kann. Dieser spontane Übergang in den wahrscheinlicheren Zustand ist mit dem Heben eines Gewichts vergleichbar: In seiner neuen Lage nimmt das Gewicht einen zuvor chaotischen Raum ein, so daß lokal Unordnung verschwindet; aber das ist nur möglich, weil andernorts ein größeres Chaos erzeugt wurde.

Der Maschinenzyklus ist geschlossen, aber die Welt kehrt nicht in den Ausgangszustand zurück: Aus dem Wärmereservoir ist Energie in die kalte Senke übergegangen, und ein Teil davon wurde als Hubarbeit zum Hochziehen eines Gewichts genutzt. Der Maschinenarm kann Ziegel, Blöcke und Balken heben, das Baumaterial also, aus dem auch die großen Kathedralen errichtet wurden. Thermodynamisch betrachtet wurden sie durch Zerstörung gebaut.

Die Arbeit von Maschinen, die mit Steinblöcken, Ziegelsteinen und Tragebalken verbunden sind, kann zum Aufbau von Häusern und Gebäuden dienen – die dann thermodynamisch betrachtet aus einem Abbau von Ordnung hervorgehen.

Der Stirlingmotor

Die Carnotsche Maschine ist eine idealisierte abstrakte Konstruktion, die man in der Praxis nicht als funktionstüchtigen Antrieb oder Motor nutzen kann. Das wird schon aus dem Dampfdruckdiagramm deutlich: Die Fläche zwischen den Kurven für Expansion und Kompression ist sehr klein. Obwohl der Wirkungsgrad beim quasistatisch ablaufenden Carnotprozeß hoch ist, erbringen die Umdrehungen der Kurbelwelle jeweils nur sehr wenig Arbeit. Im folgenden wollen wir einige Wärmekraftmaschinen erläutern, die gewerblich genutzt werden — darunter als erstes Beispiel den Stirlingmotor. Bei allen wird der Kreisprozeß angetrieben, indem Chaos erzeugt wird. Auch wenn sie scheinbar Brennstoff verbrauchen, werden Autos, Lastwagen und Flugzeuge letztlich durch diesen Übergang zu wachsender Unordnung bewegt.

Robert Stirling war eigentlich Geistlicher, begann sich aber zu Beginn des 19. Jahrhunderts intensiver mit der Dampfmaschine zu beschäftigen, als immer häufiger Menschen durch Kesselexplosionen ums Leben kamen oder zu Krüppeln wurden. Die Ingenieure hatten einen immer höheren Dampfdruck in ihren Maschinen möglich gemacht, damit aber die Belastbarkeit des damals verfügbaren Stahls überschritten. Die Materialforschung konnte mit dem Tempo der Dampfdrucktechnik einfach nicht mithalten. Seiner

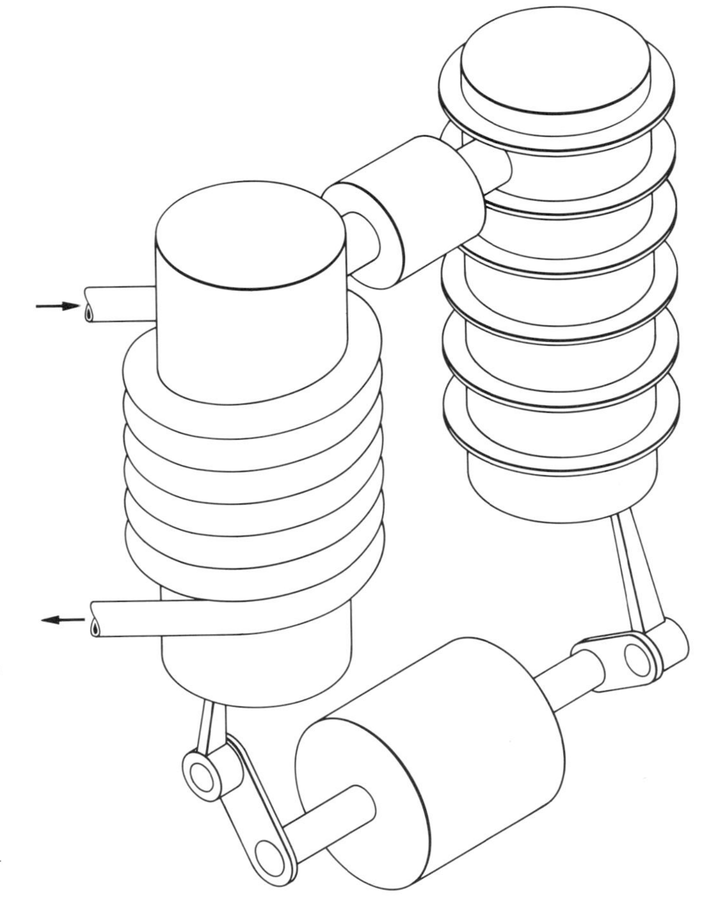

Dieser idealisierte Stirlingmotor besteht aus zwei gekoppelten Zylindern, von denen einer mit Wärmeschlangen geheizt und der andere mit Kühlrippen auf geringer Temperatur gehalten wird. Der Vorteil dabei ist, daß die Wärmeenergie außerhalb der Maschine erzeugt werden kann — etwa indem man Wasser mit Sonnenenergie, elektrisch oder durch eine (vollständige) Verbrennung erhitzt. Das Arbeitsmedium strömt zwischen den Zylindern hin und her, wobei es im Verbindungsrohr durch den Regenerator — einen zwischengeschalteten Wärmespeicher — auf die richtige Zylindertemperatur gebracht wird. Der Regenerator hält auf diese Weise das Temperaturgefälle zwischen beiden Seiten des Stirlingmotors aufrecht. Die Kolben der Zylinder sind durch ein kompliziertes Getriebe gekoppelt, das ihre Bewegungen koordiniert.

Berufung als Seelsorger folgend dachte Stirling darüber nach, wie man eine Maschine mit niedrigerem Druck betreiben und so die Explosionsgefahr reduzieren könnte. Das Ergebnis war ein Heißgasmotor, der aber — wie Stirlings Predigten — weitgehend in Vergessenheit geriet. Erst in neuerer Zeit besann man sich wieder darauf, daß diese autonome Maschine sauber und ruhig arbeitet und sich besonders gut zur Kühlung eignet — wenn man sie rückwärts laufen läßt.

Das Funktionsprinzip ist auf der linken Seite dargestellt. Dieser idealisierte Stirlingmotor besteht aus zwei Zylindern mit jeweils einem Kolben und einem sogenannten *Regenerator* im Verbindungsrohr zwischen den Kolben. Dieses Spezialteil macht die Maschine effizient und wirtschaftlich, weshalb Stirling (ganz Schotte) es als *Economizer* bezeichnete. Die Kurbeln der beiden Kolben sind über eine Welle und raffinierte Zahnradgetriebe miteinander verbunden, um ihren komplizierten Bewegungsablauf zu koordinieren. In der Praxis ist eine derartig komplizierte Mechanik nicht leicht zu konstruieren — und das hat auch lange den Bau eines Stirlingmotors verhindert.

Beim Betrieb der Maschine wird der eine Zylinder erhitzt — entweder durch einen Verbrennungsprozeß oder eine elektrische Heizung — und der andere Zylinder gekühlt — durch Wasser oder Kühlrippen. Im Mark II-Modell müssen wir also einen Zylinder in thermischem Kontakt mit einem unerschöpflichen Wärmereservoir darstellen; entsprechend ist der andere mit einer Senke in Kontakt, die unbegrenzt Wärme aufnehmen kann. Das ,,Herz'' der Stirlingmaschine ist der Regenerator. Er besteht aus Drahtwolle oder vielen dicht gepackten Metallplättchen, die den Wärmefluß zwischen beiden Kolben dämpfen. Der Regenerator darf die Wärme nicht zu schnell vom heißen zum kalten Maschinenbereich leiten, weil ja ein Temperaturgefälle erhalten bleiben soll. Darüber hinaus muß er als Reservoir dienen, das Wärme aufnimmt, wenn heißes Gas hindurchströmt, und sie später wieder an kaltes Gas abgibt. Der Regenerator trägt seinen Namen zu Recht. Er erwärmt das kalte Gas, wenn es zum heißen Zylinder fließt, und kühlt das heiße wieder ab, wenn es dem heißen Bereich zuströmt. Dadurch werden die passenden Betriebstemperaturen immer wieder regeneriert.

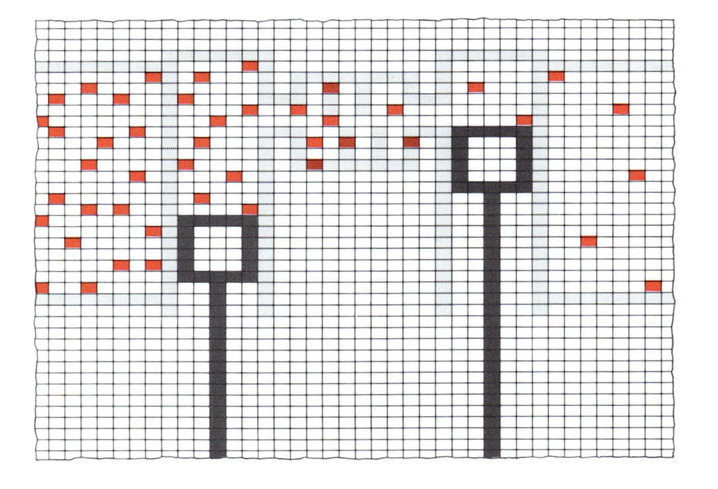

Das Mark II-Modell des Stirlingmotors. Im heißen Zylinder (links), der mit dem heißen Reservoir in Kontakt ist, bewegt sich der Kolben in entgegengesetzter Richtung wie der K-Kolben des kalten Zylinders. Über den Regenerator wird dann Arbeitsgas zwischen beiden Zylindern hin- und hergeschoben.

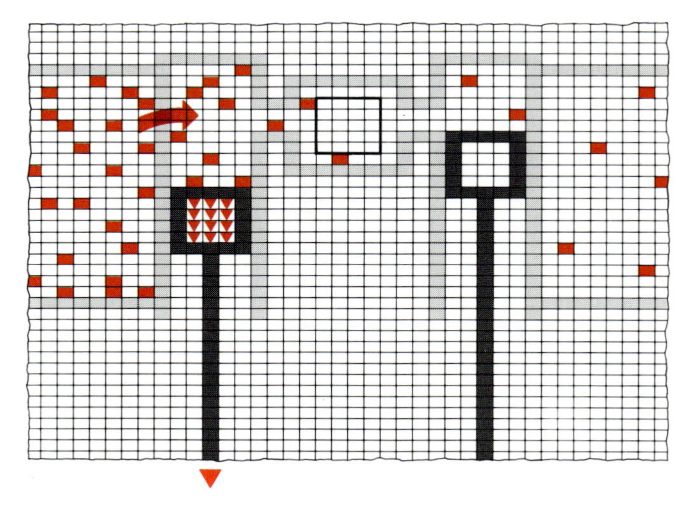

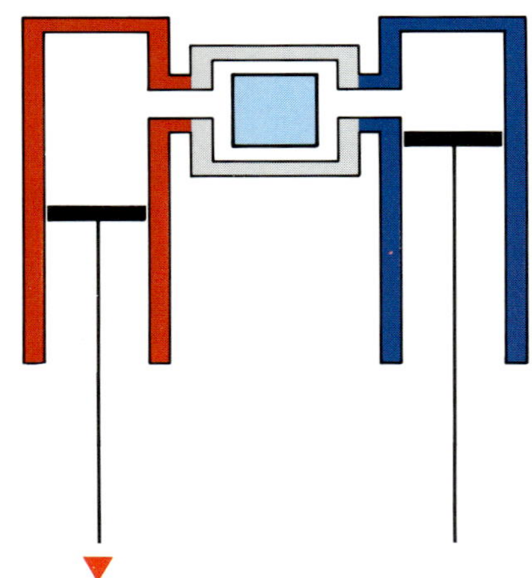

Der Arbeitstakt des Stirlingmotors führt von dem Zustand *A* im Indikatordiagramm nach *B*: Der linke H-Kolben bewegt sich im heißen Zylinder isotherm nach außen, während der rechte K-Kolben stillsteht. Das Gas bleibt auf gleicher Temperatur, weil der heißen Quelle Wärme entzogen wird, die in eine kohärente Bewegung der Kolbenteilchen umgesetzt wird. Der Regenerator hat in dieser Phase eine niedrige Temperatur (blau), weil gerade Gas aus dem kalten Zylinder hindurchgeflossen ist.

Das Indikatordiagramm für den Stirlingprozeß. Die isotherme Expansion im heißen Zylinder ist rot gekennzeichnet; die ebenfalls isotherme Expansion im kalten Zylinder entspricht der blauen Kurve.

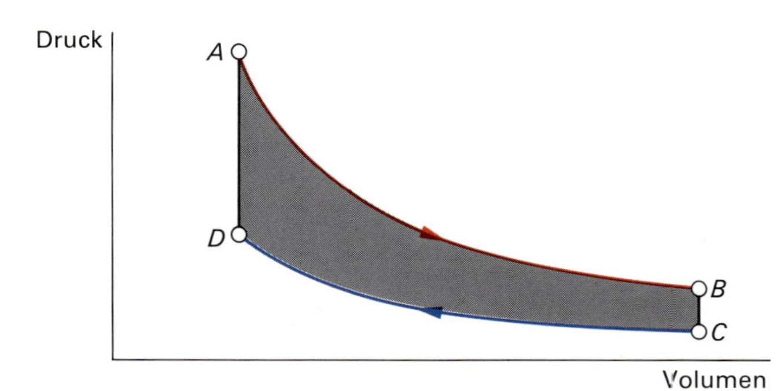

Zu Beginn sind die Maschinenkolben so angeordnet wie in der Abbildung oben auf dieser Seite: Im kalten Zylinder hat sich der Kolben bis zum inneren Totpunkt vorgeschoben, während der Kolben im heißen Zylinder schon wieder den halben Weg nach außen zurückgelegt hat. Abkürzend wollen wir im folgenden vom Heiß- oder H-Kolben beziehungsweise Kalt oder K-Kolben sprechen. Wenn der H-Kolben nach außen getrieben wird und K stillsteht, läuft gerade der Arbeitshub ab. Die Welle dreht sich, während aus der heißen Quelle Wärme in das Arbeitsmedium fließt — genau wie beim Carnotprozeß. Im Modelluniversum ist dieser Wärmefluß durch einen Pfeil veranschaulicht. Der Arbeitshub endet am Punkt *B*: Das Gasvolumen hat zugenommen, während die Temperatur gleichgeblieben ist; infolgedessen nimmt der Druck ab, wie man im Indikatordiagramm für den Stirlingprozeß sieht.

Sobald der Punkt *B* durchlaufen ist, kehren sich die Bewegunsrichtungen der Kolben um: Jetzt schiebt sich H im heißen Zylinder nach innen und K nach außen. Beide Bewegungen sind — dank des Getriebes — so koordiniert, daß das Gasvolumen insgesamt erhalten bleibt, während ein Teil des heißen Gases in den kalten Zylinder verfrachtet wird. Es strömt unterwegs durch den Regenerator und erhitzt ihn: AN-Teilchen des heißen Gases stoßen die Atome des Hilfsreservoirs an. Das Gas kühlt entsprechend ab, und da das Volumen gleichbleibt, sinkt der Druck. Dieser Schritt endet bei Punkt *C*.

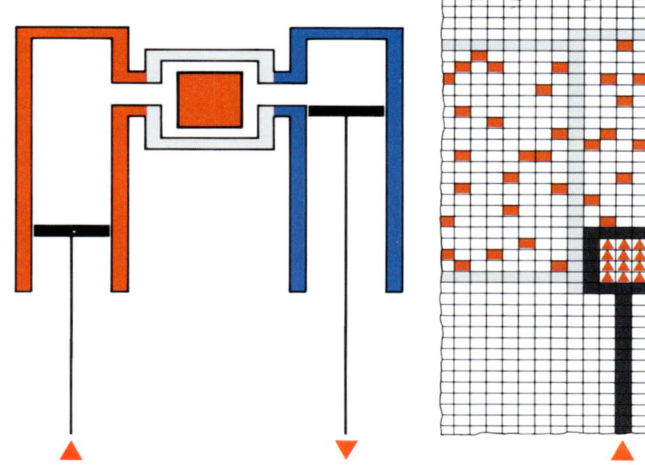

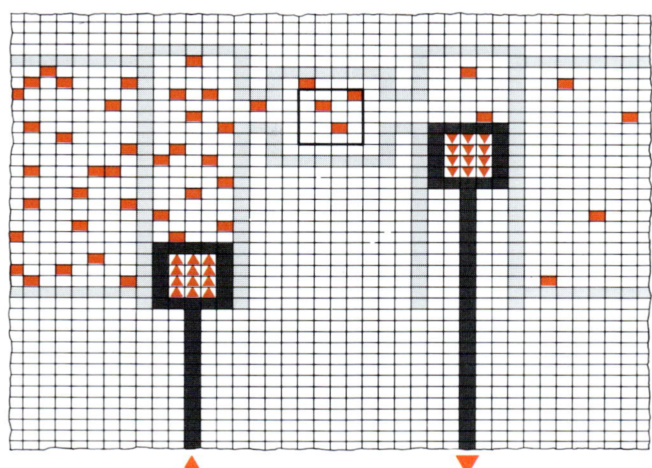

Die Kompression von *B* nach *C*. Der H-Kolben kehrt seine Bewegung am unteren Totpunkt um und schiebt sich wieder in den heißen Zylinder, während gleichzeitig der K-Kolben nach außen wandert. Das Gasvolumen bleibt in dieser Kompressionsphase konstant. Allerdings strömt nun heißes Gas durch den Regenerator. Dort kühlt es sich ab, weil es Regeneratorteilchen in den AN-Zustand versetzt und dabei Energie abgibt. Die Gastemperatur wird für die kalte Seite „regeneriert".

Die isotherme Kompression von *C* nach *D*. Im heißen Zylinder ruht der H-Kolben, während sich nun der K-Kolben nach innen bewegt. Er regt AN-Zustände im Arbeitsgas an, die in die kalte Senke wandern. Die Temperatur bleibt daher konstant, während am kalten Gas Arbeit verrichtet wird.

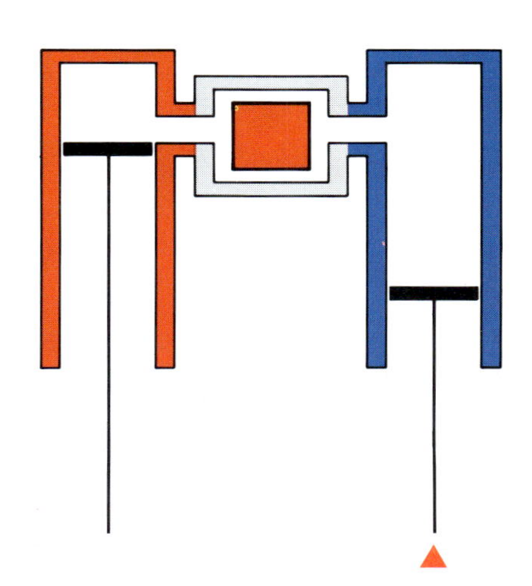

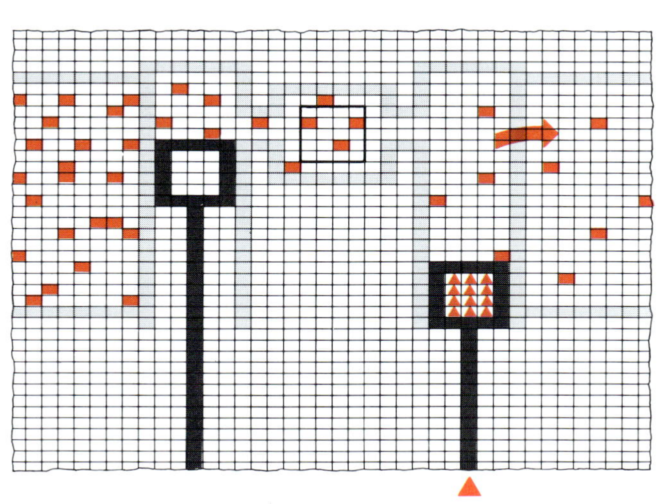

Für den nächsten Schritt hält Stirlings ausgeklügelte Getriebemechanik den Kolben im heißen Zylinder in der Position *C* fest, während sich der K-Kolben in den kalten Zylinder zurückschiebt. Dadurch wird das Gas wieder verdichtet. Die Temperatur steigt aber gleichwohl nicht an, weil der Kolben mit der kalten Senke in Kontakt ist: Da nun Wärme in dieses Reservoir fließt (roter Pfeil in der unteren Abbildung), steigt der Gasdruck isotherm an. Bis der Punkt *D* erreicht ist, wird auf diese Weise also Wärme

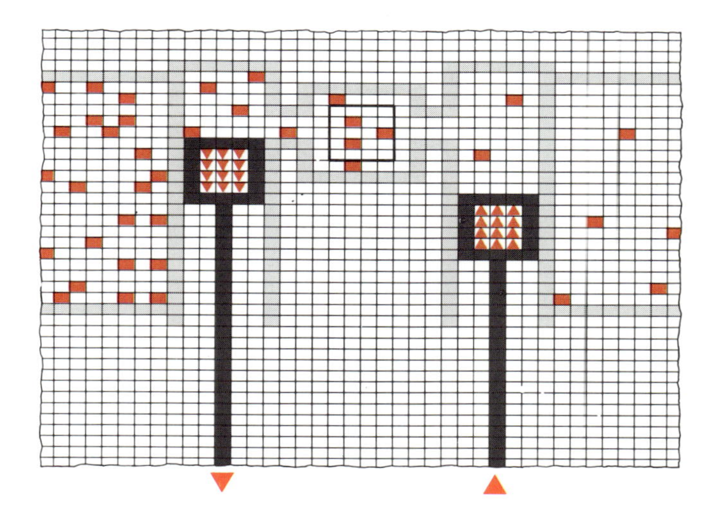

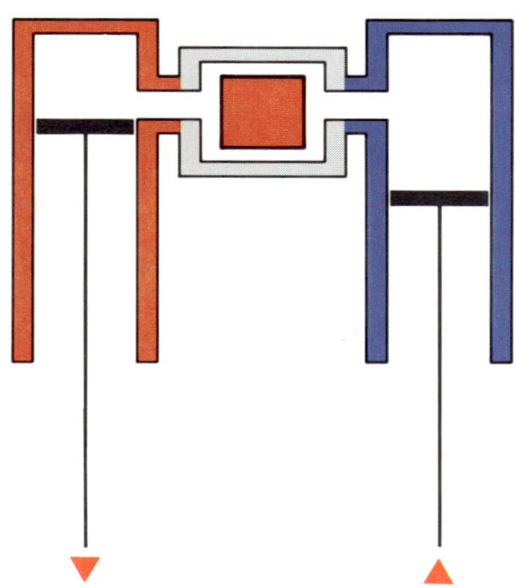

Beim letzten Schritt von *D* nach *A* bewegt sich der H-Kolben nach außen und K nach innen. Dadurch strömt Gas vom kalten zum heißen Zylinder und wärmt sich im heißen Generator auf. Infolgedessen gehen dort AN-Zustände verloren, so daß sich der Regenerator wieder abkühlt.

von einer heißen Quelle in eine kalte Senke transportiert — ein unvermeidlicher Verlust.

Mit dem vierten Schritt schließt sich der Kreis. Der H-Kolben bewegt sich jetzt nach außen, der K-Kolben nach innen. Wie im *BC*-Schritt bleibt das Gasvolumen beim Übergang von *C* nach *A* konstant, weil nur Gas aus einem Zylinder in den anderen transportiert wird. Die Druckkurve verläuft zwischen *D* und *A* — wie zwischen *B* und *C* — senkrecht. Allerdings strömt im *DA*-Schritt kaltes Gas durch den Regenerator, der noch Wärme gespeichert hat. Er wird nun wieder auf seine Anfangstemperatur gekühlt. Damit ist die Maschine wieder am Ausgangspunkt *A* angelangt: Der Regenerator kann wieder Wärme aufnehmen, und der Kreisprozeß kann von vorn beginnen.

Der Stirlingsmotor und die Carnotmaschine beruhen gleichermaßen darauf, daß hochwertige Energie aus einer Wärmequelle gewonnen wird, wobei ein „Wärmetribut" in einer kalten Senke verschwindet — Arbeit muß mit einem zunehmenden Chaos bezahlt werden. Beide Maschinen haben darüber hinaus den gleichen thermodynamischen Wirkungsgrad. Wenn sie perfekt funktionieren und den Arbeitszyklus quasistatisch durchlaufen, erfordert es ein- und denselben Energiebetrag, um einer zunehmenden Unordnung (Entropie) im Universum entgegenzuwirken. Der Wirkungsgrad des Stirlingmotors beträgt genau wie beim Carnotprozeß $1 - (\text{Temperatur}_{\text{Senke}}/\text{Temperatur}_{\text{Quelle}})$.

Es gibt jedoch einen entscheidenden Unterschied zwischen beiden Maschinen, der in den Indikatordiagrammen sichtbar wird: Die eingeschlossene Fläche ist beim Stirlingmotor erheblich größer; das heißt, jeder Zyklus liefert mehr Arbeit. (Da auch mehr Wärme absorbiert werden muß, widerspricht das nicht der Formel für den Wirkungsgrad.) Als Antrieb eignet sich der Stirlingmotor in der Praxis weit besser als die Carnotmaschine, weil eine Umdrehung der Kurbelwelle mehr Leistung erbringt.

Stirlings Antrieb versprach zwar eine hohe Leistungsfähigkeit, ließ aber auch eine schwerfällige Konstruktion erwarten. Die ersten Stirlingmotoren waren kaum zu gebrauchen: In den Getrieben zwischen den

Kolben entstanden Reibungsverluste, welche den Wirkungsgrad herabsetzten. Und der Regenerator war weit davon entfernt, planmäßig zu funktionieren. Aber als Maschine, die sich mit beliebigen Energieträgern und insbesondere auch mit Sonnenenergie betreiben läßt, bietet der Stirlingmotor entscheidende Vorteile — und hat deshalb im modernen Maschinenbau auch seinen Platz gefunden: Man erzeugt damit Leistungen bis 5000 Pferdestärken (PS). Außerdem ist die Abgasemission besonders gering, weil der Brennstoff außerhalb der Maschine kontinuierlich und dadurch vollständig verbrannt werden kann.

Ein typischer Stirlingmotor ist in der Abbildung oben auf dieser Seite schematisch dargestellt; das entsprechende Indikatordiagramm ist darunter wiedergegeben. Es weicht zwar von dem des Idealzyklus ab, aber die Verwandtschaft ist unübersehbar. Eine Stirlingmaschine muß überall — auch an der Kurbelwelle — hermetisch abgedichtet werden, und das bereitet Schwierigkeiten. Zum Beispiel würde sich flüssiger Wasserstoff als Arbeitsmedium einer Stirlingmaschine anbieten, aber seine kleinen Atome können auch durch feste Metallwände nach außen diffundieren. Diese Verluste müssen laufend ersetzt werden — was flüssigen Wasserstoff in der Praxis als Arbeitsmedium ausschließt, obwohl er dank seiner geringen Viskosität (Zähigkeit) nahezu ohne Reibungsverluste zwischen den Zylindern hin- und herströmen könnte. (Völlig vermeiden lassen sich diese Verluste wegen des Zweiten Hauptsatzes nicht.) Auch flüssiges Helium hat eine vergleichbar geringe Zähigkeit und wird deshalb in der Raumfahrt benutzt. Als Wärmequelle dient dann fokussierte Sonnenstrahlung; die Senke ist ein Radiator auf der Schattenseite des Raumfahrzeugs, der Wärme abstrahlt. Die Arbeit, die aus diesem Energiefluß gewonnen wird, treibt einen Generator an, und dient so der allgemeinen Stromversorgung.

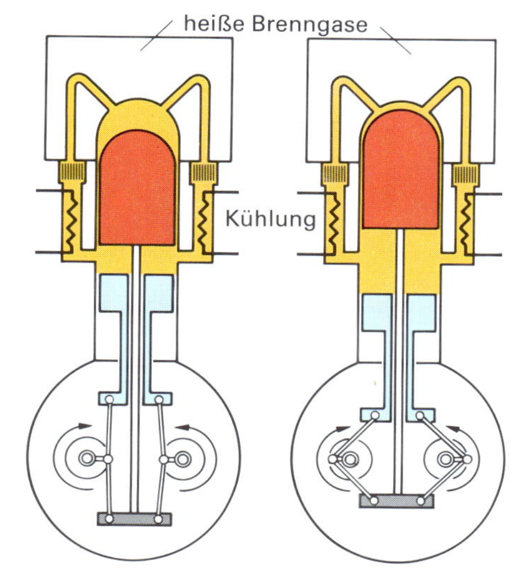

Schemazeichnung eines Stirlingmotors in Betrieb. Die beiden Kolben liegen senkrecht übereinander und sind durch Gelenke in der Kurbelwelle verbunden. Der obere H-Kolben (rot) komprimiert bei dem gezeigten Schritt das Arbeitsgas (gelb) auf der heißen Seite, das durch heiße Verbrennungsgase erwärmt wird. Das Gas strömt über Verbindungsrohre und Regenerator (schraffiert) zur Kühlung und schließlich in den kalten Bereich über den K-Kolben (blau). Links erreichen die Kolben ihre größte Annäherung, so daß sich das meiste Gas auf der heißen Seite befindet. Rechts haben sie ihren maximalen Abstand, und das Gas ist zum größten Teil in den kalten Bereich des Motors geströmt.

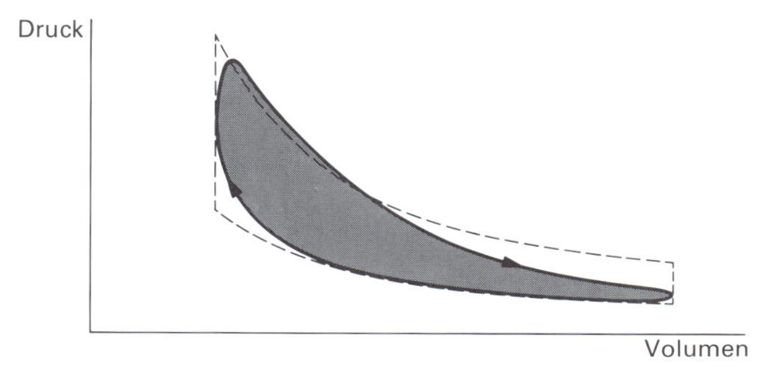

Das Indikatordiagramm eines realen Stirlingmotors weicht etwas vom idealen Kurvenverlauf (gestrichelte Linie) ab.

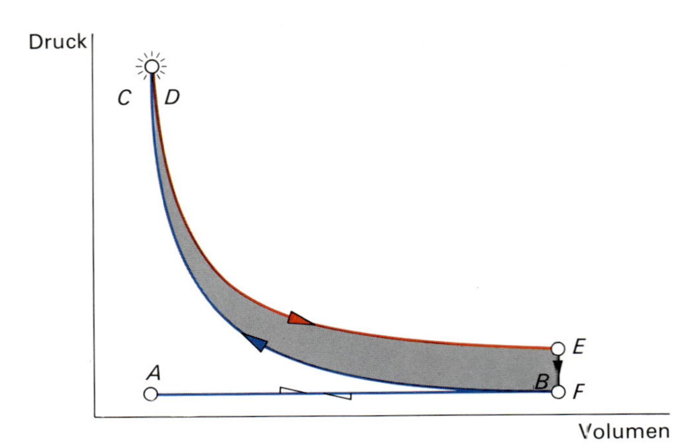

Das Indikatordiagramm für einen idealisierten Ottoprozeß. Am Punkt *C* zündet das Luft-Kraftstoff-Gemisch, während der Kolben ruht. Die Expansion *DE* (rot) entspricht dem Arbeitshub. Zwischen *A* und *F* bewegt sich der Kolben zweimal auf und ab.

Verbrennungsmotoren

Die Stirlingkonstruktion stand lange Zeit völlig vergessen im Schatten einer viel einfacheren Erfindung: Der Verbrennungsmotor, der klein und beweglich ist und zugleich sehr effizient arbeitet, eroberte die Welt im Sturm. Er wurde zunächst in Pferdekutschen eingebaut — und machte sie zum Automobil. Später wurde er bei Flugzeugen eingesetzt. Wir werden nun sehen, wie wir im Auto buchstäblich auf einem Chaos fahren: Verbrennungsmotoren wie die von Otto oder Diesel werden durch einen Übergang zu Inkohärenz angetrieben.

Wir wollen den Ottomotor, den Prototyp des Benzinmotors, und den Dieselmotor nur kurz beschreiben, ohne auf die technischen Einzelheiten einzugehen. Uns interessieren die Arbeitszyklen einer idealisierten Maschine, die nicht durch Verbrennen eines Luft-Kraftstoff-Gemischs angetrieben wird, sondern stattdessen als Arbeitsmedium einfach Luft enthält. Die — unrealistische — Annahme, daß nur Luft durch die Motoren strömt, erleichtert es, die tatsächliche Arbeitsweise in ihren Grundzügen zu verstehen.

Der Arbeitszyklus eines Viertaktmotors, der Benzin verbrennt, wurde im Jahre 1862 von Beau de Rochas vorgeschlagen. Er wird heute Ottoprozeß genannt, weil es Nikolaus A. Otto als erstem gelang, einen entsprechenden Motor zum Laufen zu bringen (wir kommen darauf noch zurück). Das Indikatordiagramm ist oben auf dieser Seite gezeigt; die schematische Darstellung der Kolbenpositionen folgt auf der nächsten Seite, und das zugehörige Mark II-Universum ist auf Seite 82 zu sehen. Die Buchstaben *A* bis *F* kennzeichnen im folgenden stets die gleichen Phasen oder Takte des Arbeitsspiels.

Zunächst saugt der Zylinder (am Punkt *A*) ein Gemisch aus Luft und eingespritztem Kraftstoff ein, indem sich der Kolben nach außen bewegt. Der Druck im Zylinder entspricht dabei konstant dem Atmosphären-

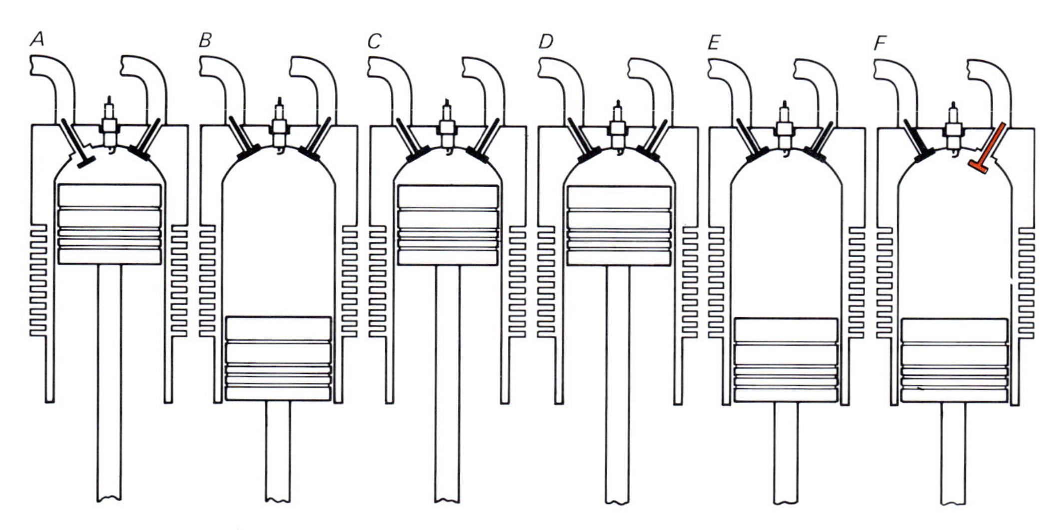

Das Arbeitsspiel beim Ottomotor. Zunächst wird das Luft-Kraftstoff-Gemisch angesaugt, während sich der Kolben von *A* nach *B* bewegt. Im Schritt von *B* nach *C* wird das Gemisch verdichtet und schließlich bei *C* gezündet. Temperatur und Druck steigen durch die Verbrennung an, bis *D* erreicht ist. Beim Arbeitshub von *D* nach *E* dehnen sich die verbrannten Gase adiabatisch aus, bis sich das Auslaßventil am Punkt *F* öffnet und in der Brennkammer Druck und Temperatur wieder auf ihre Anfangswerte sinken.

druck — bis auf einige seltene Motoren. Im Indikatordiagramm ergibt sich deshalb zwischen *A* und *B* eine horizontale Linie.

Anschließend folgt die Verdichtung oder Kompression des Luft-Kraftstoff-Gemischs, die annähernd, vermutlich sogar exakt adiabatisch abläuft. Wenn der Kolben immer weiter in den Zylinder eindringt, stößt er immer mehr Teilchen im Gemisch in den AN-Zustand. Damit wir ein Maximum an Arbeit aus dem Motor herausholen können, muß der Druck (oder die Kompression) möglichst hoch werden (auf diese Weise läßt sich die Fläche des Indikatordiagramms vergrößern). Da mit dem Druck auch die Temperatur ansteigt, wächst zugleich die Gefahr, daß der Kraftstoff zu früh zündet. Der Kolben würde nicht von selbst vollständig im Zylinder verschwinden — es sei denn, wir würden ihn durch äußere Arbeit dazu zwingen, indem wir das Fahrzeug schieben, und ihn so gegen den Druck weiter nach innen treiben. Wegen der Einschränkungen durch die Zündtemperaturen liegen die Kompressionswerte (die Verdichtungsverhältnisse) in der Regel um Zehn.

Am Ende des Kompressionstaktes zündet ein Funken zum Zeitpunkt *C* das Gemisch. Die thermische Bewegung der Teilchen wird nun durch Verbrennungswärme verstärkt, die als Energiereserve in chemischen Bindungen der Benzinmoleküle gespeichert war. Die Temperatur steigt rapide, weil plötzlich viele Teilchen in den AN-Zustand übergehen, wenn der Kraftstoff brennt. Zum Zündzeitpunkt kann sich der Kolben nicht rasch bewegen und bleibt im Umkehrpunkt (dem oberen Totpunkt) stehen. Dadurch steigt der Druck, weil die schnellen Teilchen immer öfter und heftiger auf die Wände prallen. Die Maschine geht in den Zustand *D* über.

Inzwischen hat sich die Kurbelwelle so weit gedreht, daß sich der Kolben erneut nach außen bewegen kann. Die nun folgende Expansionsphase, der Arbeitstakt des Motors, läuft vermutlich adiabatisch ab: Die Teilchen prallen auf die Wände des Zylinders und auf die Kolbenwand. Ihre senkrechte Bewegungskomponente — und nur sie — können die Gasteilchen auf die Kolbenatome übertragen, so daß sie zu einer kohärenten

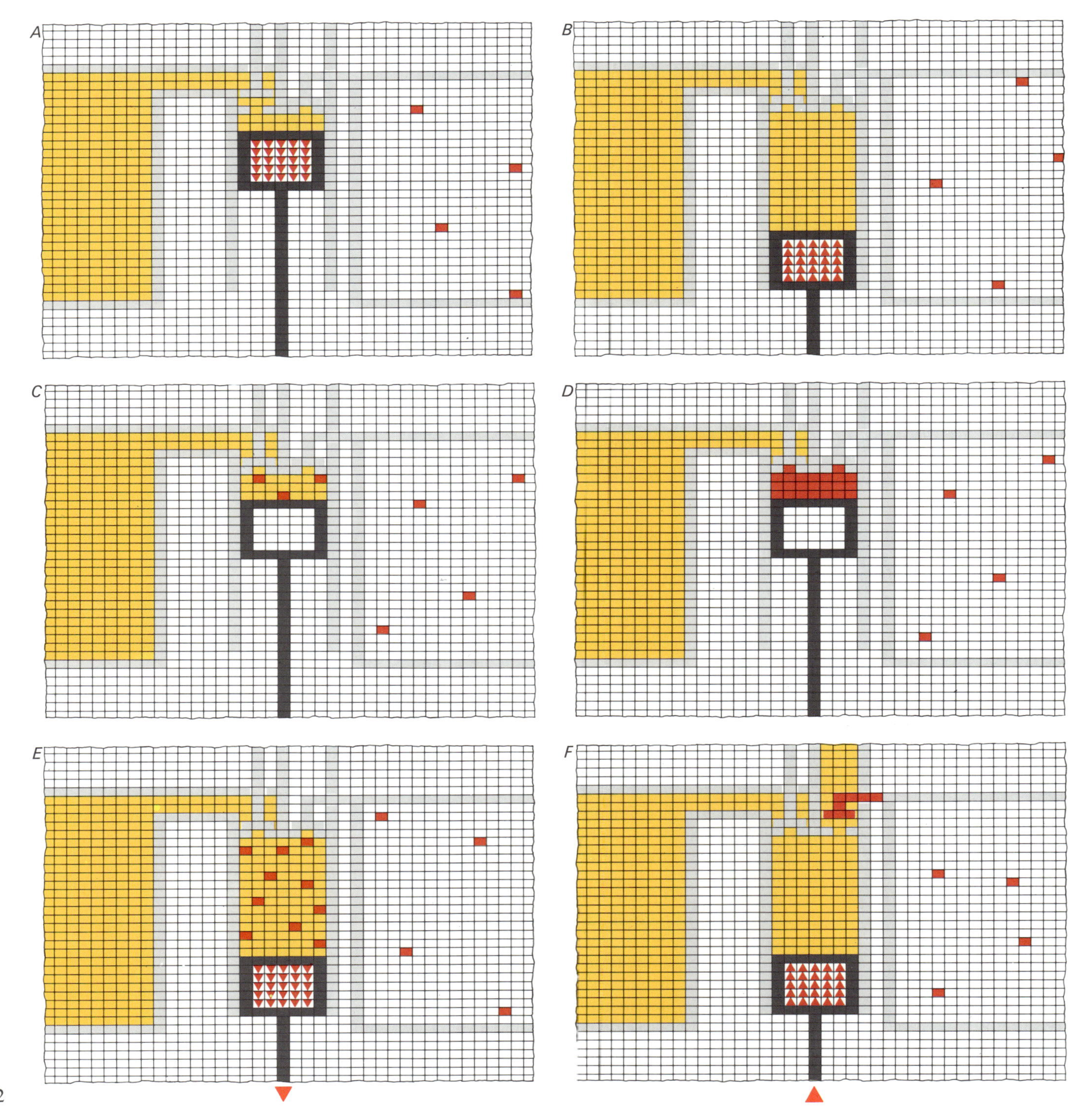
A
B
C
D
E
F

Das Mark II-Modell für den Ottomotor. Beim Ansaugen (*A*) füllt sich der Zylinder mit dem Luft-Kraftstoff-Gemisch (gelb), das anschließend (von *B* bis *C*) adiabatisch verdichtet wird (rote AN-Zustände). Nach dem Zünden gehen viele Gasteilchen in den AN-Zustand über (*D*) und treiben durch ihre heftige Wärmebewegung eine kohärente Kolbenbewegung an. Während der adiabatischen Expansion nach *E* werden zunehmend Gasteilchen in den AUS-Zustand versetzt, weil die gewonnene Arbeit auf Kosten der Wärmeenergie geht. Durch das Auslaßventil werden die Abgase schließlich ausgeschoben, wobei sie einige AN-Zustände im Ventil anregen (*F*). Wenn der Kolben wieder die Ausgangsstellung *A* erreicht, ist der Zylinder zugleich frisch „gespült".

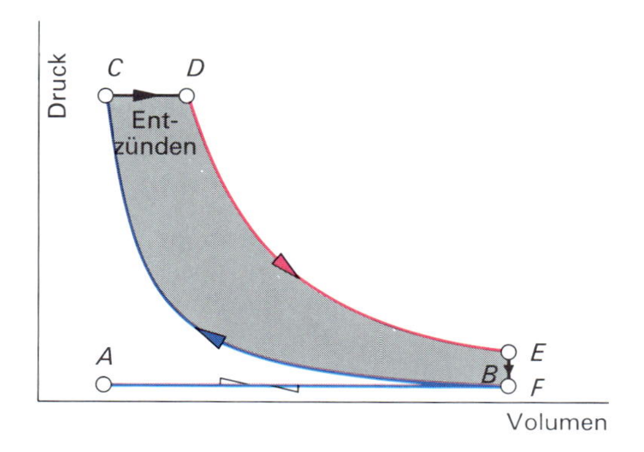

Das Indikatordiagramm für den Dieselprozeß. Man beachte, daß sich der Kolben während des Zündens (zwischen *C* und *D*) nach außen bewegt.

Bewegung angeregt werden. Dabei verlieren sie natürlich Energie und nehmen zunehmend den AUS-Zustand an, weil ihre Wärmebewegung nicht mehr durch Energiezufuhr von außen unterstützt wird. Schließlich öffnet sich am Punkt *E* das Auslaßventil, und in der Brennkammer fallen Druck und Temperatur wieder auf die Ausgangswerte ab. Dem Zweiten Hauptsatz gehorchend wird in dieser Phase ein Wärmetribut an den Motorblock, die Kühlung und die übrige Umgebung abgegeben. Das Auslaßventil fängt die Hauptwucht des Druckanstiegs nach dem Zünden auf und nimmt als erstes „Zwischendepot" die Abwärme auf — womit den Forderungen des Zweiten Hauptsatzes genüge getan wird. Das Ventil ist also gleichsam der thermische Angelpunkt des Motors. Im letzten Schritt (*F*) schiebt sich der Kolben wieder in den Zylinder und stößt die kalten Auspuffgase nach außen.

Während des gesamten Ottoprozesses ist das Chaos die treibende Kraft: Die Energie aus den chemischen Verbindungen wird freigesetzt und verteilt sich als thermische Bewegungsenergie; schließlich wird kohärente Arbeit erzeugt, aber nur um den Preis von Wärmeverlusten, die an die Umgebung verloren gehen. Die Energieausbeute der Verbrennung zerstreut sich chaotisch in der Außenwelt. Dieses Chaos macht erst die kohärente Bewegung von Kolben — und Auto samt Fahrgästen — möglich.

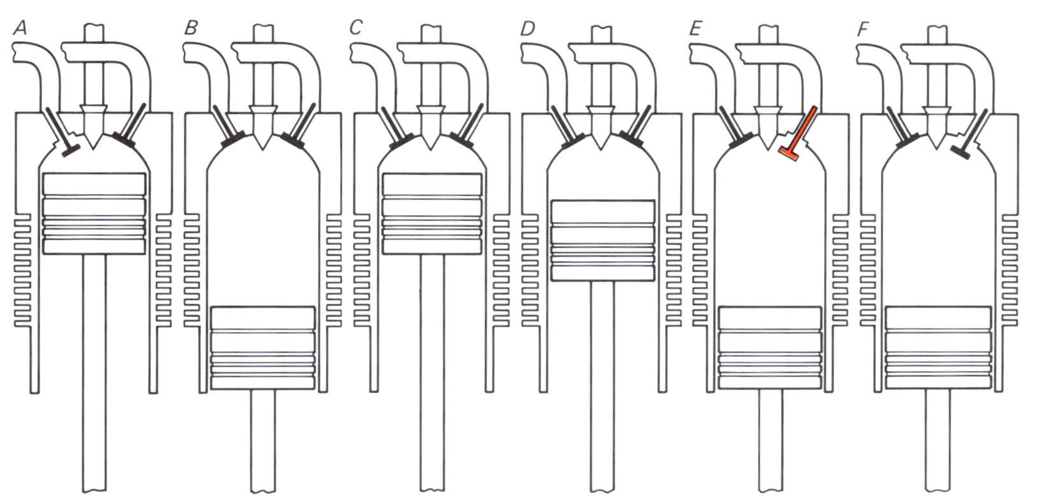

Das Arbeitsspiel beim Dieselmotor. Beim Ansaugen (von *A* nach *B*) strömt nur Luft in den Zylinder, die bis zum Einspritzen des Treibstoffs am Punkt *C* verdichtet wird. Nach der Selbstzündung brennt das Gasgemisch, während sich der Kolben nach außen zurückzieht. Am Punkt *D* wird die Expansion der verbrannten Gase adiabatisch, und der Arbeitstakt bringt den Kolben zum unteren Totpunkt *E*. Jetzt öffnet sich das Auslaßventil, das Wärme von den ausströmenden Abgasen aufnimmt. In der Brennkammer sinken Druck und Temperatur (*F*), noch bevor die Gase im Schritt von *F* nach *A* ausgeschoben werden.

Rudolf C. Diesel hat einen ähnlichen Motor vorgeschlagen, mit dem er durch Verbrennen pulverisierter Kohle Antrieb erzeugen wollte. Der Dieselprozeß weicht in wichtigen Merkmalen vom Ottoprozeß ab. Das zeigt sich ebenso im Indikatordiagramm wie in den Einzelschritten, die auf der vorigen Seite schematisch und auf der folgenden im Mark II-Universum dargestellt sind.

Der prinzipielle Vorteil des Dieselmotors wird bereits im ersten Takt des Arbeitsspiels deutlich: Wenn der Kolben (von *A* nach *B*) zurückgezogen wird, strömt nur Luft, also kein explosionsfähiges Luft-Kraftstoff-Gemisch, ein. Die anschließend folgende adiabatische Kompression kann daher problemlos bei hohem Druck und hoher Temperatur erfolgen.

Wenn bei *C* Kraftstoff eingespritzt wird, reicht die hohe Temperatur, das heißt: der hohe Anteil von AN-Teilchen, aus, um allein durch Stöße die Verbrennung zu zünden — ohne daß dazu irgendein elektrischer Funke benötigt wird (*D*). Bei einem idealen Dieselprozeß würde der Kraftstoff bei konstantem Druck verbrennen, da sich der Kolben wieder nach außen bewegt. Der Temperaturanstieg dürfte den Druck jedoch nicht erhöhen, weil das Volumen zunimmt.

Nach der Verbrennung fallen Temperatur und Druck während einer adiabatischen Expansion ab. Dieser Arbeitstakt endet am unteren Totpunkt *E*.

Schließlich öffnet sich das Auslaßventil und in der Brennkammer stellen sich wieder die gleiche Temperatur und derselbe Druck ein wie zu Beginn (*F*). Auch beim Dieselprozeß fungiert der Motorblock als Wärmesenke, und wieder trägt das Auslaßventil entscheidend zur Entstehung des Chaos bei, das den Kreisprozeß spontan und den Motor effizient macht. (Bei einem schweren Lastwagen kann man sich durchaus vorstellen, daß er seinen Antrieb aus dem Chaos der Auspuffgase bezieht.) Wenn der Kolben alle Gase in den Auspuff getrieben hat, erreicht er wieder seine Ausgangsposition *A*. Mit dem Zyklus wurde nicht nur ein bißchen Chaos erzeugt, sondern das Fahrzeug rollte auf der Straße ein Stück weiter.

Das Mark II-Modell für den Dieselprozeß. Beim Ansaugen (von *A* nach *B*) strömt Luft (gelb) in den Zylinder, in dem während der Kompression von *B* nach *C* einige AN-Zustände auftreten. Nach dem Einspritzen des Kraftstoffs (grün) bei *C* kommt es zur Selbstzündung *D*. In der Verbrennungsphase zwischen *C* und *D* verschiebt sich der Kolben kaum, und Druck und Temperatur steigen an: Viele Atome gelangen durch die freigesetzte Energie in den AN-Zustand. Die inkohärente Wärmebewegung der Atome wird als kohärente Bewegung von den Kolbenteilchen aufgenommen, bis der Arbeitstakt bei *E* endet. Dieser Takt verläuft adiabatisch, ohne Wärmezufuhr von außen, so daß die Gasteilchen vermehrt in den AUS-Zustand zurückkehren. Ein Teil reicht den AN-Zustand an das Auslaßventil weiter (es ist in *E* rot dargestellt). Schließlich gelangen die Abgase nach dem Ausschieben (von *F* nach *A*) ins Freie.

Es gibt noch zwei erwähnenswerte Seiten dieser beiden Automotoren. Wir haben bislang *Viertakt*-Motoren betrachtet, bei denen sich die Antriebswelle während eines Arbeitsspiels mit vier Takten (Ansaugen des Luft-Kraftstoff-Gemischs, Verdichten, Verbrennen mit dem Arbeitshub und Ausschieben der verbrannten Gase) zweimal dreht: Die erste beginnt mit dem Ansaugen von *A* nach *B*, die zweite mit dem Ausschieben von *F* nach *A*. Ausgerchnet diese beiden Takte tragen nicht zur Leistung des Motors bei. Wenn es uns gelingt, sie zu eliminieren, könnten wir vielleicht sogar den Wirkungsgrad der Maschine erhöhen.

Jedenfalls gilt im Maschinenbau als Grundregel, daß überflüssige Prozesse meist auch unökonomisch sind. (Der Zweite Hauptsatz wird immer für Reibungsverluste sorgen.) Wenn wir die beiden nutzlosen Takte bei einem entsprechend neu konstruierten Motor weglassen können, handeln wir uns aber womöglich neue Dissipationsprozesse ein, die über die gerade beseitigte chaotische Energieausbreitung hinausgehen.

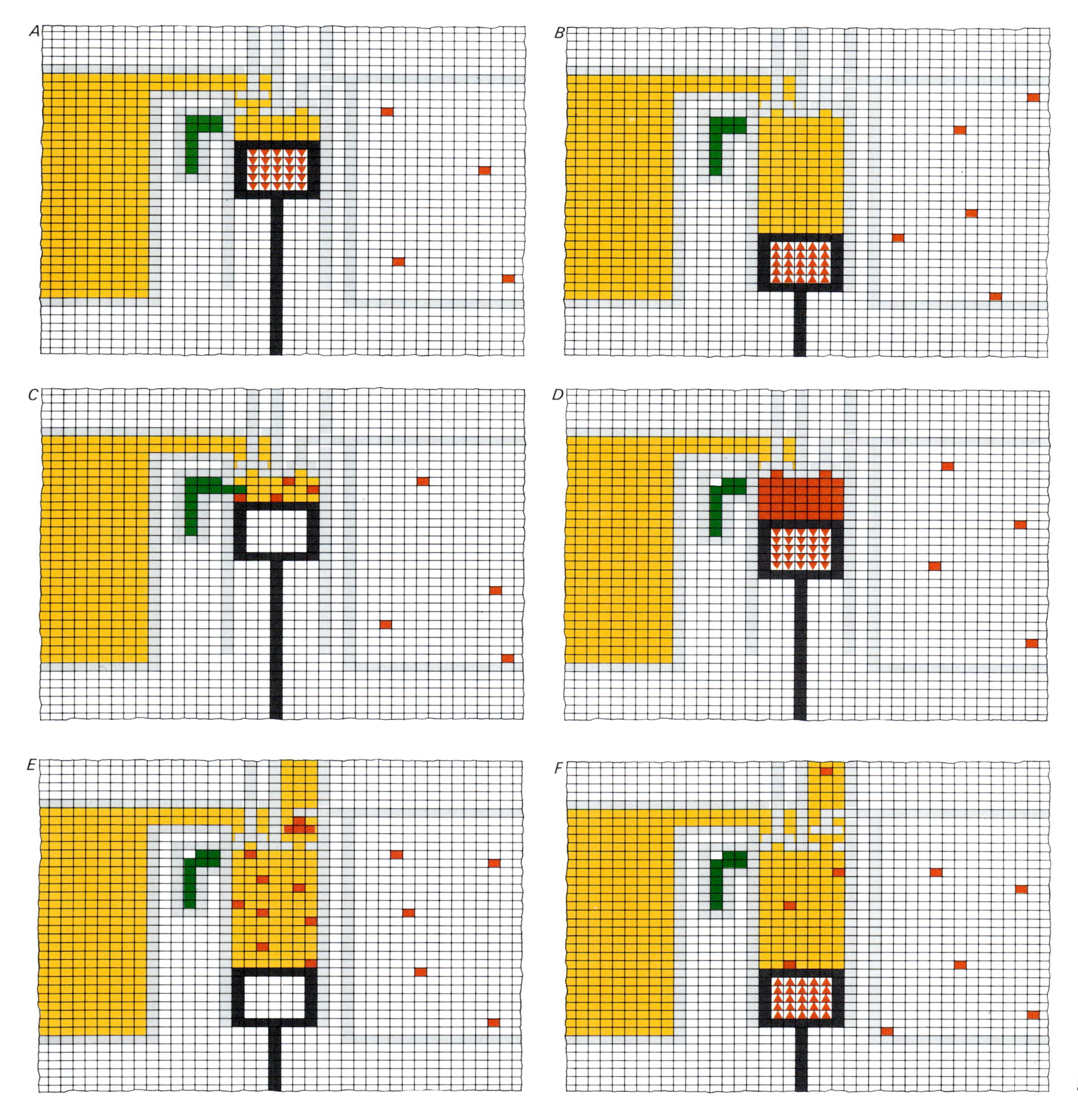
A
B
C
D
E
F

Fällt die zweite Umdrehung der Antriebswelle weg, so wird aus dem Viertakter ein *Zweitakt*-Motor; pro Arbeitsspiel gibt es nur noch eine Umdrehung. Das Indikatordiagramm für einen Zweitakt-Dieselmotor ist in der Mitte dieser Seite dargestellt: Am Punkt *B* der höchsten Kompression wird Luft in den Zylinder geblasen, so daß die verbrannten Gase ausgetrieben werden, und der Zylinder nach diesen Spielen den nächsten Zyklus durchlaufen kann. In der Praxis ,,spült'' sich der Dieselmotor selbst — er bringt die erforderliche Leistung auf. Das bedeutet zwar einen Mehrverbrauch an Energie, aber der Wirkungsgrad nimmt insgesamt trotzdem zu, weil jeder zweite Takt ein Arbeitstakt ist.

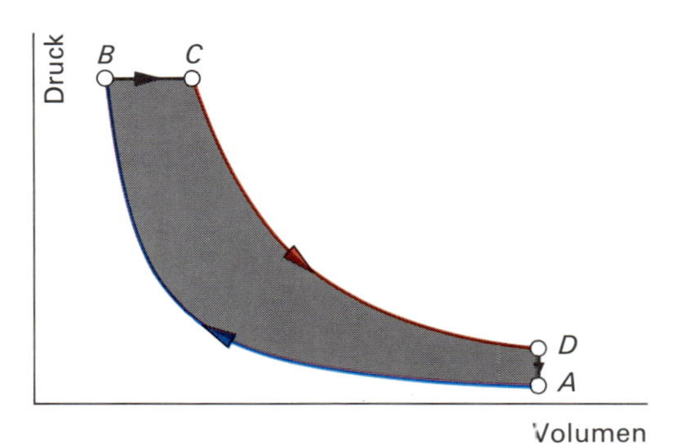

Das Indikatordiagramm für Zweitakt-Dieselmotoren.

Das Indikatordiagramm für die Verbrennung im Turbodieselmotor, bei dem die verbrannten Gase eine Abgasturbine antreiben. Dadurch setzt sich die Expansion nach dem Arbeitshub bis zum Punkt *X* fort, bevor *A* erreicht wird. Zum Dieselprozeß kommt der Turbinenkreislauf *DXAD* hinzu.

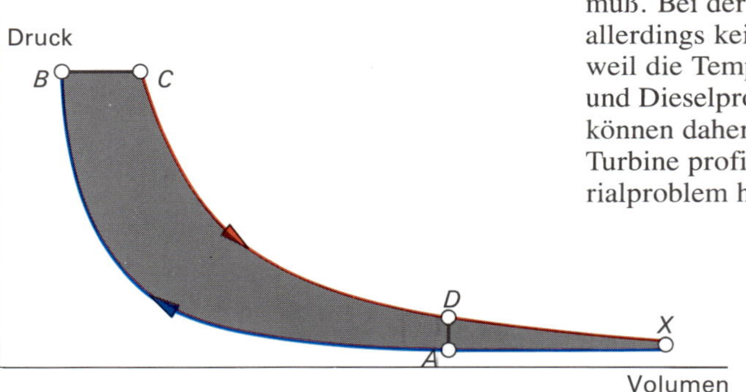

Ein wichtiger Punkt bei Otto- und Dieselmotoren ist eine unvermeidliche Ineffizienz der Kreisprozesse, die nicht mit den thermodynamischen Beschränkungen des Wirkungsgrads bei Wärmemaschinen zu verwechseln ist. Bei den Verbrennungsmotoren endet der Arbeitstakt, wenn das heiße Gas in der Brennkammer noch unter Druck steht — bei der Kolbenstellung *E*. Beim Ausschieben (von *E* nach *F*) wird deshalb Energie verschwendet, die in hoher Qualität im Gas gespeichert vorliegt. Daß es sich um ,,hochwertige'' Energie handelt, ergibt sich schon aus der hohen Temperatur in der Brennkammer. Daraus ließe sich Vorteil ziehen, wenn wir die heißen Abgase auf irgendeinem Wege weiterverwenden und nicht einfach in die Umgebung blasen würden.

Eine Möglichkeit besteht darin, die Energie nicht an das Auslaßventil zu verschwenden, sondern sie mit einer *Abgasturbine* aufzufangen. Während die Abgase diese Turbine antreiben, kühlen sie sich allmählich auf die Außentemperatur ab — und erzeugen gleichzeitig aus chaotischer Wärmebewegung kohärente Bewegung. Turbinen gewinnen aus Wärme Arbeit, genau wie der Kolbenantrieb, aber jetzt nicht aus einer Auf- und Abbewegung, sondern aus einer Rotation. Sie arbeiten effizient, wie wir im nächsten Abschnitt dieses Kapitels sehen werden, lassen sich aber normalerweise nur in einem eingeschränkten Temperaturbereich einsetzen. Das liegt daran, daß sie *kontinuierlich* hohen Temperaturen ausgesetzt sind, während ein Kolbenmotor ja nur *periodisch* einer maximalen Temperatur standhalten muß. Bei der Abgasturbine bereitet das allerdings keine ernsten Schwierigkeiten, weil die Temperaturen am Ende des Otto- und Dieselprozesses relativ niedrig sind. Wir können daher vom hohen Wirkungsgrad der Turbine profitieren, ohne uns mit dem Materialproblem herumschlagen zu müssen.

Die Abgasturbine dehnt die adiabatische Expansion beim Arbeitstakt des Kolbenmotors gleichsam aus: Im Indikatordiagramm führt die Kurve über den Punkt *D* zum Punkt *X* hinaus, bevor *A* erreicht wird. Dadurch vergrößert sich die Fläche, das heißt, aus der Verbrennung wird mehr Energie gewonnen. Zugleich ist dies eine wirtschaftliche Lösung, um den Wirkungsgrad von Maschinen zu erhöhen. Die Turbine muß nicht unmittelbar mit der bewegten Last verbunden sein, etwa den Rädern eines Fahrzeugs, sondern sie kann auch Luft in die Zylinder blasen, um den Wirkungsgrad des Kolbenmotors zu steigern. Nach diesem Prinzip arbeiten *Aufladegebläse* und *Turbolader* von Automotoren.

Turbinenantrieb

Das Chaos kann uns Flügel verleihen, wie die Turbinentriebwerke von Flugzeugen tagtäglich beweisen. Turbinen sind der Pulsschlag unserer modernen Industriegesellschaft, denn sie treiben die Generatoren der Kraftwerke an.

Die Turbinen, die sich ja aus dem Wasserrad entwickelt haben, gewinnen im Prinzip Energie genauso aus einem strömenden Medium. Wie eine solche Strömungsmaschine arbeitet, läßt sich mit Hilfe eines weiteren Kreisprozesses verstehen, dem *Braytonprozeß*. Eine solche Maschine ist unten auf dieser Seite schematisch abgebildet. Außer der Turbine und den beiden Reservoirs wird eine Kompressorstufe benötigt, die sich mit einem Kolbenmotor antreiben läßt, aber auch wie ein rotierender Ventilator aussehen kann — der ,,Ventilator'' ist sogar geeigneter. Wir wollen zunächst einen geschlossenen Kreisprozeß betrachten, bei dem das Arbeitsmedium ständig in der Maschine zirkuliert, ohne daß etwas davon verloren geht. (Das entspricht den Prozessen, wie sie in der Carnotmaschine und im Stirlingmotor ablaufen.) Später werden wir den Braytonprozeß ,,öffnen'' und unser Triebwerk auf den Flug schicken.

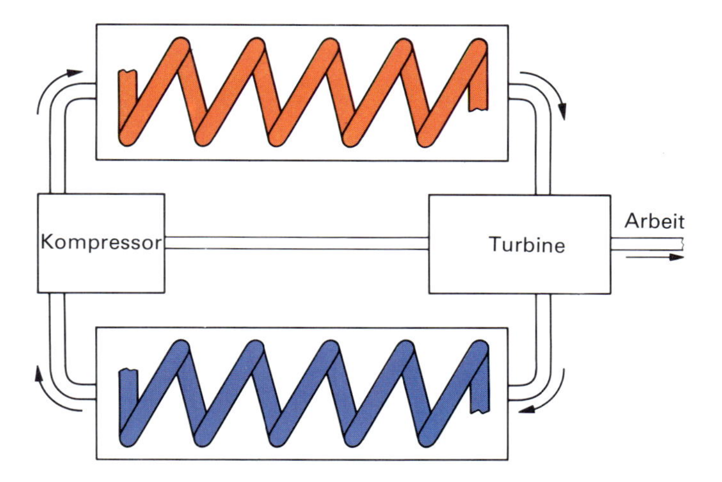

Eine Strömungsmaschine, in der eine Turbine aus Wärme Arbeit gewinnt. Das Arbeitsmedium wird in einem Kompressor verdichtet und erhitzt (rote Wärmequelle), bevor es durch die Turbine in die kalte Senke (blau) strömt. Ein Teil der Arbeit, die in der Turbine erzeugt wird, treibt den Kompressor an (das ist durch eine direkte Verbindung zwischen Turbine und Kompressor angedeutet).

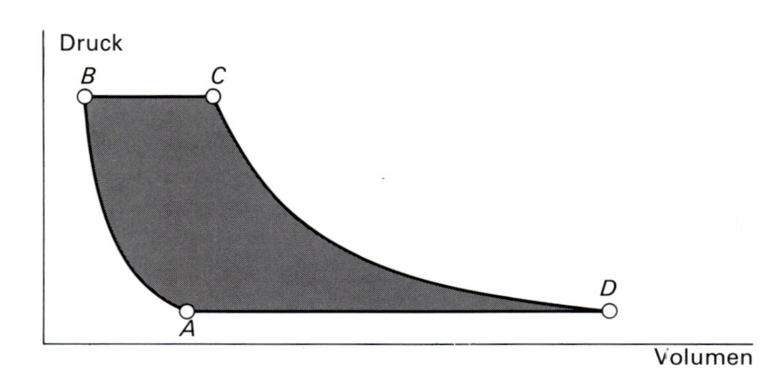

Das Indikatordiagramm für einen (geschlossenen) Braytonprozeß. Die Kompression (von *A* nach *B*) und die Expansion (von *C* nach *D*) laufen adiabatisch ab.

Das Indikatordiagramm für den geschlossenen Kreisprozeß zeigt die folgenden vier Schritte: Zunächst wird das Arbeitsmedium adiabatisch verdichtet — wobei die dazu benötigte Arbeit aus dem Energiegewinn des Turbinenlaufrades gewonnen wird. (Dies ist im Maschinenschema unten durch eine Verbindungslinie zwischen Turbine und Kompressor dargestellt.) Bei dieser Kompression von *A* nach *B* steigen Druck und Temperatur des Arbeitsgases an.

Am Punkt *B* wird dem heißen und dichten Gas Energie zugeführt, entweder durch Wärmeaustausch mit einer Heizung oder direkt durch Verbrennen des Treibstoffs. Die Gastemperatur steigt weiterhin an, während das Gasvolumen zunimmt. Insgesamt bleibt dadurch der Druck konstant, bis der Punkt *C* erreicht wird.

Nach dieser Expansionsphase gelangt das heiße Gas in die Turbine, wo es sich weiterhin — aber nun adiabatisch — ausdehnt (bis zum Punkt *D*). Dabei wird ihm Wärme entzogen und in Arbeit umgewandelt. Die kohärente Bewegung entsteht durch die Atome im Laufrad der Turbine. Um dann nach *A* zurückzukehren und den Kreislauf zu schließen, müssen wir die Temperatur bei gleichbleibendem Volumen senken und wiederum Wärme an ein kaltes Reservoir verschenken. Hier sei noch einmal ausdrücklich betont, daß die hohen Betriebstemperaturen der Turbinen enorme technische Schwierigkeiten mit sich brachten. Umgehen ließen sie sich nicht, weil Wärmequelle und Senke auseinanderliegen. Daher gelang die Konstruktion funktionstüchtiger Turbinen erst, nachdem temperaturbeständige Materialien entwickelt waren.

Eine Maschine mit offenem Braytonprozeß verdeutlicht das Funktionsprinzip der Strahltriebwerke von Flugzeugen. Der Kompressor liegt dann vorn, die Turbine hinten, wo die verbrannten Gase schließlich auf der Rückseite des Triebwerks durch die Schubdüse entweichen.

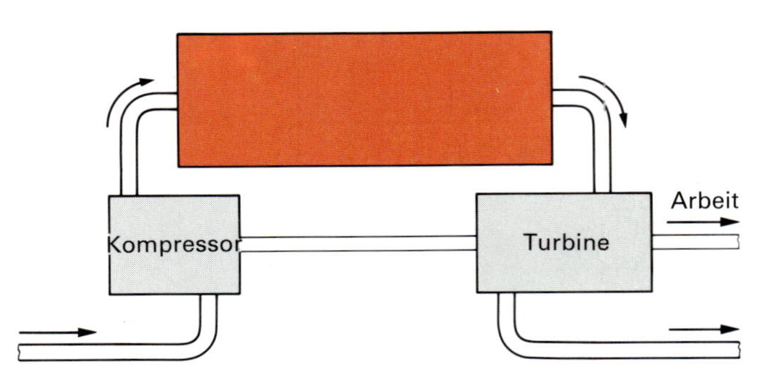

Wie die übrigen Kreisprozesse läßt sich der Braytonprozeß auf das Verhalten einzelner Teilchen zurückführen. Der Schritt von *C* nach *D* liefert Arbeit, weil zumindest ein Teil der inkohärenten Wärmebewegung im heißen Gas in kohärente Rotationsbewegung des Laufrades umgewandelt wird. Umgekehrt muß in der Verdichtungsphase Arbeit verrichtet werden, wenn die rotierenden Blätter des Kompressors das Gas verdichten: Kohärente Bewegung wird auf Teilchen übertragen, die zufällig die Kompressorblätter treffen. Die Kohärenz geht jedoch bei Stößen zwischen den Gasteilchen sofort wieder verloren, so daß die Energie in der Wärmebewegung gespeichert wird. Theoretisch macht es im Prinzip keinen Unterschied, ob die kohärente Bewegung von einem Kolben oder einem Turbinenrad übertragen wird, wenngleich die Drehbewegung in der Praxis für das Funktionieren des Turbinenantriebs entscheidend ist. Die Gasteilchen jedenfalls kümmern sich nicht darum, ob sie immer wieder durch Atome in derselben Kolbenoberfläche oder durch die Atome der ständig wechselnden Turbinenblätter angestoßen werden.

In der Kompressionsphase werden viele Atome AN-geschaltet und zugleich auf kleinem Volumen zusammengepfercht, was ihre Geschwindigkeit und ihre kinetische Energie erhöht und ihren natürlichen Expansionsdrang verstärkt: Der außenstehende Beobachter stellt einen Druckanstieg fest. Mit steigender Temperatur (durch die Verbrennung des Treibstoffs oder die Wärmezufuhr der Heizung) werden noch mehr An-Zustände angeregt. Dadurch geht das Gas von Zustand *B* nach *C* über. Mit dem Ende dieser Expansion hört auch die *isotrope* Energieausbreitung auf, die keinen Unterschied zwischen den verschiedenen Raumrichtungen macht. Teilchen die auf eines der Turbinenblätter treffen, übertragen ihre Bewegungsenergie *anisotrop*, das heißt, bevorzugt in Drehrichtung des Laufrads. Dabei reichen sie ihren AN-Zustand an konstant aufeinanderfolgende Oberflächen weiter und vermindern so Temperatur und Druck im Arbeitsgas bis zum Punkt *D*. In der Endphase geht die Wärmebewegung an die Umgebung über. Da die Gasatome nun langsamer sind, der Druck in der Umgebung aber konstant bleibt, zieht sich das Gas auf ein immer kleineres Volumen zurück.

Wenn wir die Maschine öffnen, wird daraus ein Triebwerk, das ein Flugzeug in die Luft bringen kann. Wir lassen das Gas nicht mehr in einem geschlossenen System zirkulieren, sondern hinter der Turbine aus einer Düse entweichen. Es gibt also jetzt einen Einlaß und einen Auslaß, und ständig wird neuer Treibstoff zugeführt und verbrauchter abgelassen. Der *offene Braytonprozeß* liefert ein Modell für moderne Strahltriebwerke. Thermodynamisch betrachtet ähnelt er dem geschlossenen Kreisprozeß: Nach wie vor wird das einströmende Gas (Luft) durch einen Kompressor verdichtet, (wenngleich beim Flugzeug auch die Ausströmung zur Kompression beiträgt), und darüber hinaus werden — durch Verbrennen des Treibstoffs — wiederum Temperatur und Volumen des Arbeitsmediums erhöht, das über das Laufrad der Turbine strömt. Kurzum: Das heiße Gas liefert auch in dieser Strömungsmaschine Arbeit an die Außenwelt.

In einem Strahltriebwerk wird in zwei Stufen Arbeit gewonnen, und zwar jedesmal durch eine Turbine. Die kleinere davon treibt den Kompressor an, die größere bildet die typische, nach außen sichtbare Form des Triebwerks und erzeugt die benötigte Schubarbeit. Sie ist für die Fliegerei entscheidend: Ihr Laufrad sitzt hinter der Brennkammer und wird durch heiße Gase angetrieben, die schließlich am Ende der Maschine ausströmen. Dabei erzeugen sie nach dem Rückstoßprinzip zusätzlichen Vorschub. Ein Schlittschuhläufer kann das auf einer spiegelglatten Eisfläche leicht nachvollziehen, wenn er einen Ball wegschleudert — und dabei leicht in entgegengesetzter Richtung zu Boden geht. Da die Gasatome nur beim Aufprall auf feste Wände Druck erzeugen, aber auf einer Seite plötzlich ins Leere laufen, entsteht durch den Strom der Abgase zusätzlicher Vorschub, der alle Atome und Passagiere des Flugzeugs vorwärts treibt.

Kohärenz durch Chaos

Bislang war in diesem Kapitel die ,,schöpferische`` Kraft des Chaos unser zentrales Thema. Wir haben gesehen, daß aus Inkohärenz Kohärenz entstehen kann, solange gleichzeitig andernorts mehr Chaos entsteht, als mit der wachsenden Kohärenz vernichtet wird. (Natürlich muß dabei die Energiebilanz ausgeglichen sein.) Insgesamt wird sich ein thermodynamisches Universum stets spontan auf Zustände mit immer größerer Wahrscheinlichkeit zu entwickeln, bis eine maximale Unordnung erreicht ist. Gleichwohl — und das war ein entscheidender Punkt — kann der chaotischere Zustand lokal eine größere Kohärenz hervorgerufen.

Wir haben weiterhin bei einigen Maschinen verfolgt, wie sie auf unausgewogene Art und Weise kohärente Bewegung schaffen, indem sie der Forderung des Zweiten Hauptsatzes nach einer kalten Senke gerecht werden und in ihrer Umgebung das Chaos vermehren. Wir haben für verschiedene Kreisprozesse, einschließlich des Carnotschen, gezeigt, daß sie spontan weiterlaufen — und damit zyklisch sind, wie es sich für eine funktionstüchtige Maschine gehört. Die mechanische Kohärenz, die diese Maschinen in Form kohärenter Bewegung von Teilchen erzeugen, ist aber nur *ein* Aspekt einer umfassenderen Strukturbildung. Auf diese Weise lassen sich nicht nur Passagiere und Lasten fortbewegen, sondern auch Kathedralen bauen. Dasselbe Prinzip der Kohärenzgewinnung könnte auch bei der Entstehung von vielfältigen Strukturen in unserer Umgebung eine entscheidende Rolle spielen, etwa wenn bei chemischen Rektionen neue Stoffe entstehen. Das wollen wir im nächsten Kapitel genau untersuchen.

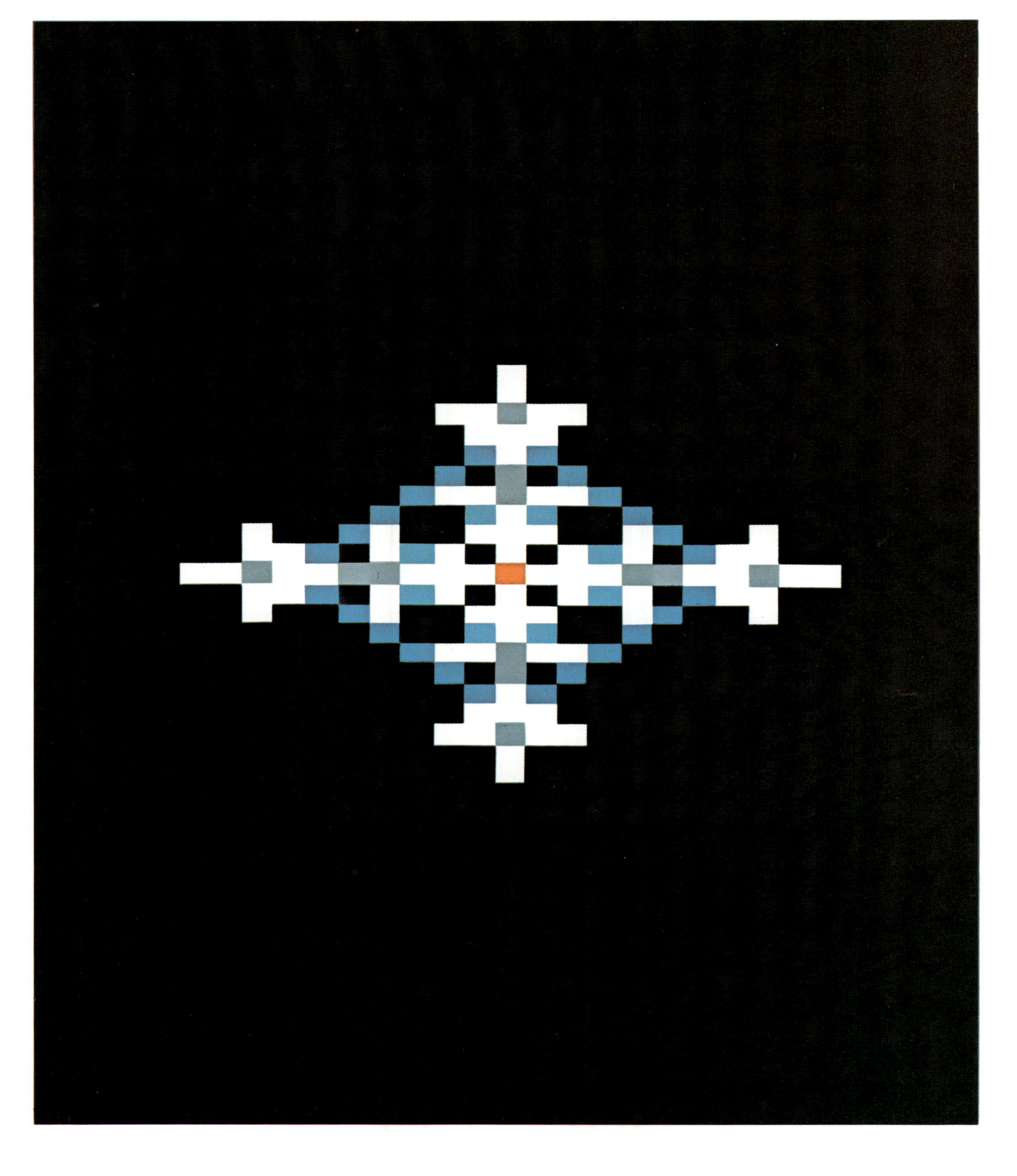

Die Umwandlungen durch Chaos

Im vorigen Kapitel tauchte — noch versteckt — ein neuer Aspekt der Chaosentwicklung auf: Die Wärme, die aus einer heißen Quelle abgezogen wird, stammt ja bei Motoren und Turbinen aus Brennstoffen. Wenn sie verbrennen, laufen chemische Reaktionen ab, die Energie freisetzen. Es ist nun an der Zeit, den Zweiten Hauptsatz auf solche chemischen Umwandlungen anzuwenden. Dabei werden wir auch etwas von der strukturbildenden Macht des Chaos kennenlernen, die andere Stoffe und letztlich sogar Leben entstehen läßt.

Die einfachste *physikalische* Umwandlung haben wir bereits erklärt: die natürliche Abkühlung eines heißen Körpers auf die Temperatur seiner Umgebung. Wir werden nun auch bei den chemischen Reaktionen, durch die eine Substanz in eine andere umgewandelt wird, entdecken, daß es sich auch hier letztlich um so etwas wie Abkühlen handelt. Wir wissen, daß Atome einer Substanz ihre Wärmebewegung chaotisch an die Umgebung abgeben und auf diese Weise Energie umverteilen können, so daß sich diese Substanz ohne weitere Umwandlung abkühlt. Bei einer chemischen Reaktion geht die Umverteilung der Energie noch weiter; Atome oder Gruppen von Atomen wechseln ihre Bindungspartner. Dadurch entstehen aus den ursprünglichen Substanzen neue. Sämtliche chemischen Reaktionen — einschließlich der lebenswichtigen Stoffwechselprozesse in unserem Körper — sind so gesehen ausgeklügelte Kühlmechanismen, und sogar unser Bewußtsein ist Folge einer fortschreitenden Abkühlung im Universum.

Abkühlung darf man dabei freilich nicht im engen Sinne eines Temperaturrückgangs verstehen. Was damit im thermodynamischen Sinn einer Energieumverteilung gemeint ist, wird schrittweise deutlich, wenn wir einige elementare Fragen für einfache chemische Reaktionen geklärt haben. Zunächst wollen wir untersuchen, warum manche Reaktionen spontan ablaufen und andere nicht. Wir müssen dabei zwei Dinge auseinanderhalten: Es ist eine Frage, wie stark Substanzen zu einer Reaktion neigen, und eine andere, wie schnell diese Reaktion dann abläuft. Beispielsweise neigen Wasserstoff und Sauerstoff dazu, miteinander zu reagieren, aber ein Gemisch aus diesen beiden Gasen bleibt unverändert, solange kein Funken die nötige *Anregungsenergie* für die Knallgasreaktion liefert. Nachdem wir diesen Unterschied berücksichtigt haben, werden wir feststellen, daß Reaktionsrichtung und -geschwindigkeit — auf unterschiedliche Weise — durch Energie und ihre dissipative Umverteilung bestimmt sind.

Wenn wir in diesem Kapitel verfolgen, wie sich Materie durch ,,Abkühlung`` umwandelt, werden wir auf eine Analogie zum Motor stoßen, bei dem Wärme in Arbeit umgesetzt, also Inkohärenz in Kohärenz umgewandelt wurde: Auch bei chemischen Reaktionen können Produkte mit mehr innerer Ordnung entstehen, als in den Ausgangssubstanzen vorhanden waren. Eine solche Umkehr des natürlichen Gangs der Dinge kann freilich nur *lokal* auftreten und geht mit der Entstehung einer größeren Unordnung an anderer Stelle Hand in Hand.

Chemische Umwandlungen

Wir wollen uns zunächst nur auf eine relativ einfache chemische Reaktion konzentrieren: das „Verbrennen“ — oder Oxidieren — von Eisen. Diese Umwandlung mag exotisch anmuten, denn Metalle verbrennen ja nicht wie Kohle unter Flammenentwicklung. Aber die Oxidation von Eisen setzt, genau wie die Verbrennung von Kohle, Energie frei — und sie ist auch nicht weniger alltäglich: Eisen „verbrennt“, indem es rostet. Auch wenn wir beim Atmen Luft holen, läuft eine vergleichbare Reaktion ab: Der Luftsauerstoff (lateinisch Oxygenium) wird an das Eisen im roten Blutfarbstoff Hämoglobin gebunden. (Die rote Farbe hängt beim Blut wie beim Rost übrigens mit dem Eisen in den Molekülen zusammen.) Wir könnten aufgrund einer Oxidation im Prinzip sogar eine Maschine entwickeln, die mit Eisen als Brennstoff betrieben wird — etwa eine Lokomotive, die ihr eigenes Eisen zum Fahren verbraucht. Die Natur hat uns hier längst überholt: Manche Reaktionen in unserem Körper laufen bereits teilweise mit diesem „Brennstoff“ ab.

Wie steht es mit der Abkühlung des Universums, wenn Eisen mit Sauerstoff reagiert? Um das zu beantworten, müssen wir etwas über die *chemischen Bindungen* wissen, die Atome zu einer bestimmten Anordnung zusammenschließen. Aufgrund ihrer atomaren Zusammensetzung kann man Moleküle, und das heißt: Substanzen, unterscheiden.

Aber warum verbinden sich Atome überhaupt? Weil in Verbindungen, die spontan entstehen und stabil bleiben, die Gesamtenergie des Moleküls geringer ist als die Summe aus den Energien aller einzelnen Atome. Die Energiebilanz für ein Molekül enthält zahlreiche komplizierte Beiträge, und die Stabilität der Bindungen hängt mit quantenmechanischen Einflüssen zusammen, die wir hier nicht im einzelnen darstellen wollen. Es genügt zu wissen, daß *Stabilität* einen Zustand kleinstmöglicher Energie auszeichnet, der spontan keine Energie mehr abgeben — und sich nicht weiter „abkühlen“ — kann. Bei mehreren Atomen gruppieren sich die negativ geladenen Elektronen und die positiv geladenen Kerne demnach stets so, daß insgesamt die energetisch günstigsten Anordnungen erreicht werden.

Moleküle kommen in allen Formen und Größen vor. Bei jedem Material setzen sich die Moleküle aus charakteristischen Atomen zusammen, die auch auf bestimmte Weise angeordnet sind. Am einfachsten ist das Wasserstoffmolekül aufgebaut, in dem zwei Wasserstoffatome aneinander gebunden sind. Ihre Kerne liegen etwa $7{,}5 \times 10^{-11}$ Meter auseinander — ein Abstand, den man als

Zwischen zwei Molekülen (links) kann eine stabile Bindung entstehen (rechts), wenn die Gesamtenergie der Verbindung geringer ist als die Summe aus den Energien der Reaktionspartner. Man braucht dann Energie, um diese Bindung wieder zu lösen, die sogenannte Bindungsenergie.

Moleküle kommen in allen Formen und Größen vor. Das kleinste und einfachste ist das Wasserstoffmolekül (H_2), das sich aus zwei (hier weiß dargestellten) Wasserstoffatomen (H) zusammensetzt. Sauerstoff kommt in der Luft als zweiatomiges Molekül (O_2) vor (die Sauerstoffatome sind hier rot gekennzeichnet). Wasser ist eine dreiatomige Verbindung H—O—H oder abgekürzt: H_2O. Bei der unteren Kette handelt es sich um Dekan, eine Kohlenwasserstoffverbindung im Erdöl, die sich wie folgt zusammensetzt: $CH_3CH_2CH_2CH_2CH_2CH_2CH_2CH_2CH_2CH_3$. Die Summenformel ist $C_{10}H_{22}$. Die Kohlenstoffatome sind bei dem Kalottenmodell dunkelgrau wiedergegeben. (Für die drei Elemente werden wir von nun an im Modell stets dieselben Farben benutzen wie in dieser Abbildung.)

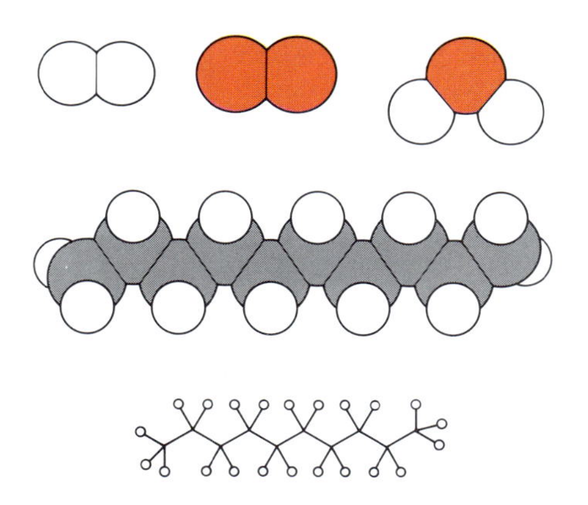

Bindungslänge bezeichnet. Ein Sauerstoffmolekül ist ebenfalls zweiatomig; hier beträgt die Bindungslänge für die beiden Sauerstoffatome rund $1{,}2 \times 10^{-10}$ Meter. Wir können diese Moleküle anhand des sogenannten Kalottenmodells darstellen — wie es in der Abbildung links auf dieser Seite gezeigt ist. Das Sauerstoffatom (O) ist mit seinen acht Elektronen (und acht Protonen im Kern) größer als das Wasserstoffatom (H), das nur aus einem Proton und einem Elektron besteht.

In Molekülen sorgen die elektrostatischen Anziehungskräfte zwischen den positiv geladenen Protonen der Atomkerne und den negativ geladenen Elektronen für eine stabile Bindung. Das Wasserstoffmolekül (H_2) wird durch die elektrostatischen Wechselwirkungen von nur zwei Protonen und zwei Elektronen zusammengehalten.

Metallisches Eisen kann man sich als eine Anordnung positiv geladener Ionen (blau) vorstellen, die von einem Elektronengas umgeben sind. Die Elektronen können dann frei durch das Ionengitter wandern.

Dagegen sind in einem Metall wie Eisen Myriaden von Atomen beteiligt, mit der Folge, daß von den unzähligen Elektronen nicht alle fest an einen Kern gebunden sind. Einige können sich frei bewegen und wirken wie ein Leim zwischen den Atomen, die genau genommen Ionen• sind. Die hohe Kernladung des Metalls hält aber die inneren Elektronen so fest zusammen, daß sie nicht von ihrem Mutteratom entweichen können. Wir können uns ein Eisenstück als einen Stapel aus nahezu kugelförmigen Ionen vorstellen, die von einer Wolke aus frei beweglichen Elektronen umgeben sind — jenen wenigen, die sich von ihrem Mutteratom trennen konnten. Sie bilden ein sogenanntes *Fermigas*. Auch wenn jedes Atom nur wenige Elektronen abgeben kann, summiert sich die Gesamtzahl bei vielen Mutteratomen ganz beträchtlich. Immerhin enthält ein Kilogramm Eisen mehr als 10^{25} Atome.

• Ein Ion ist ein Atom, das Elektronen verloren oder hinzubekommen hat und deshalb eine elektrische Ladung trägt. Die Eisenionen sind positiv geladen, weil sie Elektronen verloren haben.

Wir kennen nun die Ausgangssubstanzen unserer Oxidationsreaktion: Sauerstoff ist ein Gas aus einzelnen O_2-Molekülen, ein Schwarm winziger Teilchen. Eisen ist dagegen ein Metall aus vielen übereinandergestapelten Ionen, die durch das Elektronengas zusammengehalten werden. Die Elektronen können sich in einem See von möglichen Zuständen, dem *Fermisee*, bewegen und frei im Metall umherwandern. Sie sind für die charakteristischen Eigenschaften von Eisen und anderen Metallen verantwortlich, zum Beispiel die elektrische Leitfähigkeit, den metallischen Glanz oder die Formbarkeit. Man kann Eisen walzen und hämmern, um aus einem Block ein Formblech herzustellen, weil sich die Ionenstapel aneinander vorbei schieben lassen.

Das Eisenoxidgitter in schematischer Darstellung: Die positiv geladenen Eisenionen (blau) und die negativ geladenen Sauerstoffionen (rot) werden durch elektrostatische Wechselwirkungen zusammengehalten.

Soviel zu Eisen und Sauerstoff. Jetzt müssen wir uns die Substanz ansehen, die aus ihrer Verbindung hervorgeht: Eisenoxid, das wir gewöhnlich Rost nennen. Es ist sozusagen die Asche aus der Verbrennung von Eisen, bestehend aus Eisen- und Oxidionen; hinter den Oxidionen verbergen sich Sauerstoffatome, die ein paar Elektronen hinzugewonnen haben und deshalb negativ geladen sind.• Die positiven Eisenionen und die negativen Oxidationen bleiben durch ihre elektrostatische Anziehung aneinander gebunden.

Beim Aufbau der Moleküle von Sauerstoff, Eisen und Eisenoxid ist für unsere Überlegungen entscheidend, daß jeweils verschiedene Energien in den verschiedenen Substanzen gespeichert sind. Bei der chemischen Umwandlung von Substanzen ändert sich der Energieinhalt. Wenn wir nun die Analogie zu den abweichenden Energien in einem heißen und kalten Stück Eisen heranziehen, wird deutlich, warum chemische Reaktionen Kühlprozessen entsprechen können: Es werden verschiedene Zustände mit abnehmenden Energien durchlaufen. Beim heißen und kalten Eisen weichen die physikalischen Wärmeenergien bei ein- und derselben Substanz ab; die chemische Umwandlung betrifft Änderungen der Energie und der Art ihrer Speicherung.

• Um genauer zu sein, wollen wir das Verbrennungsprodukt als Eisen-III-oxid ansehen, eine feste Substanz aus dreifach positiv geladenen Eisenionen, Fe^{3+}, und negativ geladenen Sauerstoffionen, O^{2-}. Die Reaktion für die Oxidation lautet: $4\,Fe + 3\,O_2 = 2\,Fe_2O_3$. Bei unserer weiteren Diskussion wird es um diese Reaktion gehen.

Die Oxidation von Eisen

Chemische Reaktionen sind zwar komplizierte Prozesse, aber das jeweilige Prinzip läßt sich an vereinfachten *Modellen* für den Reaktionsablauf erkennen. Wir wollen uns auf das Wesentliche beschränken und uns nicht in Einzelheiten verlieren. Unser Modell beansprucht gar nicht, die Kette der Ereignisse vollständig bis in jedes Detail zu beschreiben. Zum Beispiel lassen wir dahingestellt, wie jedes kurze ,,Aufglühen'' eines einzelnen Atoms zum ,,Verbrennen'' von Eisen beiträgt.

Das Modell für die Reaktion von Eisen und Sauerstoff ist in den vier Abbildungen auf dieser Seite gezeigt. Im Metall schwingen die Ionen kräftig hin und her, so daß ihre Abstände ständig variieren. Ein Ion kann in einem Moment ungewöhnlich dicht an seinen Nachbarn heranrücken, um im nächsten Moment auf extreme Distanz zu gehen. Diese Schwingungen zeigen die charakteristischen Merkmale einer thermischen Bewegung. Bei hohen Temperaturen sind sie so stark, daß ein Ion vielleicht weite ,,Ausflüge'' von seinen Nachbarn unternehmen kann.

Die Sauerstoffmoleküle schwirren als typische Gasteilchen wahllos durcheinander. Zusätzlich vibrieren sie: Die beiden Atome eines Moleküls bewegen sich regelmäßig aufeinander zu und wieder voneinander weg. Das heißt, die Bindungslänge wird periodisch verkürzt und verlängert. Diese Schwingung ist eine weitere Form der Energiespeicherung, und mit steigender Gastemperatur wird auch sie heftiger.

Von den Sauerstoffmolekülen gelangen viele an die Oberfläche des Eisens, aber nur für eines davon wollen wir das weitere Schicksal verfolgen. Sofern der Eisenblock warm genug ist und der Aufprall hinreichend heftig erfolgt, können einige Ionen weit auseinanderrücken und an der Oberfläche gleichsam Nischen bilden, in denen das Sauerstoffmolekül stecken bleibt. Wenn

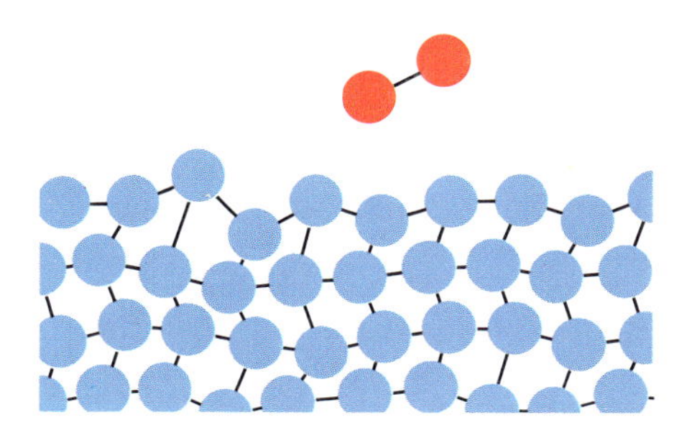

Der Anfangszustand bei der Oxidation von Eisen: Die Eisenionen schwingen um eine mittlere Position, so daß sich Abstände (schwarze Linien) ständig verändern. Sauerstoffmoleküle, die selbst ebenfalls vibrieren und sich zudem um die Bindungsachse verdrehen, bewegen sich auf die Metalloberfläche zu.

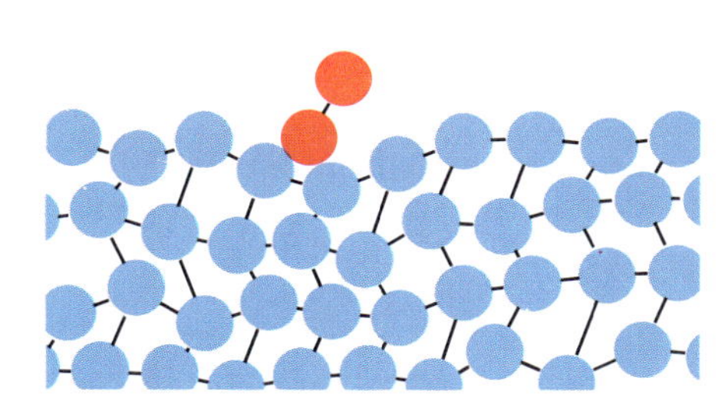

Die zweite Szene. Ein Sauerstoffmolekül trifft auf die Oberfläche. Je heftiger es aufprallt, desto eher werden die alten Bindungen aller betroffenen ,,Nachbarn'' gelockert.

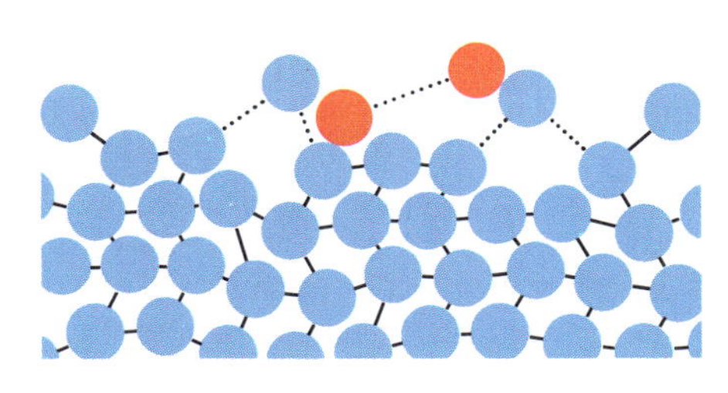

Die dritte Phase: Das Sauerstoffmolekül schiebt sich zwischen Eisenionen in der näheren Umgebung; es kommt zu großen Schwankungen der Bindungslängen und auch beim Sauerstoffmolekül selbst. (Die Wahrscheinlichkeit, daß dabei große Abstände auftreten, hängt von der in diesem Bereich verfügbaren Energie ab.) Durch diese Umverteilung der Positionen können sich die Sauerstoffatome hier an Eisenionen anschließen.

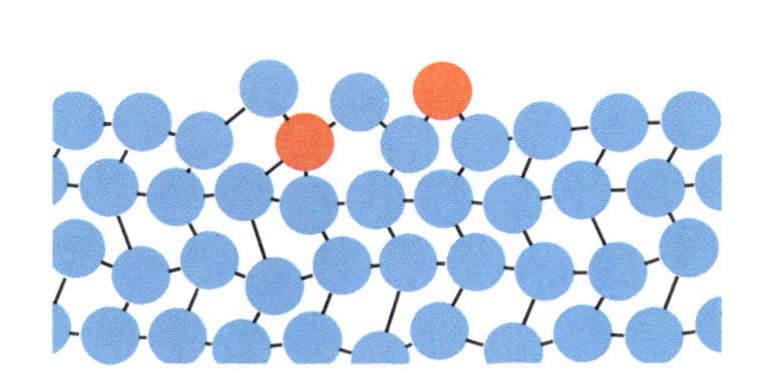

Im Endzustand haben sich die Atome so verbunden, daß eine energiearme Anordnung entstanden ist: Ein Teil der ursprünglich in Bindungen gespeicherten Energie wurde freigesetzt. Sauerstoff- und Eisenionen sind eine stabile Verbindung eingegangen: Eisenoxid. Das Eisenstück hat auf diese Weise begonnen zu rosten.

seine Bindungslänge momentan groß und der Abstand zum nächsten Eisenion sehr klein ist, können die Sauerstoffatome getrennt werden. Diese Anordnung kann man als den Beginn einer neuen Bindung zwischen Eisen und Sauerstoff und als Ende der ursprünglichen Eisen- beziehungsweise Sauerstoffbindungen ansehen. Durch den chemischen Partnerwechsel wird Energie frei, sofern die neue Bindung stärker ist als die alte. Die freigesetzte Energie wird von den Nachbarteilchen aufgenommen, die nun verstärkt schwingen. (Die Zahl der AN-Zustände nimmt zu.) Da diese Teilchen wiederum mit ihren Nachbarn zusammenprallen, verteilt sich die Energie sehr rasch, und an der Reaktionsstelle bleiben die Atome in ihrer neuen Anordnung gefangen: Ein Eisenion, das von seinen Nachbarionen getrennt wurde, kann nicht mehr zurück, weil dazu Energie gebraucht wird; ebenso bleibt ein halbiertes Sauerstoffmolekül halbiert. Aus dem Eisenblock wird nach und nach Eisenoxid. Es kann sich nicht spontan in den früheren Zustand zurückwandeln, weil die erforderliche Energie fehlt. Genau wie beim Abkühlen auf niedrigere Temperaturen ist die Wahrscheinlichkeit, daß sich plötzlich genug Energie aufstaut, so gering, daß wir die Verbindung von Eisen und Sauerstoff als stabil ansehen können. Mag der Boltzmannsche Dämon die Energie weiterhin umorganisieren und umordnen, er wird es kaum jemals schaffen, sie wieder genau dort zu konzentrieren, wo sie Eisen und Sauerstoff aus ihrer Bindung lösen könnte. Das Eisen ist und bleibt „verbrannt“.

Damit sind wir am entscheidenden Punkt: Die Reaktion kann sich spontan genauso wenig umkehren wie das Abkühlen von heißem Eisen. Indem die Reaktionspartner ihre Plätze wechselten und dabei Energie freisetzten, brachten sie das Universum in einen wahrscheinlicheren Zustand; es kann also nicht in seinen Ausgangszustand zurückkehren. Der Dämon mag sich ewig abmühen, es führen nur so wenige Zufallsanordnungen zur Ausgangssituation der beiden Reaktionspartner zurück, daß er die Bindung praktisch nie auflösen kann.

Hinzu kommt noch ein weiterer wichtiger Punkt: Die Reaktionsprodukte besitzen weniger innere Energie als die ursprünglichen Reaktionspartner; die höhere *Bindungsenergie* der Produkte bedingt eine geringere Gesamtenergie, als sie der Summe der Energien von allen Reaktionspartnern entspricht. Diese Abnahme an innerer Energie führt in der Umgebung der Reaktion zu einem Überschuß, der die Wärmebewegung verstärkt. Hier drängt sich die Analogie eines Balls auf, der einen Hang hinunterrollt und dabei immer der Richtung des größeren Gefälles folgt. Aber der Vergleich hinkt: Die Reaktionsrichtung ist *nicht* unmittelbar mit der Bindungsenergie verknüpft. Die Endprodukte haben zwar eine geringere Energie als die freien Reaktionspartner, aber das ist nicht die *Ursache* der Reaktion. Die Energie des Universums bleibt konstant, so daß es durch die Reaktion nicht in einen energieärmeren Zustand übergeht. Tatsächlich hat sich nur etwas Energie, die zu Beginn auf kleinerem Raum konzentriert war, umverteilt. Und diese chaotische, wahllose und ungerichtete Energieausbreitung ist die treibende Kraft für eine natürliche Umwandlung, sei es nun eine chemische Reaktion oder eine physikalische Änderung.

Aber hat sich die Energie bei der Oxidation wirklich über einen größeren Raum gleichmäßiger verteilt? Diese Frage führt zu komplexen Vorgängen bei chemischen Umwandlungen, die schwieriger zu durchschauen sind als physikalische Veränderungen. Wir wollen das genauer untersuchen.

Wenn ein kleiner Eisenwürfel verrostet, reagiert er mit mehreren Litern Sauerstoff. Ein Kilogramm Eisen verbraucht, bis es im Freien (unter atmosphärischen Bedingungen) vollständig oxidiert ist, ungefähr 300 Liter Sauerstoff. Übrig bleibt dann ein kleiner Haufen Rost, in dem Sauerstoffmoleküle enthalten sind, die sich ursprünglich über einen viel größeren Raum verstreuten. Bei der Umverteilung der Bindungen wurde zwar Energie frei, die sich ziellos überall hin verteilt hat, aber mit der Anhäufung von Sauerstoffatomen im Rost wurde eben auch ein Großteil der Energie von 300 Litern Sauerstoff in nurmehr einem Liter Eisenoxid konzentriert.

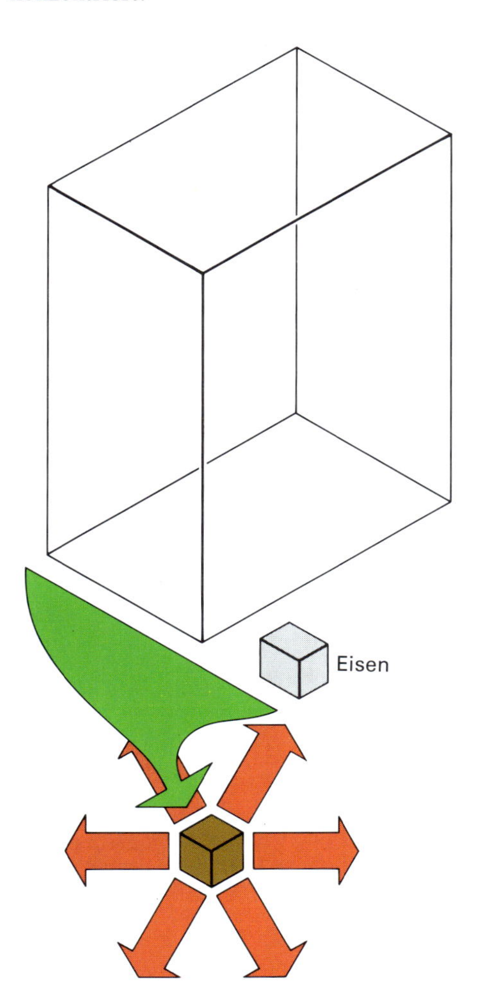

Ob sich bei der Reaktion insgesamt mehr Energie zerstreut als gesammelt hat, hängt vom Ausgang eines Wettstreits zwischen konkurrierenden Prozessen ab. Einerseits wird die Energie lokal gesammelt, wenn die Gasmoleküle im Endprodukt ,,gefangen'' bleiben, andererseits verteilt sich die überschüssige Energie diffus im Raum. Wir müssen das Kommen und Verschwinden von ,,Chaos'' in Zahlen fassen, um das Problem zu lösen.

Dazu können wir auf frühere Überlegungen zurückgreifen, um das Grundprinzip zu erläutern — ohne die Einzelheiten genauer zu klären.

Wenn die Bindungsenergie neu verteilt wird und ein Überschuß an die Umgebung fällt, steigt die Entropie, und zwar um den Betrag Wärmezufuhr/Temperatur. Da man die Energie, die bei einer Reaktion als Wärme frei wird, ohne weiteres messen kann, läßt sich dieser Beitrag zum Chaos ebenfalls leicht berechnen.

Zur Entropieänderung kommt ein Beitrag durch die chemische Umwandlung der Substanzen hinzu: Wenn gasförmiger Sauerstoff verschwindet und das Eisen rostet, geht ja nicht nur Substanz verloren, sondern wir gewinnen ja einen komplexen Festkörper, der sich auf geordnete Weise aus Ionen aufbaut. So kompliziert die Umwandlungen auch ablaufen, man kann die Entropieänderungen der beteiligten Substanzen ohne weiteres messen (wir brauchen dazu nur die Formel auf Seite 28). Für eine Reaktion läßt sich die Entropieänderung also abschätzen, indem wir sie für die Reaktionspartner und die Endprodukte bestimmen und die Differenz bilden.

Die Energiebilanz bei der Oxidation von Eisen weist zwei konkurrierende Prozesse aus: Die Reaktion setzt einerseits Energie frei, die sich nach allen Seiten ausbreitet (die roten Pfeile), aber andererseits konzentriert sich Energie aus einem anfangs großen Gasvolumen auf einen kleinen Haufen Rost (grüner Pfeil): Die Sauerstoffmoleküle bringen ja innere Energie mit in die neue Verbindung.

Dabei stellt sich heraus, daß die Entropie während der Oxidation abnimmt! Das liegt zum Teil daran, daß der Sauerstoff im Eisenoxid fest gebunden ist; darüber hinaus haben sich die Bindungsenergien verändert. Physikalisch betrachtet sind die Reaktionsprodukte nicht nur ,,geordneter'' als die ursprünglichen Substanzen, sondern sie sind auch energieärmer. Sie haben daher auch die geringere Entropie.

Die Entropieabnahme des Systems, das die beteiligten Substanzen bei der chemischen Reaktion bilden, ist freilich weitaus geringer als die Entropiezunahme in der Umgebung. Tatsächlich entspricht sie nur etwa einem Zehntel dieses Zuwachses. Die Reaktion setzt nämlich viel Energie frei (weil die Bindungen zwischen Eisen und Sauerstoff relativ stark sind) und erzeugt in ihrer Umgebung ein großes Durcheinander. Insgesamt nimmt also das Chaos in der Welt zu, wenn Eisen oxidiert wird. So gesehen sind Stahlwerkzeuge eigentlich instabil, und wenn der Rost ein Auto buchstäblich zerbröseln läßt, ist das thermodynamisch nur folgerichtig.

Entropiebilanz: Kühlen versus Heizen

Wenn bei einer chemischen Reaktion ein Endprodukt mit höherer Ordnung (und geringerer Entropie) entsteht — während in der Umgebung das Chaos wächst, ähnelt das den Entropieänderungen bei der Arbeitsgewinnung aus Wärme. Bevor wir darauf genauer zurückkommen, wollen wir uns in einem ersten Schritt mit einem trügerischen, aber doch gutartigen Erscheinungsbild in der Natur befassen: Chemische Kühlung kann — in einer besonders bizarren Chaosumwandlung — durchaus einer Wärmezufuhr entsprechen.

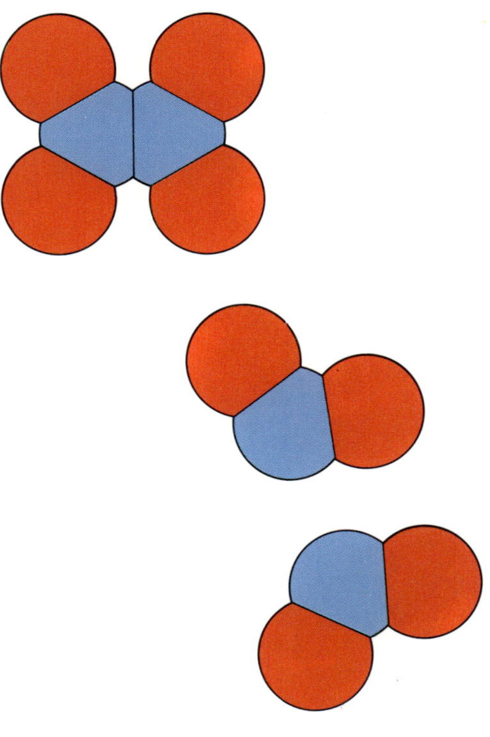

Ein Beispiel für die Reaktion $A_2 \rightarrow 2A$ ist die Dissoziation von Distickstofftetroxid (links), das durch eine Bindung zwischen zwei Stickstoffatomen (blau) zusammengehalten wird. Dieses N_2O_4-Molekül zerfällt in zwei Moleküle Stickstoffdioxid (NO_2).

Das verdeutlichen einige chemische Reaktionen, bei denen ein Molekül zerfällt. Im einfachsten Fall könnte es in zwei gleiche Bestandteile — nennen wir sie A — auseinanderbrechen: A—A→2A. Wir wollen annehmen, daß sowohl A als auch A—A (oder kurz: A_2) Gase sind•. Außerdem wollen wir voraussetzen, daß Druck und Temperatur während der Reaktion in der Gasprobe konstant bleiben.

Unter welchen Voraussetzungen kann eine solche Reaktion überhaupt ablaufen? Natürlich muß zunächst Energie vorhanden sein, um die Bindung A—A aufzubrechen. Selbst wenn die Bindung schwach ist, fallen die Atome nicht ohne weiteres auseinander. Anders als bei der Oxidation von Eisen entstehen jedoch keine neuen Bindungen, und folglich wird keine Energie frei, die weitere A_2-Moleküle aufbrechen könnte. Um die Reaktion $A_2 \rightarrow A$ aufrecht zu erhalten, muß man der Probe Energie zuführen. In diesem Falle haben die Endprodukte insgesamt eine höhere Energie als die Ausgangssubstanz.

Energie kann sich auch dann bei einer Dissoziation ausbreiten, wenn sie für die Reaktion von außen einfließt (rote Pfeile). Das ist hier für eine Reaktion dargestellt, bei der für einen konstanten Druck gesorgt ist — weil das Volumen vergrößert wurde. Dadurch verteilt sich die Energie der Reaktionsprodukte über einen größeren Raum.

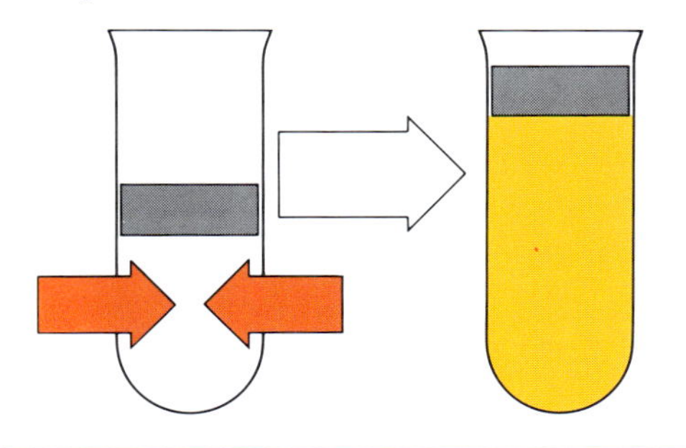

• Ein Beispiel dafür ist der Zerfall von Distickstofftetroxid (N_2O_4) in Stickstoffdioxid (NO_2), bei dem folgende Reaktion abläuft: $O_2N—NO_2 \rightarrow 2NO_2$. Die Gase N_2O_4 und NO_2 unterscheiden sich in der Farbe, so daß sich der Reaktionsablauf leicht verfolgen läßt: Die Probe aus N_2O_4 ist farblos, bis das dunkelbraune NO_2 entsteht.

In unserem Bild des rollenden Balls müßten die Reaktionspartner einen Hügel hinaufrollen, um den höheren Energiezustand zu erreichen, was spontan natürlich nicht geschieht. Aber man kennt auch Reaktionen des Typs $A_2 \rightarrow 2A$, die offenbar sehr wohl ablaufen können!

Wir haben bereits betont, daß eine Reaktion durch eine Verminderung der Energiequalität — nicht der Energie — zustande kommt. Nicht die Quantität, sondern die Qualität nimmt ab. Wir müssen die verschiedenen Wege aufspüren, auf denen sich Energie umverteilt und zerstreut, und herausfinden, inwieweit sie zum Chaos beitragen. Insbesondere kann sich Energie auch dissipativ zerstreuen, indem sie in ein System hineinfließt. In gewissem Sinne mag dabei eine Energiezufuhr mit einer Abkühlung einhergehen!

Bei der Reaktion $A_2 \rightarrow 2A$ nimmt zunächst einmal das Chaos in der Umgebung ab, weil von dort Wärmeenergie in die Probe wandert, wo sie die Bindungen zwischen den A-Molekülen aufbricht. Dies entspricht einer Entropieabnahme in der Umgebung.

Wenn innerhalb der Probe eine Bindung aufgelöst ist, tauchen nun anstelle des einen Moleküls zwei auf. Sofern keine weiteren Umwandlungen zustande kommen, verdoppelt diese *Dissoziation* die Zahl der Teilchen, die sich nun innerhalb des gleichen Volumens zusammendrängen. Dadurch steigt auch der Druck auf das Doppelte (weil der Gasdruck auf Teilchenstößen beruht und sich deren Häufigkeit mit der Teilchenzahl verdoppelt). Um den ursprünglichen Druck aufrecht zu erhalten, müssen wir auch das Volumen der Gasprobe verdoppeln. Dann aber breiten sich die Reaktionsprodukte (mitsamt ihrer Energie) aus, und die Entropie nimmt in der Probe zu.

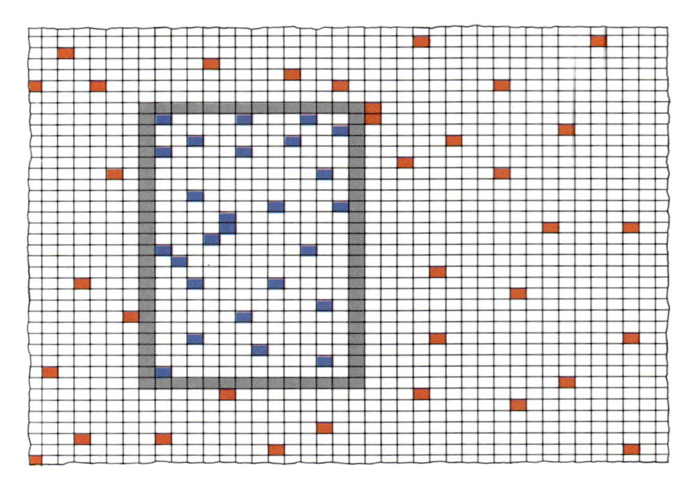

In diesem Stadium können wir drei Beiträge zur Entropieänderung im thermodynamischen Universum unterscheiden. Zunächst einmal haben A_2-Moleküle eine andere Entropie als A-Moleküle — ähnlich, wie wir es auch bei Eisen und Eisenoxid gesehen hatten. Dies läßt sich messen. Wenn sich ein A_2-Molekül (bei konstantem Druck und Temperatur) in zwei A-Moleküle umwandelt, kann die Entropie — je nach chemischer Verbindung — wachsen oder sinken; im zweiten Fall wird die Differenz zwischen den Entropien von 2A und A_2 (die man messen oder in einer Tabelle nachschlagen kann) negativ.

Der zweite Beitrag zur Entropieänderung ergibt sich aus dem Volumen, das die Reaktionspartner beziehungsweise ihre Produkte beanspruchen. Bei der Reaktion $A_2 \rightarrow 2A$ ist er positiv, weil das Endprodukt mehr Raum einnimmt als der Ausgangsstoff.

Der dritte Beitrag beruht auf den Veränderungen in der Umgebung. Aus ihr wird in unserem Beispiel Energie abgezogen, um

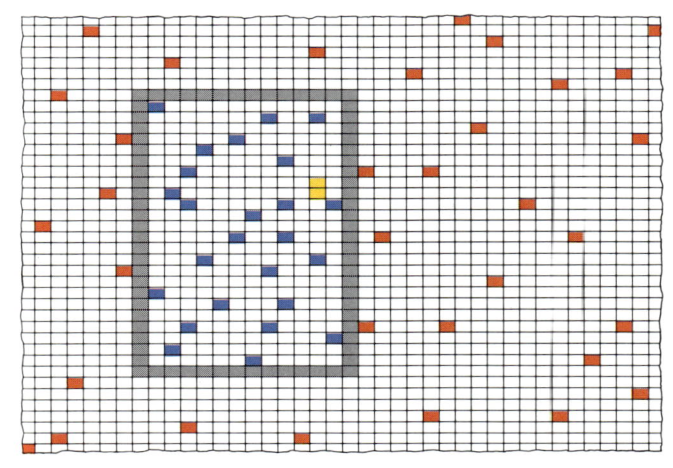

Die Dissoziation $A_2 \rightarrow 2A$ im Modell des Mark II-Universums. Während der Reaktion strömt Energie in das System aus A_2-Molekülen (blau) ein. Damit sie in je zwei A-Moleküle dissoziieren (gelbe Felder rechts), muß Energie aus der Umgebung eindringen. Dadurch sinkt außerhalb des Systems die Entropie.

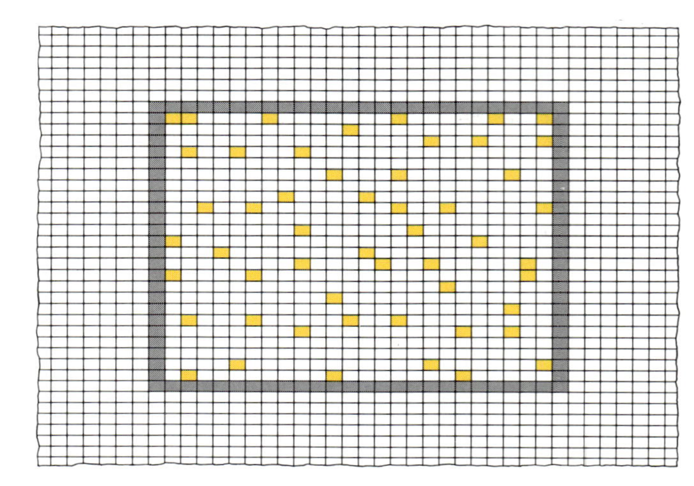

Ein konstanter Druck läßt sich bei der Dissoziation $A_2 \rightarrow 2A$ erreichen, wenn das Volumen zunimmt. Hier ist das für die vollständig dissoziierten Reaktionsprodukte dargestellt; da aus 26 A_2-Molekülen 52 A-Moleküle werden, muß das Volumen verdoppelt werden, damit der Druck bei gleichbleibender Temperatur konstant bleibt.

die Bindung A—A aufzubrechen. Die Entropieänderung ist also negativ — in der Umgebung sinkt die Entropie.

Die drei Beiträge können sich insgesamt zu positiven oder negativen Entropieänderungen summieren. Zum Beispiel ergibt sich für die Reaktion $O_2N—NO_2 \rightarrow 2NO_2$ insgesamt eine

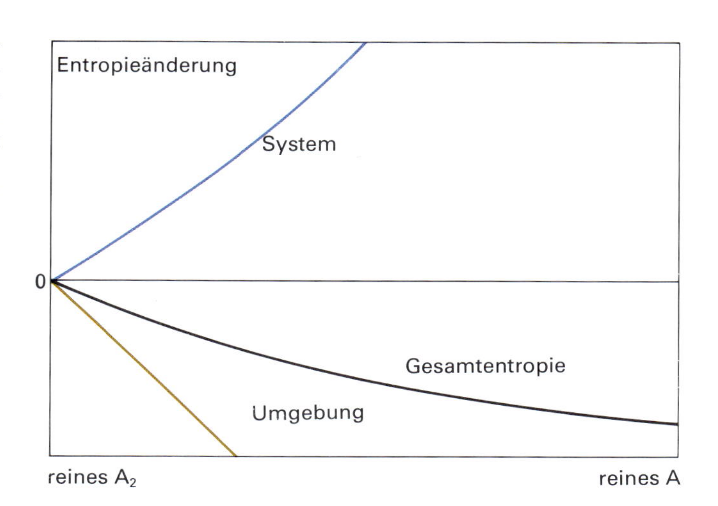

Bei der Dissoziation $A_2 \rightarrow A$ nimmt die Entropie in der Umgebung rascher ab, als sie im System durch Volumenvergrößerung und die Entropiewerte der beteiligten Moleküle wächst. Demnach müßte die Entropie insgesamt absinken. Die A_2-Moleküle könnten nicht zerfallen, weil die Entropie bei reinem A_2 maximal wäre. Tatsächlich gibt es im System eine weitere Entropiezunahme, wie die nächste Abbildung zeigt.

negative Gesamtänderung. Aber eine Reaktion, die spontan abläuft und gleichzeitig die Entropie des Universums verringert, kann es nach der Boltzmanngleichung nicht geben!

Offenbar haben wir einen Beitrag zur Entropie vergessen. Tatsächlich dürfen wir uns nicht auf die Umwandlung einer *reinen* Substanz A_2 in ein völlig reines Produkt aus A-Molekülen beschränken, wie wir es stillschweigend getan haben, sondern wir müssen berücksichtigen, daß in der Probe ein *Gemisch* aus A_2- und A-Molekülen entsteht. Die Dissoziation läuft ja nicht schlagartig, sondern allmählich ab, so daß dabei immer beide Molekülsorten im Reaktionsvolumen vorhanden sind. Die Entropie ist bei einem solchen Gemisch größer als bei einer reinen

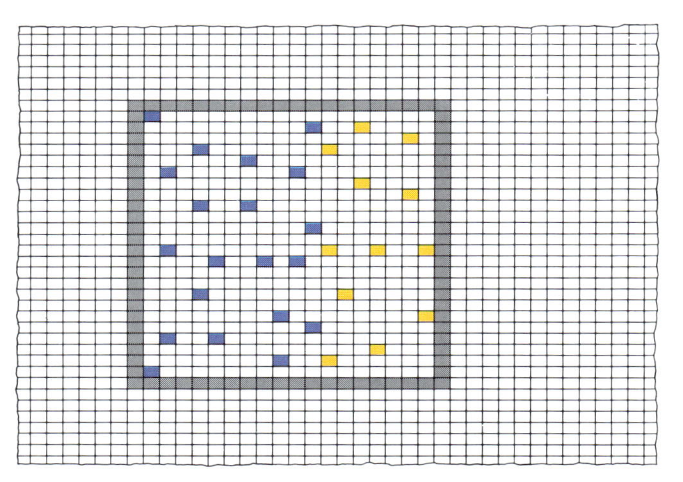

Während der Dissoziation bleiben die beiden Komponenten A_2 und A des Gemischs nicht getrennt, wie es in diesem Modellzustand der Fall ist. Nur wenn eine solche Trennung vorläge, wären die Kurven der vorigen Abbildung zutreffend. Tatsächlich müssen wir eine Mischungsentropie berücksichtigen.

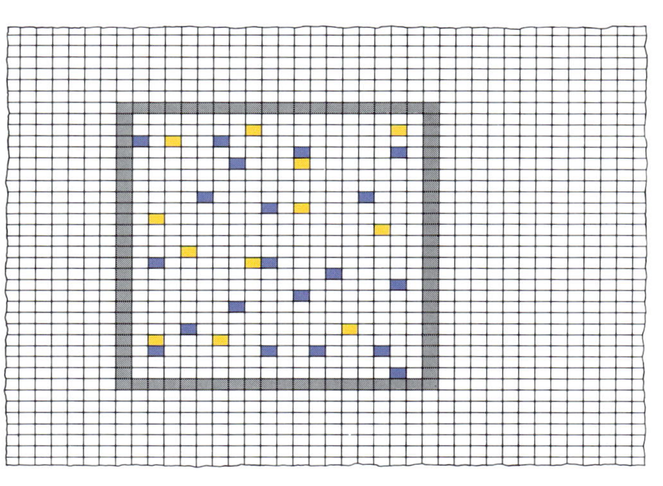

Wenn sich Teilchen zweier Gase spontan vermischen, nehmen Entropie und Chaos zu. Dies muß bei der Entropieberechnung für die Dissoziationsreaktion berücksichtigt werden. Wie groß dieser Beitrag zur Entropie im Einzelfall ist, hängt jeweils vom Mengenverhältnis der beiden Gase ab.

Substanz. Wenn sich also zwei Gase spontan verbinden, entsteht ein Gemisch aus Reaktanden und Reaktionsprodukten, das Chaos und Entropie des Universums vermehrt.

Solange nur reines A_2 vorliegt und sich nichts mischen kann, gibt es auch noch keine *Mischungsentropie*. Und wenn sämtliche Moleküle bei der Reaktion auseinanderfallen

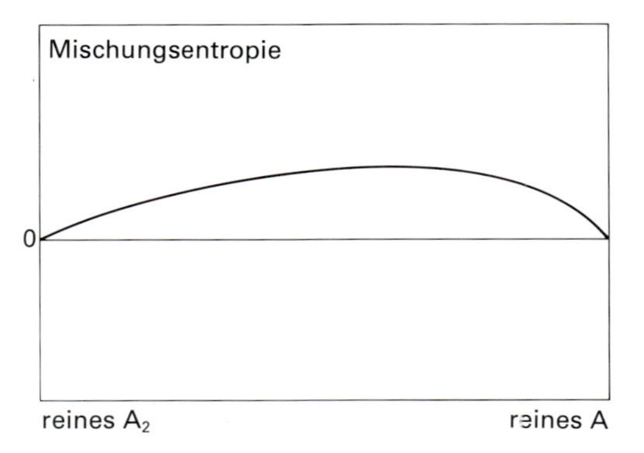

Die Mischungsentropie steigt während der Dissoziation von A_2 vom Anfangswert Null (wenn nur eine Molekülart vorhanden ist) auf ein Maximum. (Die Horizontalachse gibt den molaren Anteil der A-Moleküle im Gasgemisch an.)

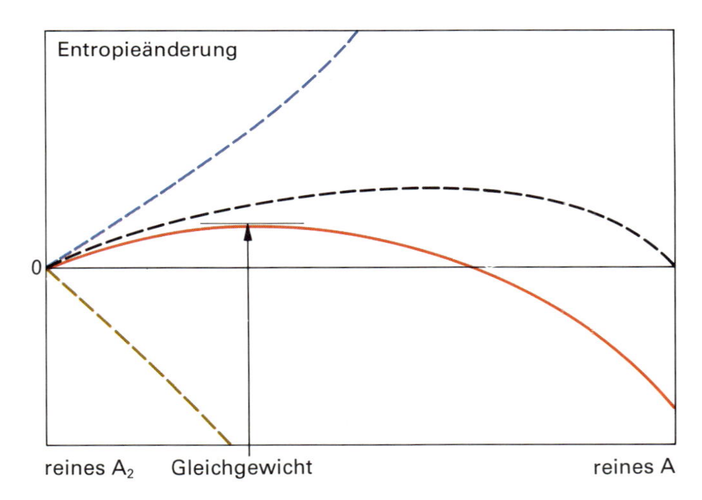

Die Entropiebeiträge bei der Dissoziation einschließlich Mischungsentropie. Die Entropieabnahme in der Umgebung (braune gestrichelte Linie) wird nun durch die Zunahmen im System — Volumen plus Entropiewerte der beteiligten Substanzen (blau) und ihrer Mischungsentropie (schwarz) — kompensiert, so daß die Gesamtentropie (rot) ein deutliches Maximum aufweist. Es entspricht einem Gleichgewichtszustand des Reaktionsgemischs, der sich bei einem ganz bestimmten Verhältnis von A_2- und A-Molekülen einstellt. Unabhängig von der Anfangszusammensetzung strebt das Gemisch diesen Zustand an; das heißt, reines A wird durch die Reaktion $2A \rightarrow A_2$ den Entropiehügel sozusagen von rechts erklimmen.

würden, wäre wiederum nur eine reine Verbindung, nämlich A, vorhanden und kein zusätzliches Chaos zu erwarten. Nur während in einer Übergangsphase nimmt im Gemisch aus A_2- und A-Molekülen die Entropie zu. Dieser Anstieg endet bei einem Maximum, wenn A_2-und A-Moleküle in annähernd gleichen Verhältnissen vorkommen.

Bei der Reaktion $A_2 \rightarrow 2A$ tragen zur Änderung der Gesamtentropie also vier Mechanismen entscheidend bei: die chemische Umwandlung der Moleküle, die Volumenänderung des Reaktionssystems, der Energieentzug aus der Umgebung und schließlich die Mischungsentropie. Wie die Abbildung oben auf dieser Seite zeigt, läßt der letzte Beitrag die Gesamtentropie zwischenzeitlich ansteigen (im Gegensatz zur Kurve auf Seite 103 oben). Das kleine Entropiemaximum (rote Kurve) wird in unserem Beispiel nach dem ersten Drittel der intermediären Phase erreicht.

Anhand dieses Kurvenverlaufs können wir verfolgen, was bei der Reaktion vor sich geht und wie sie gleichsam selbst entscheidet, wann die Umwandlung abgeschlossen wird. Wenn die Dissoziation bei reinem A_2 eingesetzt hat, nimmt das Chaos im Universum zu, weil die Mischungsentropie in dieser Phase ein entscheidender Beitrag ist. Durch diese Zunahme der Umordnung wird die Reaktion angetrieben. Aber nicht alle A_2-Teilchen fallen auseinander, denn hierfür müßte die Gesamtentropie wieder abnehmen, wenn sich das Gemisch in ein reines Endprodukt verwandelt. Deshalb bricht die Reaktion bereits ab, wenn ein bestimmter Teil der A_2-Moleküle zerfallen ist. (Wie groß das Mengenverhältnis von A_2 und A ist, hängt unter anderem von den Temperatur- und Druckbedingungen ab.) Das System befindet sich an diesem Punkt in einem *dynamischen* Gleichgewicht. Das ist ein sehr wahrscheinlicher thermodynamischer Zustand mit hoher Entropie, in dem das Universum ,,gefangen'' bleibt. Der Dämon kann bei seinem Treiben nicht nur Energie umverteilen (wobei sein Spielraum in der

Umgebung geringer ist, weil sich dort mehr Atome im AUS-Zustand befinden), sondern es steht ihm auch frei, die Teilchen in einem physikalischen Sinne neu anzuordnen: Dazu kann er das größere Volumen ausnutzen, das dem System (wegen des konstant gehaltenen Drucks) zugänglich ist, und die Durchmischung der verschiedenen Molekülsorten verändern. Freilich wird es dem Dämon kaum gelingen, wieder reines A_2 in der anfänglichen Häufigkeit in das Ausgangsvolumen zurückzubringen. Die Wahrscheinlichkeit dafür ist so gering, daß die Veränderungen in der reinen Ausgangssubstanz (A_2) zum Gemisch (A_2 und A) dann praktisch *irreversibel* bleiben.

Wir können das Ganze auch umgekehrt auf eine Probe von reinem A anwenden. Aufgrund unserer Entropiekurve wissen wir nun, daß die Chaoszunahme für einige A-Moleküle die umgekehrte Reaktionsrichtung vorschreibt: $2A \rightarrow A_2$. Das Universum erklettert nun den Entropiehügel auf der rechten Seite. Aus der reinen Substanz A entwickelt sich ein Gemisch, das auf dem Gipfel des Entropiemaximums die gleiche Zusammensetzung aufweist, wie sie sich bei der Dissoziation von A_2 entwickelt. Diesmal wird das Maximum des universellen Chaos freilich dadurch erreicht, daß aus einzelnen Bausteinen geordnete Strukturen zusammengesetzt werden.

Fassen wir zusammen: Wir haben gesehen, daß einige Reaktionen das Chaos vergrößern, indem sie Energie freisetzen. Bei anderen Reaktionen entsteht die Chaoszunahme, wenn Energie zugeführt wird und dadurch innerhalb der Probe mehr Unordnung entsteht, als in der Umgebung durch Energieentzug beseitigt wurde. Da in beiden Fällen insgesamt das Chaos zunimmt, ähneln sie in gewissem Sinne einer (chemischen) Abkühlung, wobei die Energie auf subtilere Weise über einen größeren Raum verteilt wird als etwa bei einer Temperaturabnahme. Offenbar ist hier ein anderer Mechanismus am Werk.

Die Geschwindigkeit der Energieausbreitung

Wir haben früher schon betont, daß es wichtig ist, bei spontanen Umwandlungen zwischen Richtung und Geschwindigkeit zu unterscheiden. *Spontan* heißt nicht schnell, obschon einige spontane Veränderungen auch schnell vor sich gehen. Spontan heißt nur, daß keine Arbeit benötigt wird, damit der jeweilige Prozeß zustande kommt. Wenn zum Beispiel Autos spontan anfangen zu rosten, so dauert es doch einige Jahre, in denen sie dem reaktionsfreudigen Sauerstoff ausgesetzt sind, bevor sich die chemische Umwandlung in dieser Richtung nachhaltig bemerkbar macht.

In anderem Zusammenhang habe ich einmal folgendes Bild benutzt: Beim Pferdefuhrwerk ist beides Chaos, Karotte wie Karren. Was damit gemeint ist, wird an der Doppelrolle der Energieausbreitung deutlich: Sie bestimmt nicht nur die natürliche — oder genauer: spontane — Reaktionsrichtung, sondern auch die Reaktionsgeschwindigkeit. Mit anderen Worten, das Chaos entscheidet nicht nur über das Schicksal, sondern auch darüber, wie schnell es hereinbricht.

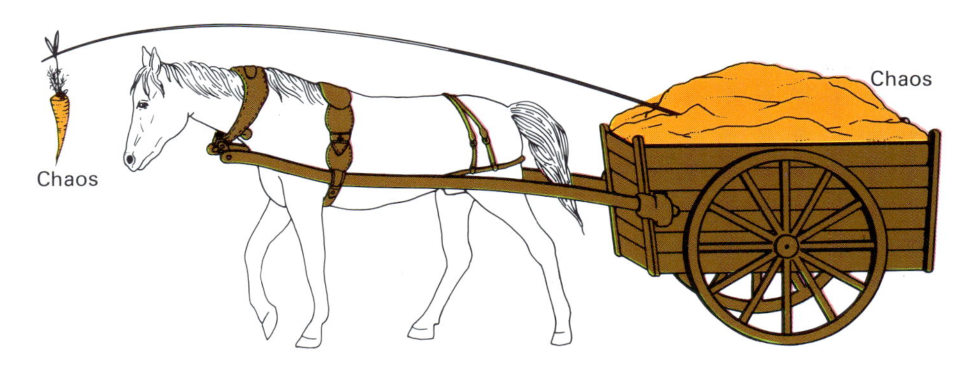

Karotte und Karren symbolisieren beim Pferdefuhrwerk zwei Seiten des Chaos. Es bestimmt die Richtung der spontanen Umwandlung (Karotte) und die Geschwindigkeit, mit der das Gleichgewicht erreicht wird (Karren).

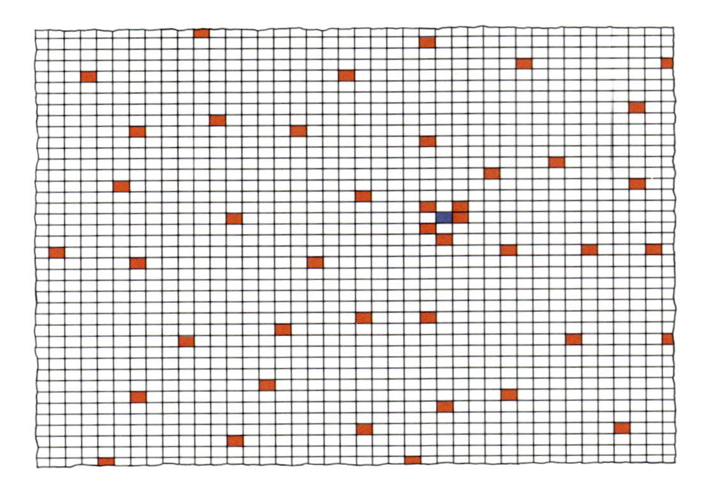

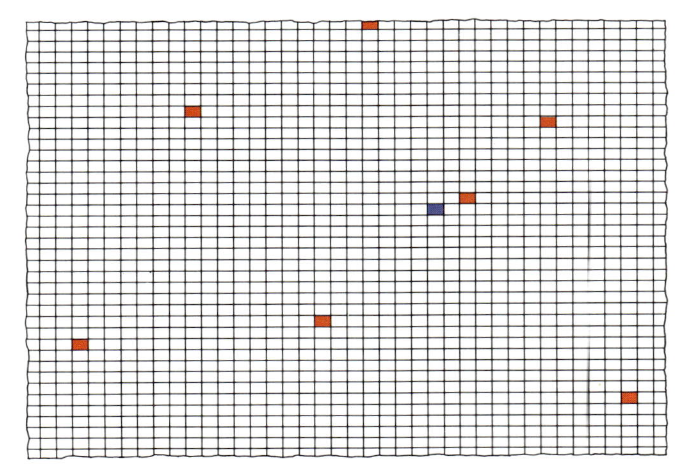

Eine Reaktion kommt bei hohen Temperaturen leichter in Gang als bei niedrigen. Hohe Temperaturen bedeuten eine hohe Dichte der AN-Zustände, so daß Moleküle in ihrer Umgebung relativ häufig AN-Zustände versammelt finden und daraus die Aktivierungsenergie für eine chemische Reaktion beziehen können. Wenn dagegen nur wenige Atome im AN-Zustand sind, besteht nur eine geringe Wahrscheinlichkeit, daß sich bei einem Molekül genug Energie ansammelt, um die Reaktion auszulösen.

Wie Chaos eine Reaktion beschleunigen oder aber bremsen kann, wollen wir an unserem früheren Beispiel der Oxidation von Eisen untersuchen. Jetzt gilt unser besonderes Augenmerk den Schwingungen der Eisenionen, durch die sich die Abstände zwischen benachbarten Ionen zeitweise stark vergrößern (wie in den Abbildungen auf Seite 97). Wenn sich in dieser Situation ein Sauerstoffmolekül zwischen die Eisenionen an der Metalloberfläche schiebt, kann mit der neuen Anordnung die Oxidierung beginnen. Diese Anordnung ,,friert'' dauerhaft ein, sobald die mit der Bindung freiwerdende Energie an die Umgebung abgegeben ist und sich dort verteilt hat.

Für die Reaktionsgeschwindigkeit spielt es eine wichtige Rolle, wie oft die Eisenionen bei ihren Schwingungen weit auseinanderrücken und dabei mit aufprallenden Stickstoffmolekülen zufällig in eine ,,riskante'' Anordnung geraten, bei der sich Eisen und Stickstoff bis auf die Bindungslänge angenähert haben.

Diese Situation tritt nun um so häufiger ein, je stärker die Eisenionen vibrieren, und das heißt, je höher ihre Schwingungsenergie ist. Das wiederum bedeutet, daß ungewöhnlich viel Wärmebewegung vorliegt und sich die Energie an ,,reaktionsgefährdeten'' Stellen im Metall momentan relativ oft häuft — trotz aller gleichverteilenden Geschäftigkeit des Dämons. Die Wahrscheinlichkeit, mit der solche lokalen Anhäufungen von Energie zustande kommen, beeinflußt die Reaktionsgeschwindigkeit. So steuert das Chaos nicht nur die Richtung, sondern auch die Geschwindigkeit der Umwandlung.

Die Energie, die sich lokal ansammeln muß, damit eine Reaktion ausgelöst wird, heißt *Aktivierungsenergie*. Sie hängt von der Temperatur ab, was man sich am Modelluniversum leicht klarmachen kann: In der Nähe eines bestimmten Atoms wird sich um so wahrscheinlicher eine große Zahl von AN-Atomen häufen, je mehr AN-Zustände insgesamt vorhanden sind. Dann ist auch die Temperatur hinreichend hoch, um häufig Anordnungen zu erzeugen, bei denen sich Eisen mit Sauerstoff verbindet. Umgekehrt wird das Treiben des Dämons bei niedrigen Temperaturen, also relativ wenigen AN-Zuständen, nur selten genug Energie auf kleinstem Raum zusammenbringen, so daß die meisten Sauerstoffmoleküle unverändert von der Eisenoberfläche abprallen.

Mit welcher Wahrscheinlichkeit die Aktivierungsenergie bei vorgegebener Temperatur bereitsteht, läßt sich aus einer anderen berühmten Formel von Boltzmann berechnen: der *Boltzmannverteilung*•. Danach sollte die Reaktionsgeschwindigkeit mit steigender Temperatur rasch zunehmen, und das ist im allgemeinen auch der Fall. Bei einem Temperaturanstieg um zehn Grad und typischen Aktivierungsenergien verdoppelt sich die Reaktionsgeschwindigkeit.

Die Temperaturabhängigkeit der Reaktionsgeschwindigkeit ergibt sich aus der Boltzmannverteilung. Bei typischen Aktivierungsenergien führt ein Temperaturanstieg von 20 auf 30 Grad Celsius ungefähr zur doppelten Geschwindigkeit.

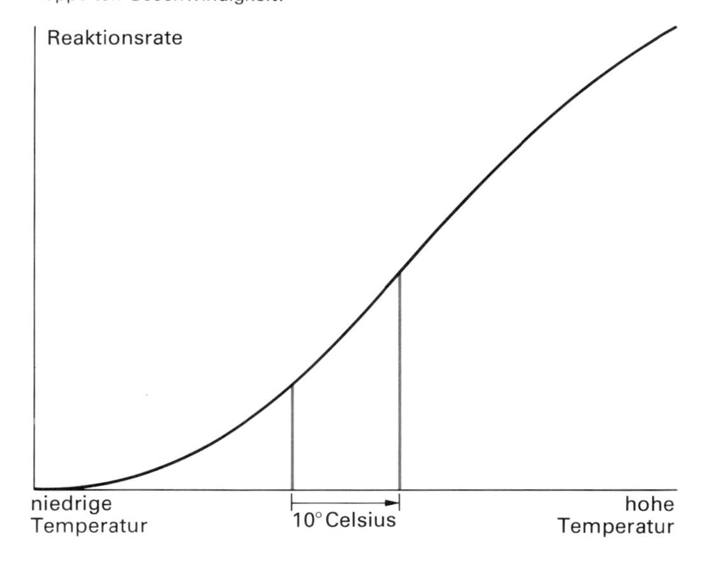

• Die Boltzmannwahrscheinlichkeit ist gegeben durch: Wahrscheinlichkeit $= e^{-\text{Aktivierungsenergie/Temperatur}}$, wobei e die Eulersche Zahl ist, die die Exponentialfunktion definiert. Boltzmann leitete diese Formel ab, und der schwedische Chemiker Svante Arrhenius benutzte sie, um in seiner Doktorarbeit seine Thesen über die Natur der Materie zu begründen. Damit stieß er zunächst auf Unglauben — und wurde mit der schlechtesten Note promoviert. Er erhielt jedoch später für seine Arbeiten den Nobelpreis.

Chaos und Ordnung

Das ungerichtete, ziellose Chaos erweist sich in der Chemie wie in der Physik als Triebkraft für Umwandlungsprozesse. Damit haben wir die beiden Seiten der Boltzmanngleichung ($S = k \log W$) mit Inhalt gefüllt. Wir haben kennengelernt, wie das Chaos — gemessen an der Entropie S und der Zahl (W) der möglichen Konfigurationen eines Systems — einerseits die Richtung der Veränderung vorgibt und auf andere Weise die Geschwindigkeit bestimmt. Als ,,Karotte'' lockt es das System Pferdefuhrwerk vorwärts, als ,,Karren'' bremst es die Geschwindigkeit. Das ziellose Treiben des Dämons bringt, wie wir gesehen haben, die Welt in immer wahrscheinlichere Zustände und hält sie darin gefangen. Das gilt nicht nur für einfache physikalische Änderungen wie das Abkühlen eines Metallstücks, sondern auch für die chemische Umwandlung von Stoffen. Wie Chaos lokal zu Ordnung führen kann, haben wir für physikalische Änderungen an der Erzeugung von Arbeit aus Wärme untersucht, und Arbeit läßt sich etwa beim Bauen in geordnete Strukturen von mitunter ungeheurem Ausmaß investieren. Bei chemischen Umwandlungen weisen die Anordnungen von Atomen bisweilen im Endprodukt eine höhere Regelmäßigkeit auf als bei den Reaktionspartnern. Im Großen wie im Kleinen kann Ordnung aus einem Sturz ins Chaos hervorgehen — wenn auch nur in begrenztem Umfang und um den Preis einer stärkeren Zunahme der Unordnung an einer anderen Stelle.

Die Dimensionen der Temperatur

Natürliche Umwandlungen führen in eine Richtung und laufen mit einer Geschwindigkeit ab, die beide durch die Energieverteilung bestimmt sind: Die Richtung ergibt sich dabei aus dem Bestreben der Energie, sich auszubreiten und zu zerstreuen; die Geschwindigkeit hängt von der Häufigkeit lokaler Energieansammlungen ab, durch die sich Bindungen zwischen Atomen lösen können. Sind auf diese Weise zufällig energieärmere Atomanordnungen entstanden, so werden sie in einer neuen Struktur „einfrieren", sobald die überschüssige Energie freigesetzt ist und sich in der Umgebung „zerstreut" hat.

Die Doppelrolle des Chaos im Hinblick auf Reaktionsrichtung und -geschwindigkeit legt zwei Fragen nahe: Wie hängen die Eigenschaften der realen Welt von der Temperatur ab — und wie wirken sich insbesondere die Extreme Heiß und Kalt aus? Wie lassen sich diese Extreme erreichen? Hier müssen wir uns vor allem mit der extremen Kälte befassen, denn sie scheint dem Zweiten Hauptsatz zu widersprechen. Wenn man einen Gegenstand unter die Temperatur seiner Umgebung abkühlen will, fragt man sich ja, wie das geschehen kann. Die natürliche Umwandlungsrichtung wäre gerade umgekehrt.

Wir können mit einer Alltagsszene beginnen und von dort zu einer Reise durch die Dimensionen zwischen kältesten und heißesten Temperaturen aufbrechen. Wir wollen die Temperaturskala jeweils in Zehnfachsprüngen abschreiten, angefangen von Normalbedingungen, bei denen wir picknicken könnten, bis zu zehnmal heißeren und dann noch zehnmal heißeren Temperaturen, und so fort. Unser Ausganspunkt, das Picknick, ist der gleiche wie bei der Reise durch die Dimensionen zwischen Galaxien und Quarks im ersten Band der Spektrum-Bibliothek, *Zehn*^{Hoch}: Dort wurden Entfernungen in Zehn^{Hoch}-Schritten durchmessen; hier sind es Zehn^{Hoch}-Schritte der Temperatur.

Man kann einen tieferen Zusammenhang zwischen beiden Reisen herstellen, wenn

Während einer Picknickszene laufen bei Temperaturen um 300 Kelvin vielfältige chemische Reaktionen ab; diese Welt ist geprägt von einer Fülle verschiedenartiger Strukturen.

man Zehn^{Hoch} als Fortschreiten in Raum *und* Zeit betrachtet: Ein Beobachter kommt in seinem Raumfahrzeug von fernen Galaxien auf die Erde zu, wobei er die Erde in immer kürzeren Intervallen inspiziert. Auch wenn unsere Reise nicht durch die Zeit führt, hängt sie damit zusammen, daß zwischen Temperatur und Zeit einige bemerkenswerte Beziehungen bestehen. Das wird deutlich, wenn wir Temperatur und Zeit auf zwei senkrechten Achsen darstellen (siehe die Abbildung unten auf dieser Seite).

Wie sich Materie bei Temperaturänderungen mit der Zeit verwandelt, läßt sich durch die Bewegung eines Punktes in der von beiden Achsen aufgespannten Ebene angeben. Wenn wir diese Ebene mit komplexen Zahlen verknüpfen, können wir die Temperatur als imaginäre Zeit ansehen. Komplexe Zahlen setzen sich aus einer reellen Zahl *a* wie 5 und einer imaginären Zahl *ib* zusammen, die als Faktor *i* die Quadratwurzel aus −1 enthält. Wenn wir die Zeit nicht durch reelle Größen wie 5 oder 320 Sekunden angeben, sondern durch eine imaginäre Größe *ib* wie 5*i* oder 320*i* ersetzen, dann erhalten wir aus einigen dynamischen Gleichungen thermodynamische Beziehungen. Wir können uns die Reise zu hohen und niedrigen Temperaturen als eine imaginäre Zeitreise vorstellen. Wie *Zehn^{Hoch}* die Welt in einer schrittweisen Verzehnfachung der Zeitintervalle vom Kleinsten zum Größten erschließen kann, so untersuchen wir hier die Welt einer imaginären Zeit. Die Potenzen der Temperatur spannen somit eine komplexe Zeitebene auf, die Dynamik als auch Thermodynamik einschließt — und damit alles, was in unserer Welt vorgeht.

Hier ist die Temperatur als eine „imaginäre Zeit" dargestellt. Thermodynamische Zustände entsprechen dann Punkten in einer komplexen Zeitebene.

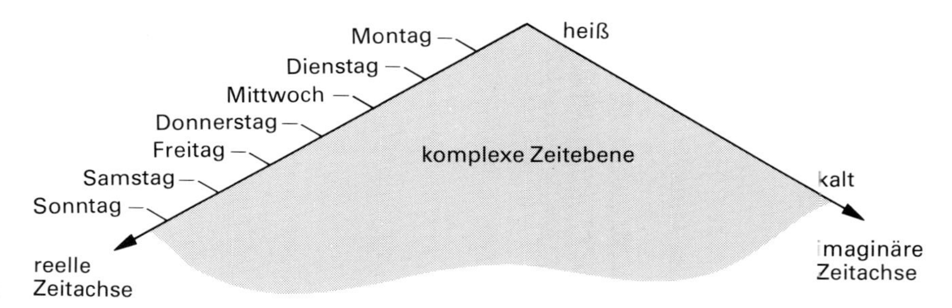

Temperaturen des alltäglichen Lebens

Bei Temperaturen um 20 Grad Celsius können wir ein Picknick machen; alle Reaktionen, die dafür notwendig sind, laufen mit „vernünftigen" Geschwindigkeiten ab. Die biochemischen Reaktionen in unserem Körper finden zwar bei etwas höheren Temperaturen statt, nämlich bei ungefähr 37 Grad Celsius, aber dieser Unterschied ist relativ unbedeutend. Das wird deutlich, wenn wir die absoluten Temperaturen vergleichen, die in Kelvin angegeben werden. Die Kelvinskala beginnt, wie wir gesehen haben, beim absoluten Temperaturnullpunkt, also −273 Grad Celsius, so daß 20 Grad Celsius 293 Kelvin entsprechen und 37 Grad Celsius 310 Kelvin. Die absoluten Temperaturen liegen mithin praktisch bei 300 Kelvin, und diesen Wert werden wir im folgenden als Normalbedingung ansetzen (die *Normaltemperatur* liegt exakt bei 20 Grad Celsius beziehungsweise 293 Kelvin).

Während eines Picknicks sorgen chemische Reaktionen gleichermaßen für die Verdauungsvorgänge im Körper wie für die Verarbeitungsprozesse im Gehirn, durch die wir den Genuß erst bewußt erleben. Für all diese Reaktionen muß der Boltzmannsche Dämon dort, wo sich Atome neu ordnen, genügend Energie angehäuft haben. Je höher die Temperatur ist, desto eher werden solche zufälligen Energieansammlungen ausreichen, um die erforderlichen Umordnungen für chemische Reaktionen in Gang zu bringen. Bei sehr tiefen Temperaturen bleiben die Atome buchstäblich in ihren jeweiligen Anordnungen eingefroren — und die lebenswichtigen Umwandlungsprozesse geraten ins Stocken. So wie Wasser unterhalb des Gefrierpunktes nicht fließen kann, so vermögen sich die Atome am absoluten Nullpunkt nicht mehr umzuordnen oder etwas Neues auszuprobieren. Diese Welt des Frostes wollen wir nun zuerst untersuchen.

Die Jagd nach Kälte

Wie können wir Kälte hervorrufen? Wie läßt sich beispielsweise alles in der Picknickszene auf ein Zehntel der Normaltemperatur abkühlen? Wie können wir einen Frost von 30 Kelvin (−243 Grad Celsius) erreichen, auch wenn diese Abkühlung widernatürlich scheint?

Freilich widerspricht nicht eine Kühlung schlechthin der Natur, sondern der Zweite Hauptsatz schließt lediglich einen *spontanen* Wärmefluß von Kalt nach Heiß als extrem unwahrscheinlich aus, solange keine weiteren Veränderungen mit diesem Kühlprozeß einhergehen. Der Wärmetransport gegen ein Temperaturgefälle ist erlaubt, wenn zugleich auch irgendwo anders Wärme umverteilt wird — wie unsere sehr wohl funktionstüchtigen Kühlschränke bestätigen. Wir haben hier wieder eine Analogie zur Entstehung von Arbeit aus Wärme beziehungsweise von Ordnung aus Chaos — und wir werden im folgenden auf eine weitere stoßen: So wenig wie Kälte spontan auftritt, so wenig entwickeln sich geordnete Lebensformen spontan in einem geschlossenen System. Aber der Zweite Hauptsatz steht auch hier nicht im Widerspruch zur Entstehung von Leben; das ist wiederum erlaubt, wenn irgendwo anders das Chaos zunimmt. Wir müssen essen, um zu leben. Das heißt, wir müssen geordnete Strukturen wie zum Beispiel ein Brötchen zerstören und damit Energie hoher Qualität entwerten. Auch kühlen können wir etwas nur, indem wir die Energiequalität andernorts verringern, etwa durch das Verbrennen von Kohle, bei der Kernspaltung oder bei Wasser, das über ein Gefälle durch die Röhren und Turbinen eines Kraftwerks fließt. Der universelle Qualitätsverlust der Energie führt in diesen Fällen stellenweise zu einem verringerten Chaos; durch Arbeit läßt sich eine Kathedrale errichten und ein Gegenstand abkühlen.

Wir können solche Kühlmechanismen leicht an den Wärmekraftmaschinen verfolgen, die wir bereits untersucht haben. Wir müssen sie dazu nur rückwärts laufen lassen, indem wir sie an eine etwas leistungsfähigere Maschine anschließen. Bisher galt unser Interesse der Frage, wie man aus dem Wärmefluß von Heiß nach Kalt Arbeit gewinnen kann. Nun wollen wir untersuchen, wie man Arbeit benutzen kann, um Wärmeenergie in die umgekehrte Richtung, also gegen ein Temperaturgefälle, zu transportieren. Dazu werden wir den Carnotprozeß betrachten, obwohl man in der Praxis andere Kreisprozesse benutzt, etwa bei Kühlschränken.

Bei Temperaturen unter dem Gefrierpunkt von Wasser kommen viele chemische Reaktionen zum Erliegen. In der Umgebung der Atome kann sich praktisch nie genug Energie ansammeln, um Reaktionen in Gang zu setzen, wie sie etwa für das Wachsen von Getreide nötig wären.

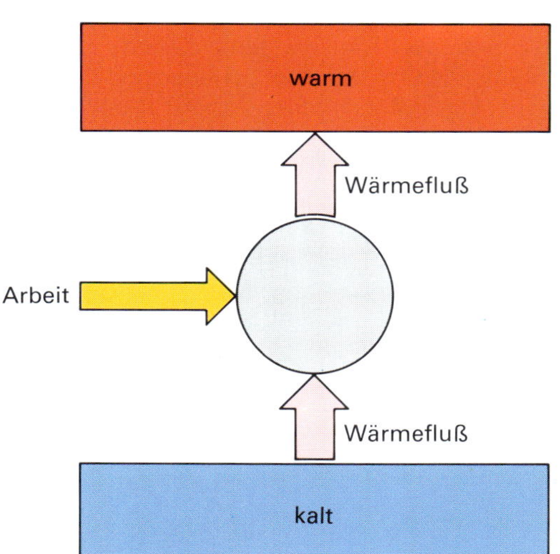

Ein Kühlschrank ist eine Wärmekraftmaschine, die rückwärts läuft. Solange Arbeit verrichtet wird, kann Wärme aus einem kalten Reservoir in ein heißes transportiert werden.

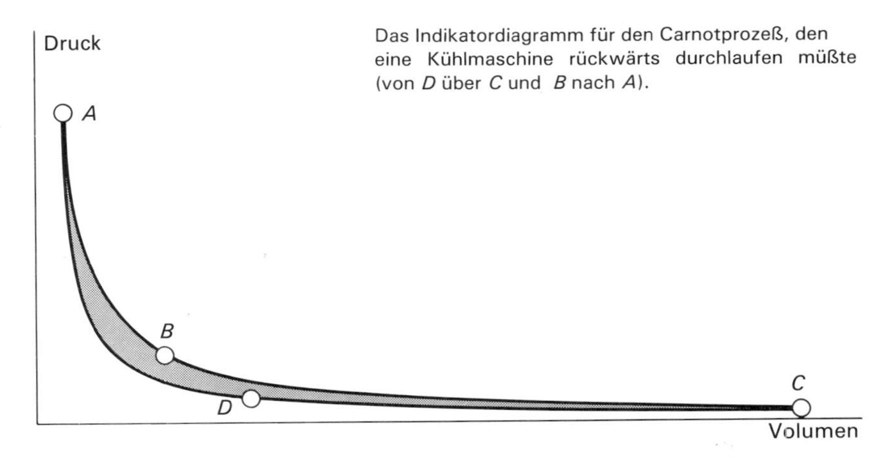

Das Indikatordiagramm für den Carnotprozeß, den eine Kühlmaschine rückwärts durchlaufen müßte (von *D* über *C* und *B* nach *A*).

Der Kühlprozeß beginnt bei Punkt *D* im Indikatordiagramm (oben auf dieser Seite). Wenn der Kolben dann durch das eingeschlossene Gas aus dem Zylinder gedrückt wird, verrichtet er außen Arbeit. Dafür wird Bewegungsenergie der Gasteilchen verbraucht, so daß die Temperatur im Zylinder entsprechend abfallen würde, sofern keine Wärme aus der Umgebung einfließt. Da die Zylinderwände in dieser Phase im thermischen Kontakt mit einem kälteren Bereich sind (der gekühlt werden soll), verläuft der Prozeß isotherm und bringt das System in den Zustand *C*.

Am Punkt *C* hat sich die Kurbelwelle so weit gedreht, daß sich der Kolben wieder in den Zylinder zurückschiebt und das Gas verdichtet wird. Zwischen *C* und *B* ist der Wärmekontakt mit dem zu kühlenden Reservoir unterbrochen, so daß die Gastemperatur jetzt ansteigt. Dadurch nimmt auch der Druck zu.

Am Punkt *B* ist die Temperatur im verdichteten Gas höher als in der warmen Umgebung. Die Wärmequelle des Motors kann als Senke fungieren, wenn sie mit dem heißen Gas in thermischen Kontakt kommt. Auf diese Weise kann ein Kühlschrank Energie, die er dem kühlen Innenraum entzieht, in die Umgebung ,,pumpen''. Deshalb findet man bei Kühlschränken auf der Rückseite ausgedehnte Kondensatorschlangen, über die das durchströmende Arbeitsmedium Wärme an die Luft in der Umgebung abgeben kann — und die so den thermischen Kontakt zwischen Arbeitsmedium und Wärmereservoir herstellen.

Wenn sich die Kurbelwelle weiter dreht, weil sie von einer anderen Maschine angetrieben wird, schiebt sich der Kolben weiter in den Zylinder hinein. Diese Kompression von *B* nach *A* verläuft isotherm, weil die Energie der Gasteilchen in das (warme) Reservoir wandert und das Gas sich nicht aufheizt. Dafür wird aber der Kondensator warm. Weil die Temperatur des eingesperrten Gases während dieser Kompressionsphase höher als in der Expansionsphase ist, erfordert der *BA*-Schritt mehr Arbeit, als während der Expansion erzeugt wurde.

Wenn die Kompression beim Punkt *A* endet, wird der thermische Kontakt zwischen dem aufgeheizten Arbeitsmedium und dem warmen Reservoir unterbrochen, so daß die Drehung der Kurbelwelle als letzter Schritt des Kreisprozesses eine adiabatische Expansionsphase hervorruft. Bei dieser Expansion von *A* nach *D* treibt das Gas den Kolben zurück zum unteren Totpunkt, so daß außen Arbeit nutzbar wird. Gleichzeitig kühlt das Gas ab, weil die Gasteilchen kinetische Energie abgeben, wenn sie auf die Vorder-

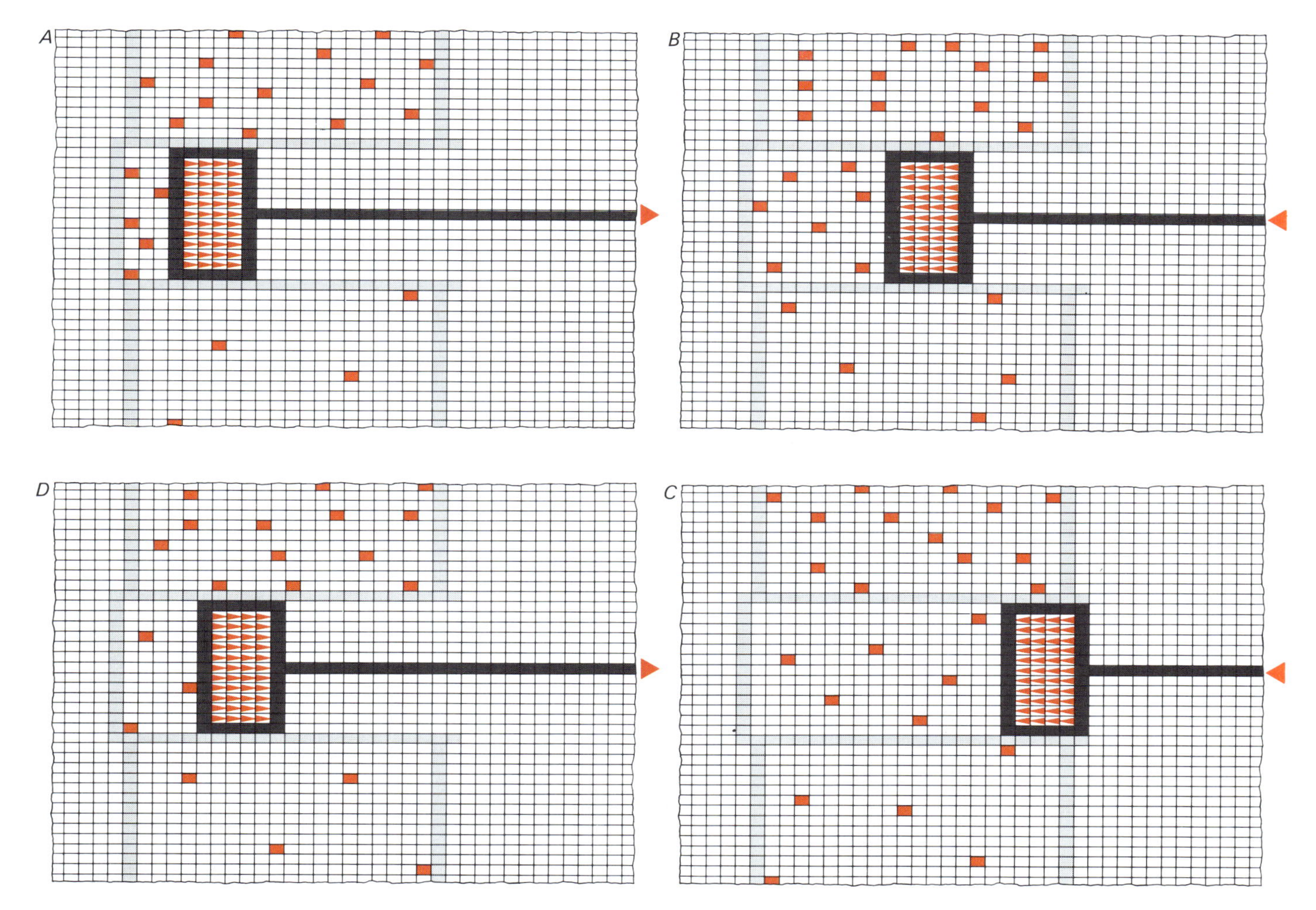

seite des zurückweichenden Kolbens prallen. Die Gastemperatur fällt im Zylinder auf die Temperatur des gekühlten Bereiches oder Gegenstandes ab, und die Maschine erreicht wieder ihren Anfangszustand. Sie kann einen neuen Kreislauf beginnen, sofern sie dazu von außen angetrieben wird. Es sei daran erinnert, daß zum Verdichten des warmen Gases mehr Arbeit benötigt wird, als die isotherme Expansionsphase bereitstellt. Die fehlende Arbeit muß zusätzlich von außen aufgebracht werden, um Wärme von Kalt nach Heiß zu transportieren.

Das Mark II-Modell für die Kühlung mit Hilfe des umgekehrten Carnotprozesses. Wenn sich das Arbeitsmedium von *D* nach *C* ausdehnt und die AN-Atome den Kolben aus dem Zylinder heraustreiben, bleibt das AN/AUS-Verhältnis konstant, weil Energie vom kalten Reservoir nachströmen kann. Zwischen *C* und *B* folgt eine adiabatische Kompression; die Atome werden nun durch den Kolben vermehrt in den AN-Zustand versetzt. Bei *B* wird diese Kompression isotherm. Nun sind so viele Atome im AN-Zustand (das heißt, das Arbeitsmedium ist so heiß), daß das warme Reservoir wie eine Senke wirkt. Bei diesem Schritt wird Arbeit aufgewendet, um AN-Zustände in das warme Reservoir zu pumpen. Mit einer adiabatischen Expansion von *A* nach *D* schließt sich der Kreis: Das Arbeitsmedium hat am Ende wieder die gleiche Temperatur wie das kalte Reservoir.

Wenn wir etwas abkühlen wollen, das von Natur aus nicht spontan kälter wird, genügt es nicht, eine Antriebsmaschine, etwa einen Motor, laufen zu lassen, sondern wir müssen damit eine Maschine betreiben, die Arbeit verrichtet: einen *Kompressor*. Deshalb sind Kühlschränke eine relativ späte Errungenschaft in unseren Küchen. Während Erwärmen ein spontan ablaufender Vorgang ist, muß Abkühlen gesteuert werden.

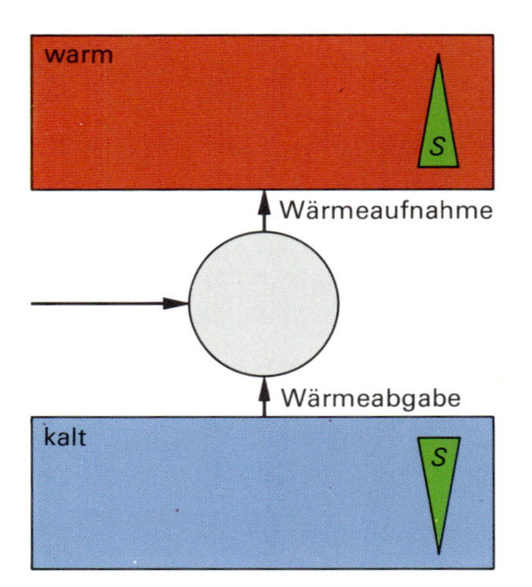

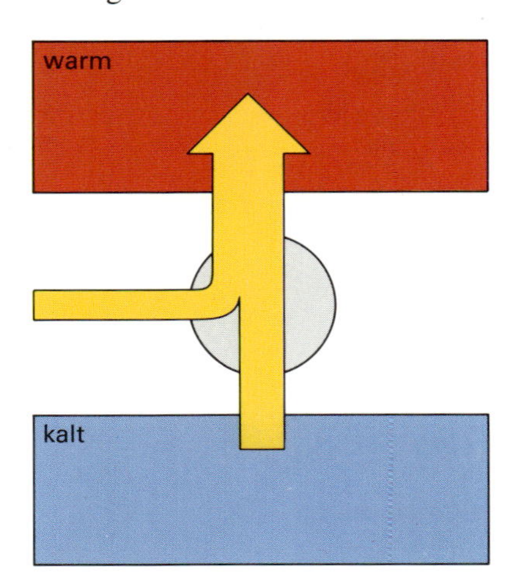

Die Entropieänderungen im warmen und kalten Reservoir einer Kühlmaschine. Auf der warmen Seite nimmt die Entropie zu, weil Wärme zugeführt wird; umgekehrt sinkt sie im kalten Bereich, dem Wärme entzogen wird. Das gelingt nur mit Arbeitsaufwand, denn die Entropieabnahme würde sonst überwiegen — im Widerspruch zum Entropiesatz. Durch den erhöhten Energiefluß in das heiße Reservoir (rechts) kann die Entropie auch bei einem „unnatürlichen" Wärmetransport von Kalt nach Heiß zunehmen.

Wie viel Arbeit müssen wir aufwenden, um einem kalten Reservoir eine bestimmte Wärmemenge zu entziehen und es dann auf einer Temperatur zu halten, die niedriger ist als die Umgebungstemperatur. Dies ist eine grundlegende Frage, die uns zu den Potenzen der Temperatur zurückführt. Die Antwort ergibt sich — wieder einmal — aus dem Zweiten Hauptsatz. Er schreibt vor, daß jeder natürliche Vorgang eine Entropiezunahme im Universum erzeugen muß, und sei sie auch noch so gering. Aber Wärme, die von einem kälteren Reservoir abgegeben wird, vermindert dort die Entropie, und zwar um den Betrag Wärme/Temperatur. Das entspricht der Formel von Seite 28, aber jetzt handelt es sich um die Wärmeabgabe und Temperatur eines *kalten* Reservoirs. Die Entropie nimmt ab, weil sich die thermische Bewegung im kalten Reservoir verringert. Damit die Gesamtentropie des Universums zunimmt, muß irgendwo anders etwas mehr Entropie erzeugt werden. Aus diesem thermodynamischen Grund muß ein Kühlschrank Wärme in den Raum abgeben, damit die Entropie dort zunimmt. Diese Zunahme ergibt sich wieder aus dem Quotienten von Wärme und Temperatur, wobei mit Temperatur jetzt die des heißen Reservoirs gemeint ist und die von ihm aufgenommene Wärme im Zähler steht.

Wir kommen nun zum springenden Punkt: Da die Temperatur im heißen Reservoir höher ist als im kalten, nimmt die Entropie insgesamt nur dann zu, wenn das heiße Reservoir mehr Wärme aufnimmt, als das kalte abgibt. Wir müssen auf irgendeine Weise den Energiefluß von Kalt nach Heiß anreichern; dazu kann man Arbeit einsetzen. Sie muß ausreichen, um im heißen Reservoir durch einen angereicherten Energiezustrom etwas mehr Entropie zu erzeugen, als im kalten Bereich durch Wärmeabgabe vernichtet wird. Damit die Entropieänderungen wenigstens ausgeglichen sind, müssen die Verhältnisse aus Wärmeänderung/Temperatur für die heiße Quelle und die kalte Senke gleich sein; die Wärmeaufnahme des heißen Reservoirs setzt sich aus der Wärmeabgabe des kalten Reservoirs und der zugeführten Arbeit zusammen. Aus diesen beiden Bedingungen läßt sich angeben, wieviel Arbeit man mindestens braucht, um eine bestimmte Wärmemenge aus dem kalten Reservoir in das warme zu pumpen:

Benötigte Arbeit
= Wärme × Temperaturdifferenz
/ $\text{Temperatur}_{\text{kalt}}$.

(Die Temperaturdifferenz entspricht Temperatur$_{\text{heiß}}$ − Temperatur$_{\text{kalt}}$ und ist deshalb stets positiv.) Wie immer bei thermodynamischen Aussagen muß dieser Mindestwert erreicht sein, wenn alle technisch bedingten Verluste durch Lecks, Reibung oder den Aufbau unserer Maschine bereits kompensiert sind. Die Mindestarbeit reicht also allenfalls in einer Welt aus perfekten Materialien aus, in der sämtliche Vorgänge einen (quasistatischen) Verlauf aufweisen. In Wirklichkeit ist bei gegebener Wärmemenge etwas mehr Arbeit erforderlich als das theoretische Minimum. In der Gleichung steht rechts das Verhältnis aus Temperaturdifferenz und Temperatur$_{\text{kalt}}$, das man als *Carnotfaktor* bezeichnet.

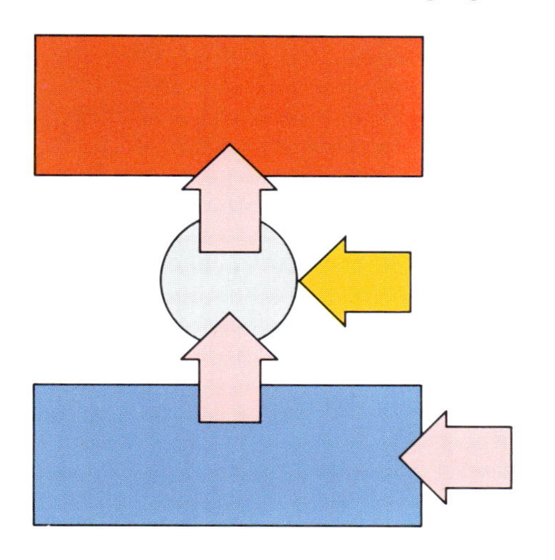

Damit eine niedrige Temperatur aufrecht erhalten bleibt, muß ständig so viel Wärme aus dem kalten Reservoir abgezogen werden, wie durch Lecks in der Isolierung von außen einsickert. Die Arbeit, die pro Zeit aufgewendet werden muß – und das heißt, die Kühlleistung – hängt vom Carnotfaktor ab.

Wir wissen nun, wieviel Arbeit für Kühlung gebraucht wird, aber welche Leistung ist erforderlich, um die künstlich niedrigen Temperaturen aufrechtzuerhalten. Ein kalter Körper läßt sich ja nicht vollständig isolieren, so daß aus der Umgebung stets etwas Wärme einfließt. Wie rasch das geschieht, hängt von der Temperaturdifferenz ab – und natürlich von der Größe des Körpers und seiner Isolierung. Wir müssen rasch genug Arbeit zuführen, um den Wärmezustrom zu kompensieren, dessen Geschwindigkeit proportional zur Temperaturdifferenz anwächst. Unsere Arbeitsgeschwindigkeit – sprich Leistung – muß daher proportional zum Carnotfaktor sein. Für die erforderliche Mindestleistung ergibt sich also folgende Proportionalität:

$$\text{Leistung} \sim (\text{Temperaturdifferenz})^2 / \text{Temperatur}_{\text{kalt}}.$$

Diese Beziehung hat einschneidende Konsequenzen, wenn man versucht, Temperaturen im Bereich des absoluten Nullpunkts aufrecht zu erhalten. Da dann eine geringe Temperatur$_{\text{kalt}}$ im Nenner steht, ist die erforderliche Leistung gigantisch. Sie wächst ins Unendliche, wenn wir uns dem absoluten Nullpunkt nähern. Selbst wenn man die Leistung aller Maschinen der Welt einsetzen könnte, würde das nicht ausreichen, um irgendwo die Temperatur am absoluten Nullpunkt zu halten.

Natürlich wächst dann auch die Arbeit über alle Grenzen, weil der Carnotfaktor gegen unendlich strebt, wenn die Temperatur$_{\text{kalt}}$ gegen Null sinkt. (Ein weiterer Aspekt dieses Grundproblems äußert sich darin, daß die Carnotmaschine unendlich groß werden müßte, wenn die Senke am absoluten Nullpunkt gehalten werden soll; das ist im Anhang 3 erläutert.)

Hoffnungsvoller scheinen die Gleichungen unter dem Aspekt der Arbeit, die man unter Normalbedingungen zum Kühlen eines gewöhnlichen Objekts benötigt. Nehmen wir zum Beispiel an, wir wollten einem Topf mit Wasser 1000 Joule Wärme entziehen, um es so in Eis zu verwandeln. Die Temperatur des Wassers sei bereits auf den Gefrierpunkt (273 Kelvin), und der Kühlschrank befinde sich in einem Raum mit einer Temperatur von 293 Kelvin (entsprechend 20 Grad Celsius). Wegen des geringen Temperaturunterschieds von 20 Kelvin beträgt der Carnotfaktor nur 20/273 = 0,073, das heißt, wir bräuchten theoretisch nur 7,3 Prozent der Energie als Arbeit aufzubringen, die wir dem Wasser in Form von Wärme entziehen wollen. Für die 1000 Joule Wärme würden also im Prinzip 73 Joule Arbeit benötigt. Ein Kühlschrank könnte so auf Kosten eines Energieverbrauchs von 73 Joule 1073 Joule Wärme in den Raum abgeben — wobei 1000 Joule beim Gefrieren des Wassers frei würden.

Diese Rechnung ist ermutigend: Mit nur wenigen Joule Energieeinsatz könnten wir viel Wärme gewinnen. Bei einem Liter Wasser im Inneren eines Kühlschranks wären die Möglichkeiten freilich begrenzt, weil sehr wenig thermische Energie darin gespeichert ist. Aber in einem größeren Maßstab funktioniert dieses Prinzip: Wenn wir die Außenwelt als Energiequelle anzapfen, sei es ein Garten, ein Fluß oder ein See. Theoretisch könnten wir dann mit 73 Joule Energie unbegrenzt 1073 Joule Wärme auf der Rückseite des Kühlschranks gewinnen. Auf diesem Prinzip basieren *Wärmepumpen*. Sie sind im Grunde nichts anderes als große Kühlschränke, bei denen wir uns jedoch in erster Linie für die ,,Abwärme'' auf der Rückseite interessieren.

Wenn man einmal von den Anschaffungskosten absieht, sind Wärmepumpen ein attraktives Angebot für Hausbesitzer. Sie wirken wie ein Energieverstärker: Wir brauchen

Eine Wärmepumpe ist ein Kühlschrank, bei dem man den Kondensator auf der Rückseite als Heizung nutzt. Arbeit (gelb) wird eingesetzt, um Wärme aus der kälteren Umgebung in das wärmere Haus zu pumpen.

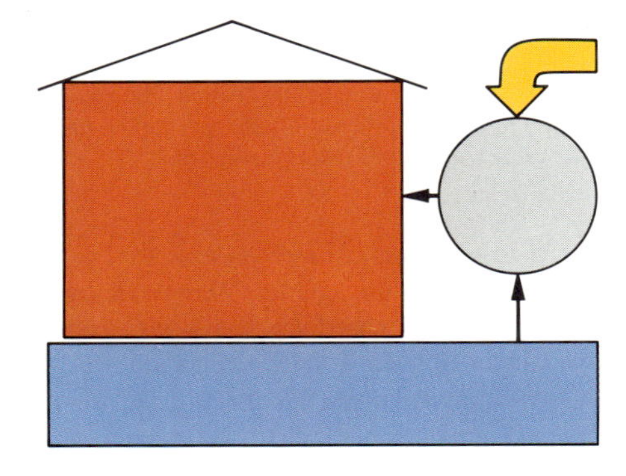

nur wenig Energie in Form von Arbeit zu investieren, um ein Vielfaches davon als Wärme zu gewinnen. In unserem Beispiel entspricht das Verhältnis von Wärmegewinn (1073 Joule) zu investierter Arbeit (73 Joule) 14,7 oder 1470 Prozent!

Deshalb bieten uns Wärmepumpen unter ökologischen und ökonomischen Gesichtspunkten Vorteile. Es ist unsinnig, die wertvolle Energie der fossilen Brennstoffe für minderwertige Wärme zu verschwenden. (Die Entwertung ist bei hohen Temperaturen der Wärmequelle im Vergleich zur Umgebung besonders groß.) Viel eher empfiehlt es sich, mit einem Minimum an hochkonzentrierter ,,Fünfsterneenergie'' etwas von der minderwertigen, überall herumliegenden Wärmeenergie zusammenzusammeln und in unsere Häuser zu lenken — jedenfalls wäre das eine effiziente Energieausnutzung. Wir könnten unsere Vorräte an fossilen Brennstoffen schonen.

Aber wie so oft, könnte es auch hier eine Schattenseite geben. Die Unweltprobleme der fossilen Brennstoffe lassen sich mit Wärmepumpen vielleicht nur um den Preis neuer Zerstörungen lösen. Kämen solche Heizungen im großen Stil zum Einsatz, würden wir anstelle der Energiereserven aus der Vergangenheit Energie aus unserer heutigen Umgebung nutzen, insbesondere die Sonnenenergie, auf die die belebte Natur angewiesen ist. Wenn sich der Boden um uns länger als ein Jahr abkühlen würde, könnte sich die Durchschnittstemperatur verringern. Niemand weiß genau, welche ökologischen Folgen es langfristig mit sich bringt, wenn unzählige Wärmepumpen der Umwelt Wärme entziehen. Vielleicht würde sich dadurch schließlich das Pflanzenwachstum oder die Vermehrung von Regenwürmern verzögern.

Wenn wir von solchen Zweifeln absehen, bieten Wärmepumpen einen weiteren Vorteil: Sie könnten im Winter zum Heizen und im Sommer zum Kühlen dienen. Dazu braucht man nur ein Ventil umzustellen, so daß das Arbeitsmedium in umgekehrter Richtung strömen kann. Auf diese Weise wird das Innere des Hauses zu einem Wärmereservoir und seine Umgebung zur kalten Senke, an die Wärme abgegeben wird.

Die Wärmepumpe als Klimaanlage. Im Sommer dient sie zur Kühlung (links) und pumpt Wärme nach außen: Auf der Außenseite strömt Gas mit hohem Druck (grün) durch die Apparatur und gibt Wärme an die Umgebung ab. Auf der Innenseite kühlt es dann durch Expansion ab (gelb). Mit Hilfe eines Ventils kann auf Winterbetrieb umgestellt werden (rechts). Jetzt wird Wärme von außen nach innen gepumpt.

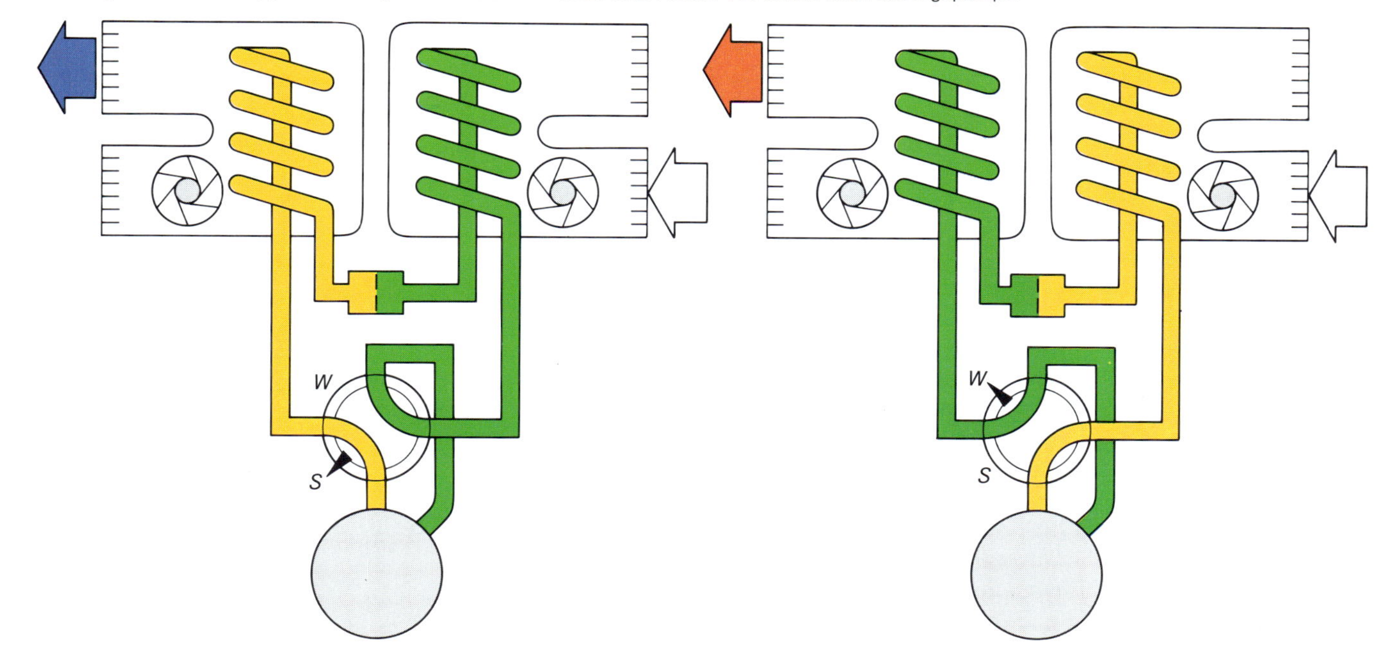

Die im Haushalt üblichen Kühlschränke arbeiten etwa bei Raumtemperaturen um 298 Kelvin; das Verhältnis zur Temperatur von Eis, 273 Kelvin am Gefrierpunkt, liegt so nahe an Eins, daß beide Werte in dieselbe Größenordnung fallen. So gesehen gehören die Temperaturen von Eis, Luft (ob Sommer oder Winter) oder auch die Körpertemperaturen von Mensch und Tier in den gleichen Wärmebereich der Physik. Unter diesen Bedingungen kann sich thermische Energie zufällig ansammeln und vielfältige chemische Reaktionen auslösen.

Um den Temperaturbereich in Zehn^{Hoch}-Schritten zu durchmessen, müssen wir beim Abkühlen erst einmal von 300 auf 30 Kelvin zurückgehen. Damit ist bereits der Siedepunkt von Luft (etwa 78 Kelvin) und sogar die mittlere Oberflächentemperatur des Planeten Pluto unterschritten (die man auf 40 bis 50 Kelvin schätzt). Das heißt, wir betrachten Temperaturen, die normalerweise nicht in der Materie des Sonnensystems vorkommen. Um sie zu erreichen, müssen wir einige Arbeit aufwenden und eine ausgetüftelte Kühlmaschinerie entwickeln.

Die erste Zehnerpotenz abwärts

Wenn wir die erforderliche Arbeit nach der Gleichung auf Seite 116 für eine Temperatur von 30 Kelvin im kalten Reservoir berechnen, bekommen wir eine Vorstellung von den enormen Hindernissen, die einem solchen Kühlprozeß entgegenstehen. Angenommen, wir verfallen auf die Idee, 1000 Joule Energie aus dem Reservoir zu gewinnen und in der 300 Kelvin warmen Umgebung zu verschwenden, dann würde dies die Qualität der 1000 Joule enorm verbessern, denn nun ist die Energie bei einer hohen Temperatur gespeichert. Das ist natürlich nur zu erzielen, wenn wir andernorts für einen zumindest genauso großen Qualitätsverlust der Energie sorgen. Anders ausgedrückt: Wir müssen so viel Arbeit erzeugen und an den Kühlschrank übertragen, wie sich aus der folgenden Formel ergibt: Bei einem Temperaturverhältnis von $300/30 = 10$ beträgt der Carnotfaktor nämlich $(300 - 30)/30 = 9$, so daß wir 9000 Joule Arbeit investieren müssen, um 1000 Joule Wärme zu gewinnen. Um ein Objekt bei einer Umgebungstemperatur von 300 Kelvin auf 30 Kelvin zu halten, brauchen wir darüber hinaus 700mal mehr Leistung als für Eis (am Gefrierpunkt). Bei einem 100 Watt-Kühlschrank müßte die Leistung auf 70 Kilowatt erhöht werden (was natürlich bei entsprechenden Apparaturen umgangen wird, indem man die Isolierung verbessert und nur eine winzige Probe abkühlt).

Derartig niedrige Temperaturen sind nicht einfach zu erreichen, sondern erfordern mehrere Kühlschritte. Ein Standardverfahren nutzt einen Schritt des Carnotprozesses aus: die adiabatische Expansion eines Gases. Weil dabei die Wärmebewegung der Gasteilchen abnimmt, sinkt die Temperatur. Allerdings treten bei diesem Kühlverfahren verschiedene Schwierigkeiten auf: Man braucht beträchtliche Druckänderungen, um eine vergleichsweise geringe Temperaturabnahme zu erreichen; je niedriger die Temperatur wird, desto geringer wird auch die Kühlwirkung. Darüber hinaus tauchen zusätzlich technische Probleme auf, weil die beweglichen Maschinenteile (etwa der Kolben) geschmiert werden müssen und das die Temperaturbedingungen erheblich beeinflussen kann. Dennoch wird das Verfahren bei einigen kommerziellen Geräten während der Anfangsphase ausgenutzt; man kann Gase damit jedenfalls so weit vorkühlen, daß sie sich anschließend mit einem effizienteren Verfahren auf noch niedrigere Temperaturen bringen lassen.

Ein Gas, das schon ziemlich kalt ist, läßt sich abkühlen, indem man es durch eine Düse oder ein anderes Hindernis strömen läßt, also den Strom drosselt, bevor sich das Gas am Hindernis plötzlich ausdehnen kann. Was dabei geschieht, kann man mit einer Analogie zur Raumfahrt erklären.

Um eine Raumsonde von der Erde in den Weltraum zu schießen, müssen wir ihr eine hohe kinetische Energie mitgeben — durch Zünden eines Raketentriebwerks. (Ein Baseballspieler, der einen Ball schlägt, macht thermodynamisch dasselbe: Sein Körper ,,verbrennt'' Nährstoffe, und ein Teil der so gewonnenen neuen Energie wird dem Ball als kinetische Anfangsenergie mitgegeben.) Nach dem Ausbrennen der Antriebsstufen einer Rakete fliegt die Raumsonde nur noch aufgrund ihres Eigenimpulses weiter. Nun erhöht sich die potentielle Energie der Sonde, während sie sich immer weiter vom Erdmittelpunkt entfernt. Dieser Zuwachs kann aber nicht unbegrenzt über die Triebwerke bestritten werden. Sobald sich die Gesamtenergie der Sonde nicht mehr durch Verbrennung von Treibstoff erhöht, sondern konstant bleibt, muß kinetische Energie in potentielle umgewandelt werden. Die Raumsonde verlangsamt beim Aufstieg allmählich ihre Geschwindigkeit. Damit sie das Schwerefeld der Erde überhaupt verlassen kann, muß sie zu Anfang eine bestimmte Mindestenergie mitbekommen; dieser Mindestbetrag ergibt sich aus der Fluchtgeschwindigkeit (von 11,2 Kilometer pro Sekunde), die die Rakete beim Start erreichen muß.

In gewissem Sinn verhalten sich Gasteilchen paarweise wie Rakete und Erdkörper. Zwei nah beieinander liegende Teilchen sind einer anziehenden Kraft ausgesetzt, die sie an einer räumlichen Trennung hindert — ähnlich wie die Schwerkraft im Fall von Rakete und Erde. Die Kraft zwischen den Gasteilchen ist allerdings elektromagnetischer Natur. Wenn sich ein Gasteilchen von seinem Nachbarn entfernt, muß es aber genauso aus dem anziehenden Potential des anderen ,,flüchten'', wobei sie ebenfalls langsamer werden. Daran ändern auch Zusammenstöße nichts,

Bei der Expansion eines Gases tragen Anziehungskräfte zwischen den Teilchen zur Temperaturabnahme bei. Ähnlich wie Raumsonden beim Verlassen der Erde langsamer werden, weil sie im Schwerefeld potentielle Energie gewinnen und kinetische Energie verlieren, werden die Gasteilchen langsamer, wenn sie sich gegen ihre wechselseitige Anziehung voneinander entfernen. Solange sich das Gas ausdehnt, werden die Abstände der Teilchen im Mittel größer und die Wärmebewegung nimmt entsprechend ab.

denn sobald sich die Stoßpartner trennen, verlieren sie an Geschwindigkeit, weil ihre wachsende potentielle Energie auf Kosten der kinetischen geht.

Überall im Gas laufen Teilchen auseinander und werden dabei langsamer. Aber gleichzeitig bewegen sich auch genauso viele Teilchen aufeinander zu. Sie gleichen Raumsonden, die auf die Erde stürzen und sich dabei beschleunigen. Jetzt wandelt sich die potentielle Energie in kinetische um; die Gas-

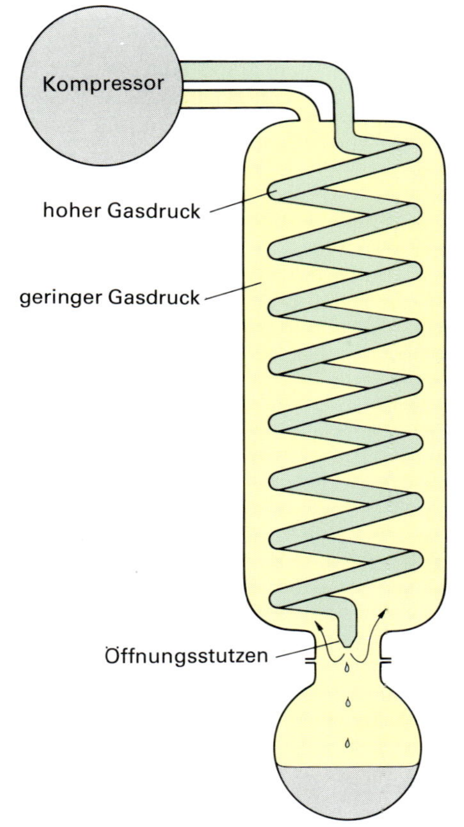

Das *Lindeverfahren* zur Gasverflüssigung in einer schematischen Darstellung. Hoch verdichtetes Gas entspannt sich hinter einer Düse und kühlt dabei durch den Joule-Thomson-Effekt ab. Nach mehreren Verdichtungs- und Entspannungsschritten sinkt die Temperatur des Gases unter den Siedepunkt; es verflüssigt sich und tropft aus dem Rohr.

teilchen ziehen sich gegenseitig an. Da sich im Mittel ebenso viele Teilchen aufeinander zu wie voneinander weg bewegen, bleibt ihre mittlere Geschwindigkeit überall konstant. Da diese Geschwindigkeit, wie wir bereits erwähnt haben, mit der Temperatur verknüpft ist, bleibt die Gastemperatur ebenfalls konstant.

Angenommen, das Gas befindet sich nicht in einem Gefäß mit konstantem Volumen, sondern kann sich plötzlich ausdehnen, dann breiten sich die Teilchen aufgrund ihrer Neigung zum Chaos wahllos über den gesamten verfügbaren Raum aus. Alle ,,Raumsonden" und ,,Erden" dringen in das wachsende Volumen ein, so daß im Mittel mehr Teilchen voneinander weg streben, als sich aufeinander zu bewegen. Im Durchschnitt werden sie daher langsamer. Wenn aber die mittlere Geschwindigkeit der Gasteilchen abnimmt, kühlt das Gas ab. Man bezeichnet diesen Mechanismus als *Joule-Thomson-Effekt* (hier steht der Name Thomson, noch nicht Kelvin).

Der Joule-Thomson-Effekt unterscheidet sich wesentlich von der Abkühlung durch adiabatische Expansion. Bei der adiabatischen Expansion wird Arbeit verrichtet, und es geht Energie an die Außenwelt verloren — unabhängig von anziehenden Kräften zwischen den Teilchen. Dagegen kühlt der Joule-Thomson-Effekt das Gas ab, ohne daß außen Arbeit verrichtet werden muß. Er beruht allein auf den anziehenden Kräften zwischen den Gasteilchen: Durch ihr Streben nach Chaos werden sich die Teilchen zunehmend über einen größeren Freiraum zerstreuen — und gleichzeitig kinetische Energie zugunsten potentieller einbüßen. Abnehmende kinetische Energie bedeutet sinkende Temperatur: Das Chaos hat Kälte erzeugt.

Der Joule-Thomson-Effekt wird kommerziell als Kühlverfahren im Bereich der ersten Zehnerpotenz unter unseren gewohnten Umgebungstemperaturen eingesetzt. Weil das Gas bei jeder Expansion nur um wenige Grad abkühlt, läßt man es in einer Apparatur zirkulieren (die in der Abbildung auf der gegenüberliegenden Seite schematisch dargestellt ist). Auf diese Weise fällt es über viele Temperaturstufen bis unter seinen Siedepunkt hinab. Es wird flüssig und tropft zum Schluß in einen Auffangbehälter. Das ist das Prinzip der Gasverflüssigung nach dem *Lindeverfahren*.

Auch wenn wir flüssige Luft erzeugt haben, die sich unter Normaldruck bei etwa 78 Kelvin bildet, befinden wir uns im Kältebereich noch lange nicht in der Mitte der ersten Zehnerpotenz. Ihr nähern wir uns erst, wenn wir die flüssige Luft benutzen, um Wasserstoff durch den Joule-Thomson-Effekt auf noch geringere Temperaturen zu bringen. Bei 20 Kelvin tropft schließlich flüssiger Wasserstoff aus dem Rohr.

Hier befinden wir uns in einer kalten, toten Welt, in der sämtliche chemischen Reaktionen (und damit alle biologischen Vorgänge) ,,eingefroren'' sind. Die Atome in den Molekülen bewegen sich zwar noch ein wenig, aber ihre Energie reicht nicht mehr aus, um den Bindungspartner zu wechseln. Die Moleküle sind chemisch gesehen scheintot.

Der Trend, sich möglichst überallhin auszubreiten, besteht weiterhin, wird jedoch fast vollständig blockiert. Es gibt nur noch kleine, unbedeutende und flüchtige Schwankungen der Energie in den Bindungen. Die Atome sitzen an ihren Plätzen weitgehend fest. Aber selbst dieser Frost gehört zur Welt der gewöhnlichen Physik: Die Moleküle haben zwar keine Gelegenheit mehr, sich umzuordnen, aber in dem Festkörper bewegt sich immer noch etwas: Die Atome schwingen um ihre festen Positionen im Gitter, das nur chemisch tot scheint, aber physikalisch lebendig bleibt. Qualitativ gleicht das Durcheinander der vibrierenden Atome unserer thermisch turbulenten Welt. Ein thermisches Rauschen erfüllt den Festkörper, dessen Gitter durch die schwingenden Atome erschüttert wird. Damit wir von hier in ein neues Reich der Physik gelangen, müssen wir eine weitere Zehnerpotenz zu tieferen Temperaturen hinabsteigen.

Die zweite Zehnerpotenz

Um der 30 Kelvin-Welt weitere 1000 Joule in Form von Wärme zu entziehen und sie von 30 auf drei Kelvin abzukühlen, brauchen wir nun 9000 Joule Arbeit. Mit dem gleichen Arbeitsaufwand hatten wir in der ersten Zehnerpotenz einen Temperaturrückgang um 270 Kelvin — von 300 auf 30 Kelvin erreicht — jetzt bringen uns die zweiten 9000 Joule nur 27 Kelvin näher zum absoluten Nullpunkt. Um eine Probe bei Normaltemperatur in einer Art Hauskühlschrank auf drei Kelvin zu halten, müßten wir eine etwa 8000mal höhere Leistung erbringen: statt 100 Watt rund 800000 Watt, fast ein Megawatt. Natürlich reduziert sich dieser Leistungsbedarf, wenn man die Apparatur gut isoliert und mit kleinen Proben arbeiten läßt.

Der Schritt von 30 auf drei Kelvin gelingt mit Helium. Zunächst kühlen wir Heliumgas ab (das beispielsweise in Texas zusammen mit Erdgas gefördert werden kann). Helium läßt sich durch thermischen Kontakt mit flüssigem Stickstoff oder flüssiger Luft durch adiabatische Expansion abkühlen, wobei außen Arbeit verrichtet wird. Anschließend wird das kühle Helium wiederholt durch eine Joule-Thomson-Apparatur geschickt, wo es sich nach und nach verflüssigt. Der Siedepunkt von Helium liegt mit 4,2 Kelvin fast zwei Zehnerpotenzen unter der Temperatur, von der wir bei der Picknickszene ausgegangen sind.

Mittlerweile haben wir eine Welt thermischer Ruhe erreicht: Die Atomgitter im Festkörper haben aufgehört zu vibrieren; ohne das thermische Rauschen wird es so still, daß wir eine neue physikalische Welt bemerken, die bei höheren Temperaturen durch die lebhafte Unruhe der Atome verdeckt bleibt. Flüssiges Helium ist *supraleitend*: Es kann elektrische Ströme praktisch widerstandsfrei leiten.

Diese *Supraleitung* wurde im Jahre 1911 von Kamerlingh Onnes entdeckt. Ihre Bedeutung hat M. Zemansky folgendermaßen zusammengefaßt:

Von allen Besonderheiten, die bei niedrigen Temperaturen auftreten, ist die Supraleitung

1. am *spektakulärsten* (elektrische Dauerströme in Metallringen sollten über 100000 Jahre erhalten bleiben),

2. am *nützlichsten* für Physiker und Ingenieure (es ist möglich, supraleitende Magnete, thermische Schalter, reibungsfreie Kreisel und schnelle Minicomputer herzustellen, die so gut wie keine Leistung verbrauchen) und

3. die *verlockendste* für theoretische Physiker (über 46 Jahre war die Supraleitung ein Rätsel, bis 1957 Bardeen, Cooper und Schreiffer der erste theoretische Durchbruch gelang).

Die Mikrowellenantenne, mit der Arno Penzias und Robert Wilson die kosmische Hintergrundstrahlung entdeckten. Sie steht bei den Bell-Laboratorien in New Jersey. Beim Betrieb muß der Detektor stark gekühlt werden, damit das schwache Signal aus dem Weltraum nicht vom elektronischen Rauschen verdeckt wird.

Die Supraleitung wird heute technisch in der Fusionsforschung angewendet, um Magnetfelder für den Plasmaeinschluß zu erzeugen. (Damit die Atomkerne überhaupt verschmelzen und Energie abgeben können, müssen bestimmte Zündbedingungen in einem heißen Plasma erfüllt sein; dieses Plasma wird mit Magnetfeldern zusammengehalten.) Die Leistung, die für die Kühlung der supraleitenden Magnetspulen bei so niedrigen Temperaturen benötigt wird, ist nur ein „Tropfen", gemessen an der möglichen Gesamtleistung eines Fusionsreaktors. Eine gute Reaktortechnologie sollte mit einer Eingangsleistung von etwa zehn Megawatt auskommen, um eine Million Megawatt Ausgangsleistung zu erzielen.

Dicht unter der Schwelle zur Supraleitung tritt bei 2,2 Kelvin als „Schwestereigenschaft" die *Suprafluidität* auf. Wie bei der Supraleitung ein Strom — und das heißt, ein Fluß von Elektronen — unbegrenzt erhalten bleibt, so dauert bei der Suprafluidität eine Strömung — ein Fluß von Atomen — ewig an. Allerdings ist nur Helium suprafluid, während es mehrere supraleitende Metalle gibt. Mit der Suprafluidität verschwindet jede Zähigkeit oder Viskosität der Flüssigkeit; sie kriecht um Apparaturen herum, durch Kapillaren, einfach überall hin.

Diese bizarren Materialeigenschaften laden geradezu ein, sich länger damit zu befassen, aber das würde uns zu weit von unserem Thema abbringen. (Wer sich näher informieren möchte, findet dazu einige Hinweise im Literaturverzeichnis.)

Bei drei Kelvin haben wir eine Temperatur erreicht, die in der Kosmologie eine wichtige Rolle spielt: Es ist die Temperatur der 3K-Strahlung, die das gesamte Universum durchsetzt. Wer im Freien ein Picknick macht, ist verschiedenen Strahlungen ausgesetzt. Wenn wir uns davon einmal die intensive Sonnenstrahlung, die unsichtbare kosmische Höhenstrahlung, die natürliche Radioaktivität der Erde und die langwelligen Radio- und Fernsehausstrahlungen wegdenken, in denen wir alle baden, bleibt ein Strahlungs-,,Hauch'' mit einer Wellenlänge von etwa drei Zentimetern als Strahlungshintergrund übrig. Das haben Arno Penzias und Robert Wilson entdeckt, als sie 1965 bei großer ,,Radioruhe'' durch einen glücklichen Zufall auf diese *kosmische Hintergrundstrahlung* aufmerksam wurden. Es handelt sich dabei um Mikrowellen in einem breiteren Wellenlängenbereich um drei Zentimeter; die Intensität weist bei drei Zentimetern ein Maximum auf, und der Verlauf — die Strahlungscharakteristik — entspricht der Wärmeabstrahlung eines schwarzen Körpers, der eine Temperatur von etwa drei Kelvin hat (exakt sind es 2,7 Kelvin). Es handelt sich um Reststrahlung aus dem Urknall, der den Beginn des Universums markiert.

Die heutigen kosmologischen Modelle gehen davon aus, daß das Universum sich aus einem Zustand mit unendlicher Dichte und Temperatur explosionsartig in Raum und Zeit auszudehnen begann. Als es rund 700000 Jahre alt war, lag die Temperatur nur noch bei 3000 Kelvin, so daß Materie auskondensierte — nachdem sich Strahlung und Materie entkoppelt hatten. Seitdem hat sich das Universum weiter ausgedehnt, und mit ihm die Wellenlängen der aus dem Urknall stammenden Strahlung. Dadurch liegen die Wellenlängen der Hintergrundstrahlung heute im Bereich von drei Zentimetern. Die Strahlung hat sich bei der Expansion auf drei Kelvin abgekühlt. Da sie dabei bis auf die kurze Anfangsphase nicht in thermischem Kontakt mit der Materie war, ist nicht alles im Universum so kalt. Unsere Picknickszene symbolisiert in dieser Hinsicht also zwei Welten: die Welt der warmen Materie und die der kalten unsichtbaren 3K-Hintergrundstrahlung. Alle Szenen, etwa das Picknick auf der Erde bei 300 Kelvin oder, nur einige Lichtminuten weiter, die Eruptionen auf der Sonne bei 6000 Kelvin, spielen sich vor einem unvorstellbar kalten Hintergrund ab: Wir sind als Handelnde nur winzige heiße Punkte in den Weiten kosmischer Kälte.

Die Zehnerpotenzen dicht am absoluten Nullpunkt

Die nächste Zehnerpotenz führt von drei auf 0,3 Kelvin hinab. Wir nähern uns dieser tiefen Temperatur in zwei Schritten, wobei der erste bei einem Kelvin endet.

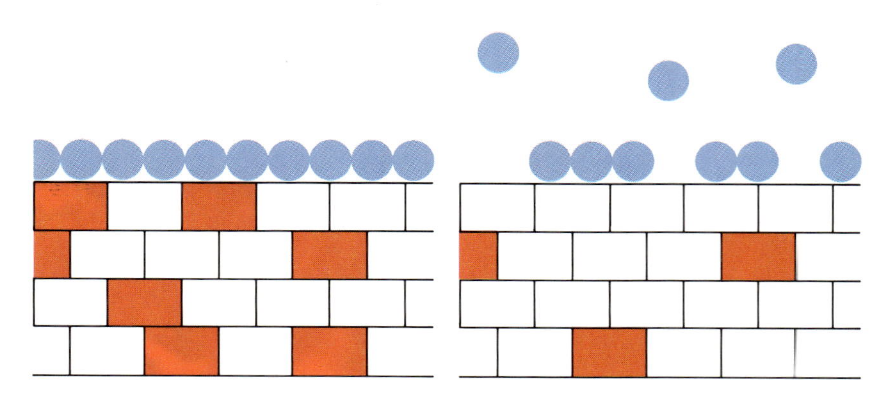

Verdampfende Flüssigkeiten kühlen ihre Umgebung ab. Die Teilchen in einem dünnen Flüssigkeitsfilm (blau), der eine warme Oberfläche bedeckt (oder auch den Hauptteil einer Flüssigkeit) brauchen Energie, um entweichen zu können. Sie müssen die Adhäsion zur Oberfläche (oder die Kohäsion zu anderen Flüssigkeitsteilchen) überwinden. Entweichende Teilchen entziehen den Oberflächenatomen also Energie und versetzen sie in den AUS-Zustand.

Für diesen ersten Schritt machen wir uns einen Kühlmechanismus zunutze, den wir auch am eigenen Leibe spüren können, wenn wir im Schwimmbad aus dem Wasser steigen. Die Wassermoleküle an unserer Haut verdunsten und verlieren sich im Chaos. Dabei müssen sie die *Adhäsions-* und *Kohäsionskräfte* überwinden, durch die sie mit der Haut (Adhäsion) und untereinander (Kohäsion) verhaftet sind. Die notwendige Energie beziehen die Wassermoleküle aus der Wärme unseres Körpers. Ist sie einmal absorbiert, kann das befreite Molekül in die Umgebung entweichen. Wir kühlen ab, weil die Wahrscheinlichkeit, daß die verdunsteten Wassermoleküle die abgezogene Wärmeenergie jemals zurückbringen, verschwindend gering ist.

Diese Verdunstungskälte wurde in den ältesten Kühlschränken ausgenutzt. Den ersten davon baute in der Mitte des 18. Jahrhunderts ein Chemieprofessor der Universität Edinburgh: William Cullen. Er ließ Wasser verdunsten und pumpte den Wasserdampf ab. Den gleichen Kühleffekt beobachtet man beim Verdampfen von flüssigem Helium, dessen Temperaturen zwei Zehnerpotenzen niedriger liegen. Die Oberflächenatome der Probe erhalten aus der warmen Umgebung genügend Energie, um sich von ihren Nachbarn zu trennen. Sie entweichen mitsamt ihrer Energie und bilden ein Gas. Die zurückbleibende Flüssigkeit ist nun kühler als zuvor. Freilich mußten wir dafür etwas von dem schwer erworbenen flüssigen Helium opfern, aber dafür sinkt die Temperatur auch auf ein Kelvin — und die 0,3 Kelvin rücken in greifbare Nähe.

Wir wollen unsere Probe magnetisch weiterkühlen — eine raffinierte Anwendung des Zweiten Hauptsatzes. Dazu müssen wir erst einmal das Handwerkszeug unseres Verfahrens kennenlernen und uns ein wenig mit *Magnetismus* beschäftigen.

Wenn ein Stoff magnetisch ist, sind dafür letztlich die Elektronenspins verantwortlich. Der *Spin* eines Elektrons ist eine Art Drall oder Eigendrehimpuls, den wir uns als Kreiselbewegung vorstellen können. (Tatsächlich handelt es sich um eine quantenmechanische Eigenschaft der Elektronen, die sich grundsätzlich vom makroskopischen Eigendrehimpuls etwa eines Kreisels unterscheidet.) Magnetismus entsteht durch den Spin, weil jedes Elektron geladen ist und deshalb — wie alle bewegte Ladungen — ein Magnetfeld induziert. Jedes Elektron verhält sich wie ein winziger Stabmagnet — mit einem wichtigen Unterschied: Ein Stabmagnet mit Milliarden Elektronen darin kann in einem Magnetfeld in beliebige Richtungen gedreht werden, aber bei einem Elektron sind nur zwei Orientierungen möglich; diese Einschränkung folgt aus der Quantentheorie.

Elektronen besitzen einen quantenmechanischen Eigendrehimpuls, genannt Spin. Für unsere Zwecke können wir uns jedes Elektron als einen winzigen Kreisel vorstellen (links). Da es eine elektrische Ladung besitzt und bewegte Ladungen ein Magnetfeld induzieren, ist sein Spin mit einem magnetischen Dipolmoment verknüpft: Ein Elektron verhält sich in vieler Hinsicht wie ein Stabmagnet (rechts).

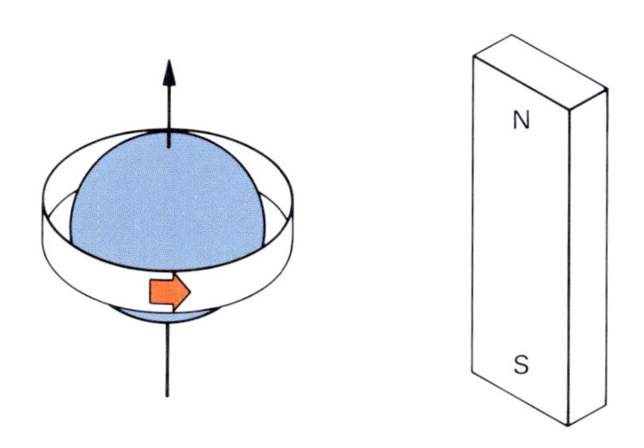

Ein Stabmagnet kann sich nach der klassischen Physik in beliebige Richtungen orientieren. Wenn ein Magnetfeld angelegt wird, entsprechen die verschiedenen Orientierungen verschiedenen Energiezuständen, denn es erfordert jeweils eine andere Energie, den Stabmagneten in Feldrichtung zu drehen. Nach der Quantentheorie sind bei den Elektronen jedoch nur zwei magnetische Orientierungen beobachtbar, die wir AUFWÄRTS und ABWÄRTS nennen wollen; sie sind hier symbolisch durch die äußeren Stabmagneten wiedergegeben.

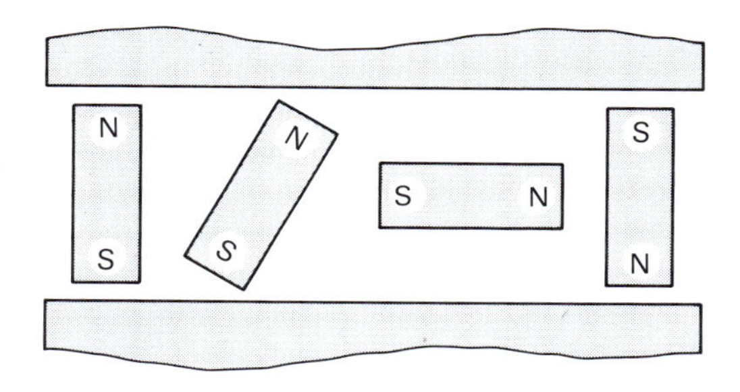

Modell einer paramagnetischen Substanz. Ursache des Paramagnetismus sind ungepaarte Elektronen, deren Magnetfelder nicht durch das entgegengerichtete Feld eines ,,Partnerelektrons'' kompensiert werden. Solange kein äußeres Magnetfeld angelegt wird, kommen in paramagnetischen Substanzen gleich viele AUFWÄRTS- und ABWÄRTS-Spins vor.

Man bezeichnet sie einfach als ,,aufwärts'' oder ,,nach oben'' beziehungsweise ,,abwärts'' oder ,,nach unten''. Damit ist aber nicht unbedingt die senkrechte Raumrichtung gemeint, und wir werden — in Analogie zu den AN- und AUS-Zuständen — von AUFWÄRTS- und ABWÄRTS-Orientierungen sprechen. In den meisten Stoffen sind die Elektronenspins zu gleichen Teilen AUFWÄRTS und ABWÄRTS orientiert. Man sagt, die Elektronen sind *gepaart*. Ihre Magnetfelder heben sich dann paarweise auf, so daß nach außen kein Magnetismus wirksam wird. In einigen Substanzen halten sich die AUFWÄRTS- und ABWÄRTS-Elektronen allerdings nicht die Waage; dann ist das Material *paramagnetisch*.

In einem einfachen Modell ist dieser Paramagnetismus auf dieser Seite dargestellt: Als Spingitter, in dem die ungepaarten AUFWÄRTS- und ABWÄRTS-Elektronen durch Stabmagneten angedeutet sind.

Betrachten wir dazu als Beispiel Gadoliniumsulfat: Jedes Gadoliniumion besitzt sieben Elektronen, die alle sozusagen im gleichen Drehsinn kreiseln, also alle entweder gemeinsam AUFWÄRTS oder aber gerade ABWÄRTS orientiert sind. Diese Ionen sind von ihren Nachbarn durch eine Hülle aus Sulfationen und Wassermolekülen getrennt. Dadurch wirken die jeweils sieben Elektronen fast wie eine geschlossene Einheit. Im Modell des Spingitters ist ein viel einfacherer Aufbau wiedergegeben. Hier kommen nur Einzelelektronen vor, mit denen man die wesentlichen Merkmale des Paramagnetismus bereits nachvollziehen kann, ohne sich in den komplizierten Details einer realen Verbindung zu verlieren.

Der Zusammenhang zwischen Paramagnetismus und Zweitem Hauptsatz dürfte nun nicht mehr schwer zu erkennen sein. Die Elektronenspins eröffnen einen zusätzlichen Weg zum Chaos: Zwischen den beiden möglichen Spinorientierungen AUFWÄRTS und ABWÄRTS kann der Dämon nämlich ganz ähnlich wie zwischen AN- und AUS-Zuständen ,,umschalten'' — was ihm eine zusätzliche Handlungsfreiheit gibt. Das Umklappen der Spins erhöht als neuer Entropiebeitrag das Chaos. Und dieses ,,magnetische'' Chaos können wir mit Hilfe des Zweiten Hauptsatzes zur Kühlung benutzen. Angenommen wir wollen eine nicht magnetische Probe abkühlen, dann wird die Anzahl der AUFWÄRTS- und ABWÄRTS-Elektronen im Anfangszustand gleich sein. Da sich die Teilchen in unserer Verbindung thermisch bewegen, befinden sich einige im AN- und andere im AUS-Zustand.

Die vier Möglichkeiten sind im Mark II-Modell durch Farben dargestellt: AN rot, AUS weiß, AUFWÄRTS gelb und ABWÄRTS grün. Die Entropie einer solchen Probe ergibt sich aus den Kombinationen, in denen sich sämtliche AN-, AUS-, ABWÄRTS- und AUFWÄRTS-Zustände im System anordnen lassen.

Mit Hilfe eines äußeren Magneten wollen wir nun ein Feld an die Probe legen. Die verschiedenen Orientierungen bei den Elektronenspins entsprechen dann verschiedenen Energien — wie bei jedem Stabmagneten, der einem Magnetfeld ausgesetzt wird. Wir können nun den Energiebeitrag der AUFWÄRTS- und ABWÄRTS-Zustände im Hinblick auf die Temperatur betrachten, wobei wir der Einfachheit halber von den AN/AUS-Energien absehen, die im Prinzip nichts ändern. Nehmen wir an, daß im angelegten Magnetfeld die AUFWÄRTS-Orien-

Das Mark II-Modell einer paramagnetischen Substanz bei einer willkürlich gewählten Temperatur. Jetzt gibt es je zwei magnetische und thermische Zustände: die beiden Orientierungen der Elektronenspins AUFWÄRTS (gelb) oder ABWÄRTS (grün) und natürlich weiterhin der AN- (rot) oder AUS-Zustand (weiß) der Atome. Die Spinorientierungen tragen unabhängig von den AN- und AUS-Zuständen zur Entropie bei. Die gezeigten Anordnungen weisen die gleiche Verteilung von AN und AUS auf, unterscheiden sich aber in der jeweiligen Verteilung für die AUFWÄRTS- und ABWÄRTS-Spins.

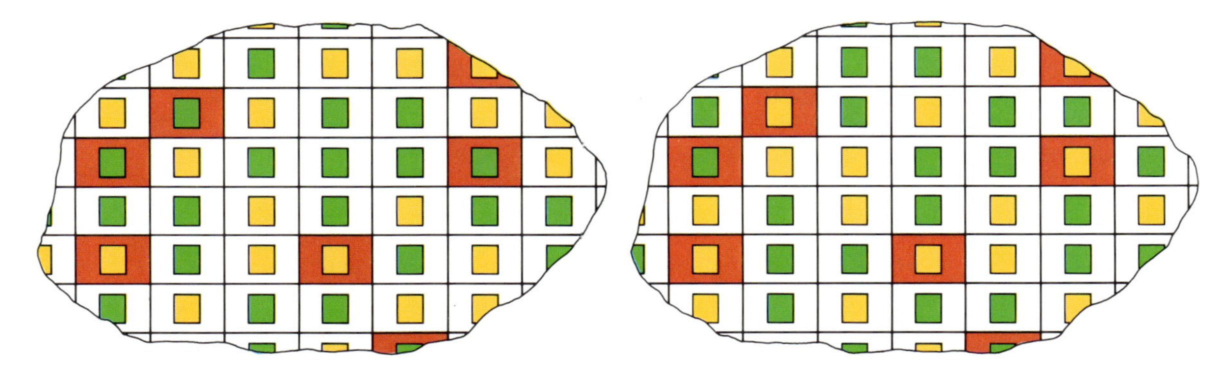

tierung einem höheren Energiezustand entspricht als die ABWÄRTS gerichtete.

Sofern das Zahlenverhältnis zwischen AUFWÄRTS- und ABWÄRTS-Elektronen auch dann gleich bliebe, wenn das äußere Feld stärker wird, entspräche das einem Anstieg der Temperatur. Sie würde sogar ins Unendliche steigen! Das ergibt sich aus der folgenden Gleichung:

Temperatur
$= 1 / \log (\text{Anzahl}_{\text{ABWÄRTS}} / \text{Anzahl}_{\text{AUFWÄRTS}})$.

Wenn die Anzahl beider gleich ist und ihr Verhältnis 1 beträgt, lautet die Gleichung:

Temperatur $= 1 / \log (1) = 1 / 0 = \infty$.

Die Temperatur wird unendlich. Dieses Ergebnis gilt ganz allgemein für Systeme, in denen zwei Zustände unterschiedlicher Energie gleich stark besetzt sind.

Bevor das Spingitter der Elektronen unendlich heiß würde, käme es jedoch zum Energieausgleich mit der Umgebung: Die höherenergetischen AUFWÄRTS-Spins klappen um in die ABWÄRTS-Orientierung, bis sich ein thermisches Gleichgewicht mit der Umgebung eingestellt hat. Dadurch gibt es schließlich mehr ABWÄRTS- als AUFWÄRTS-Spins. Das wiederum bedeutet, daß sich die Magnetfelder der ungepaarten Elektronenspins nicht mehr länger aufheben und die Probe im Gleichgewichtszustand magnetisiert ist. Dieser Magnetisierungsvorgang wird einzig und allein dadurch gesteuert, daß sich die Energie aus den AUFWÄRTS-Zuständen in die Umgebung der Probe ausbreitet — er verläuft *isotherm*.

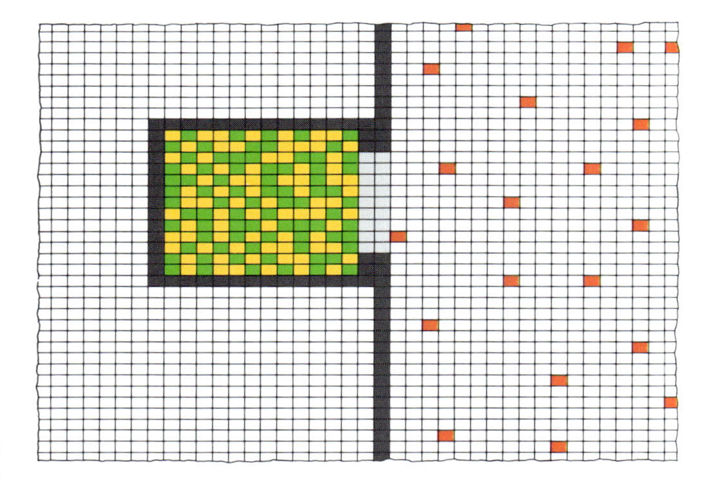

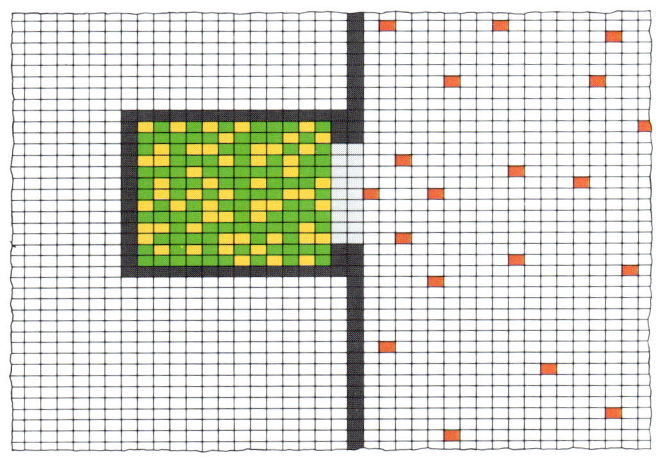

Das Modell für die isotherme Magnetisierung. Zu Beginn sind im System gleich viele Spins in AUFWÄRTS- beziehungsweise ABWÄRTS-Orientierung (oben); die Probe befindet sich in thermischem Kontakt mit einem Wärmereservoir. Wenn nun ein Magnetfeld angelegt wird, entsprechen AUFWÄRTS- und ABWÄRTS-Zustände verschiedenen Energien; die Spins mit der höherenergetischen Orientierung klappen um und setzen dabei Energie frei, die als Wärme in das Reservoir fließt (unten).

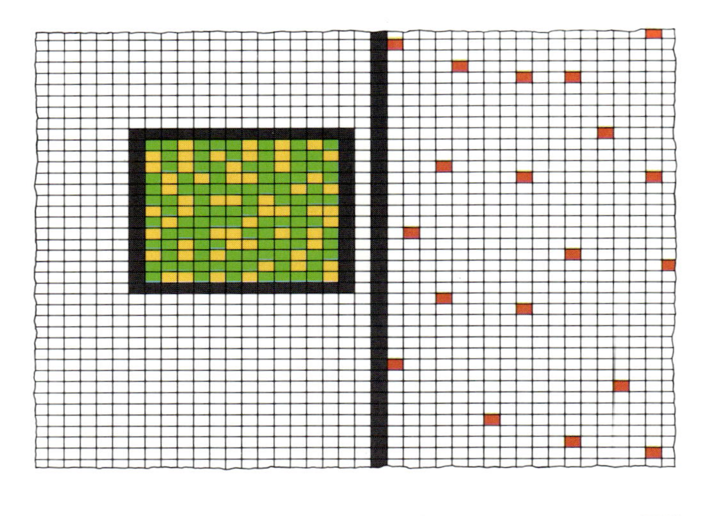

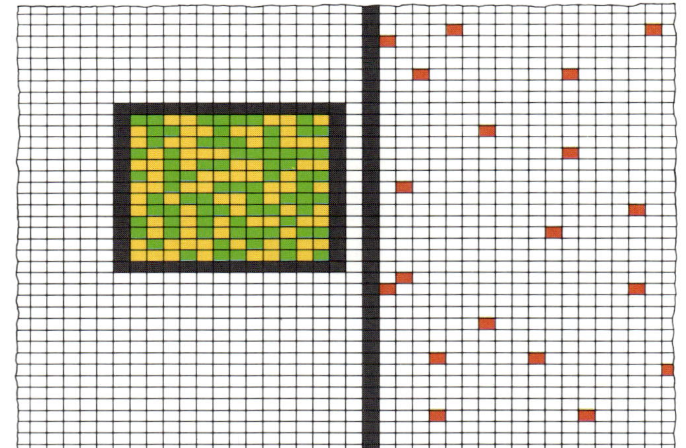

Das Modell für die adiabatische Entmagnetisierung beim Absinken des äußeren Feldes. Anfangs entspricht die Spinverteilung einem magnetisierten Zustand, in dem eine Orientierung (grün) deutlich überwiegt; jetzt ist aber der Kontakt mit dem Reservoir unterbrochen. Wird das äußere Magnetfeld auf Null reduziert, so gleichen sich die Anzahlen der Spins mit AUFWÄRTS- und ABWÄRTS-Orientierung an; beide Spinzustände sind schließlich gleich stark besetzt (unten). Gleichzeitig hat die Spinentropie zugenommen. Solange die adiabatische Entmagnetisierung quasistatisch abläuft, bleibt aber die Gesamtentropie trotzdem konstant.

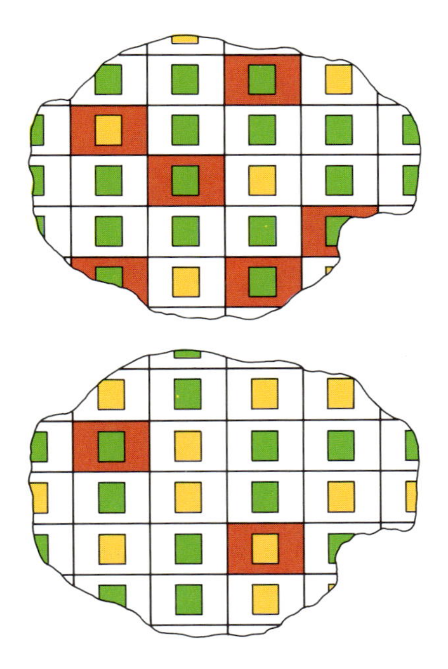

Die Entropie bleibt bei der quasistatischen Entmagnetisierung konstant, weil der thermische Entropiebeitrag geringer wird. Am Anfang (oben) befinden sich die meisten Spins im ABWÄRTS-Zustand (grün), aber nach und nach klappen immer mehr um — zu Lasten der thermischen Energie. Nach einiger Zeit (unten) befinden sich weniger Atome im AN-Zustand (rot); die Probe hat sich abgekühlt. Während die Spinentropie gewachsen ist, hat die Entropie aufgrund der AN/AUS-Verteilung abgenommen.

Nachdem wir unsere Probe magnetisiert haben, unterbrechen wir den thermischen Kontakt mit der Umgebung, so daß ein adiabatischer Schritt folgt. Bei der isolierten Probe kann Energie nun nicht mehr in Form von Wärme entweichen oder eindringen. Was wird unter diesen Umständen passieren, wenn wir das Magnetfeld sehr langsam (quasistatisch) wieder auf Null reduzieren? Die Magnetisierung der Probe wird am Ende natürlich ebenfalls auf Null sinken, weil es im feldfreien Zustand keine bevorzugte Richtung für die Elektronenspins gibt. Da kein Wärmeaustausch mit der Umgebung stattfinden kann, verläuft diese Entmagnetisierung *adiabatisch*.

Die Probe kühlt sich während der adiabatischen Entmagnetisierung zunächst bei konstanter Entropie ab, weil das Magnetfeld quasistatisch, also frei von Turbulenzen und Entropieerzeugung, verringert wird. Sobald das Magnetfeld verschwunden ist, können die Spins willkürlich AUFWÄRTS oder ABWÄRTS orientiert sein, denn ihre Energie hängt nicht von einer Feldrichtung ab. Nichts schreibt mehr fest vor, wie das ABWÄRTS/AUFWÄRTS-Verhältnis bei gegebener Temperatur aussehen muß, da die beiden Spinorientierungen jetzt wieder energetisch gleichwertig sind. Der Dämon gewinnt daher ohne Magnetfeld mehr Handlungsfreiheit. Während der Entmagnetisierung nimmt der Entropiebeitrag aufgrund der Spins also zu. Insgesamt bleibt die Entropie in der (thermisch isolierten) Probe jedoch konstant. Offenbar wird die Entropiezunahme bei den Spinorientierungen durch irgendeine Entropieabnahme kompensiert.

Als einzige Ursache kommt hierfür die Wärmebewegung der Atome in Betracht: die Anordnungsmöglichkeiten für die bislang vernachlässigten AN- und AUS-Zustände. Wenn die Gesamtentropie in der Probe während der Entmagnetisierung gleich bleibt, muß der Entropiebeitrag aufgrund der atomaren Wärmebewegung sinken. Aus diesem Grund nimmt die Wärmebewegung selbst ab — und mit ihr die Temperatur der Probe. Für einen außenstehenden Beobachter kühlt sich das System ab. Die Elektronenspins haben dabei gleichsam wie winzige Kühlschränke in der Probe gewirkt, die mit isothermer Magnetisierung und adiabatischer Entmagnetisierung betrieben werden: Unter dem Einfluß des Magnetfeldes wurde Energie von den Atomen in die Umgebung transportiert.

Mit Hilfe der magnetischen Kühlung lassen sich Festkörper auf 0,3 Kelvin und sogar noch zwei Zehnerpotenzen weiter auf 0,003 Kelvin abkühlen. Dann hört im Innern der Festkörper auch das physikalische Leben weitgehend auf: Die Bewegung der Atome reicht allenfalls noch vereinzelt zu einem leisen Läuten. Hier sind wir aber keineswegs am Ende unserer Reise zu den kältesten Temperaturen. Auch diesen letzten Rest an Bewegung können wir mit Hilfe umklappender Spins „beruhigen“: Nicht nur Elektronen, auch Atomkerne besitzen einen quantenmechanischen Eigendrehimpuls, viele Kernspins verhalten sich ebenfalls wie winzige Stabmagneten. Sie lassen sich besonders effizient zum Kühlen nutzen: Mit der adiabatischen Kernentmagnetisierung wurde ein Kälterekord aufgestellt, der im gesamten Sonnensystem an keiner Stelle übertroffen wird — und möglicherweise nicht einmal in der Milchstraße oder gar im gesamten Universum. Im Jahre 1984 lag diese tiefste Temperatur bei 0,000 000 02 Kelvin, zehn Zehnerpotenzen unter der Außentemperatur bei unserer Picknickszene. Eine derartige Kälte ist das Kunstprodukt einer weit fortgeschrittenen Zivilisation, denn um sie zu erreichen, muß man die natürliche Umwandlungsrichtung nahezu vollständig umkehren. Die physikalischen Prozesse in dieser Welt der nahezu absoluten Ruhe haben praktisch aufgehört.

Die Zehnerpotenzen bei steigender Temperatur

Nun ist es an der Zeit, zur Picknickszene zurückzukehren und zu überlegen, was sich verändert, wenn wir die Temperatur in Zehn^{hoch}-Schritten erhöhen. Der erste davon führt von 300 auf 3000 Kelvin — und damit zu einer Temperatur, die ausreichen würde, bis auf wenige Stoffe alles zu verbrennen oder zu schmelzen. (Wolfram, das Metall mit dem höchsten Schmelzpunkt, wird bei 3387 Kelvin, entsprechend 3114 Grad Celsius, flüssig.) Bei Temperaturen um 3000 Kelvin steht so viel Energie zur Verfügung, daß die atomaren Bindungen unabhängig von zufälligen Schwankungen in der Verteilung jederzeit aufbrechen können. Insbesondere werden die komplexen langkettigen Moleküle, auf die jedes Lebewesen angewiesen ist, zerlegt. Aus Proteinen wird Kohlendioxid, das seinerseits der Zerstörung anheimfällt, und sich in seine atomaren Bestandteile auflöst. Das Chaos ist nahezu vollständig entfesselt: Die Atome können sich frei von chemischen Bindungen überallhin bewegen. Moleküle gehören einer kälteren Vergangenheit an.

Bei einer Temperatur von 3000 Kelvin haben wir nicht nur die vertraute Chemie verlassen, sondern wir lernen auch ein neues Reich der Physik kennen: Viele Elektronen werden nun von ihren Mutteratomen befreit; sie haben genügend Energie, um aus dem Kernpotential in entferntere Regionen zu entweichen. Ein solches Gas aus Kernen und Elektronen heißt *Plasma*. Diese 3000 Kelvin-Welt ist undurchsichtig, weil geladene Teilchen mit der elektromagnetischen Strahlung in Wechselwirkung treten und dabei Licht nicht nur abstrahlen, sondern auch verschlucken. Die Plasmateilchen können sowohl untereinander als auch mit den Photonen (oder Lichtquanten) des elektromagnetischen Feldes zusammenstoßen, so daß ständig zwischen Materie und Strahlung Energie transportiert wird. Temperaturunterschiede werden auf diese Weise ausgeglichen. Strahlung und Materie befinden sich in thermischem Kontakt, und das Universum ist wieder eine thermische Einheit.

Wenn ich hier *wieder* sage, bezieht sich das auf ein thermisches Gleichgewicht, das im frühen Universum herrschte und nun im Plasma lokal wieder erreicht wird. Wir haben bereits erwähnt, daß sich das Universum seit dem Urknall ausgedehnt und abgekühlt hat und dabei die Temperatur von 3000 Kelvin nach etwa 700000 Jahren unterschritten wurde. Erst zu diesem Zeitpunkt klarte das Universum auf. In dem heißen Entwicklungsstadium davor waren die Elektronen und Kerne noch nicht zu Atomen kondensiert, sondern bildeten ein helles, undurchsichtiges Gas, das den Raum füllte. Als die Temperatur unter die 3000 Kelvin-Marke gesunken war, blieben die Elektronen an den Kernen hängen; das waren hauptsächlich freie Protonen, die mit den eingefangenen Elektronen nun Wasserstoffatome bildeten. Mit der so auskondensierten Materie konnte das Licht nicht mehr im gleichen Ausmaß in Wechselwirkung treten wie zuvor. Es wurde daher auch nicht mehr so stark verschluckt, und das Universum wurde durchsichtig. Wenn wir bei den gegenwärtigen Temperaturen in die Tiefen des Alls blicken (oder genauer: Licht aus einer fernen Vergangenheit erforschen) können, dann nur deshalb, weil die 3000 Kelvin-Marke einmal unterschritten wurde. Ein hypothetischer Beobachter, der durch die Dimensionen der Temperatur reiste und bei 3000 Kelvin aufbräche, würde vielleicht über die Vielfalt unserer thermisch sehr viel ruhigeren Welt im relativ schmalen Bereich um 300 Kelvin staunen.

Wenn wir die Temperatur in einem Riesenschritt hinreichend erhöhen, brechen sogar die Kernkräfte auf, und die Kernteilchen werden freigesetzt. Bei 30000000000 Kelvin — der 2000fachen Zentraltemperatur der Sonne — kann kein Atomkern unbeschadet überleben: Überall ist genug Energie vorhanden, um die Kernteilchen voneinander zu trennen und damit das Chaos zu vermehren. Steigt die Temperatur nun noch einmal auf das Zehnfache, so werden die Kerne einschließlich der Protonen zerstört. Dann wird eine Temperatur (wenn auch nicht Dichte) erreicht, wie sie im frühen Universum nur etwa eine Hundertstelsekunde nach Beginn des Urknalls herrschte. Auch die Atome der Picknickszene würden in dieser thermonuklearen Glut „verbrennen".

Negative Temperaturen

Auch wenn es so aussieht, als nähere sich unsere Reise mit unbegrenzt ansteigender Temperatur dem Ende, weil es jenseits von Unendlich nichts mehr geben kann, werden wir sie weiter fortsetzen. Das gelingt uns nur, wenn wir Temperatur in einem etwas allgemeineren Sinne deuten als bisher. Dazu wollen wir wieder das Modelluniversum heranziehen und ein System betrachten, in dem mehr Atome im AN- als im AUS-Zustand sind. Eine solche Anordnung läßt sich auf natürlichem Wege durch Wärmezufuhr nicht erreichen, weil es in Wärmereservoirs stets weniger AN- als AUS-Atome gibt. Im Universum wird daher kaum spontan ein Bereich entstehen, in dem mehr AN- als AUS-Zustände vorkommen. Aber in unserem Modell können wir diese künstliche Anordnung zustande bringen und verfolgen, welche Eigenschaften ein derartiges System hat. (Später werden wir sehen, daß sich solche Systeme technisch realisieren lassen.)

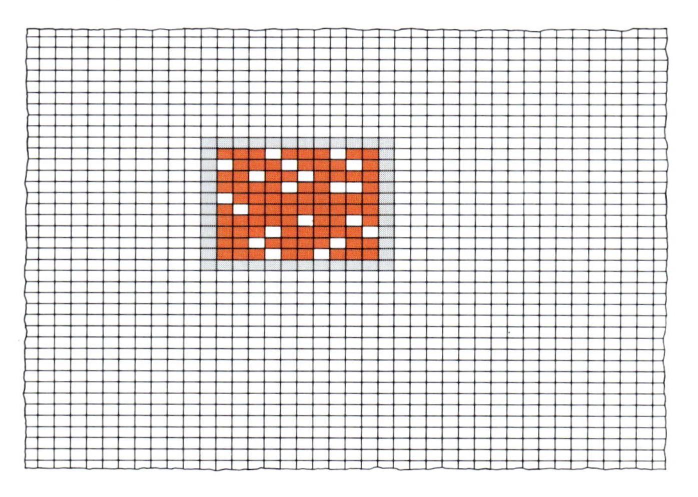

Das Modell für ein thermisch isoliertes System mit negativer Temperatur. Hier sind mehr Atome AN als AUS, so daß der Logarithmus des AUS/AN-Verhältnisses – und damit nach unserer Definition auch die Temperatur – negativ wird. In diesem Beispiel befinden sich 80 Atome im AN- und 20 im AUS-Zustand, so daß die Temperatur –0,72 beträgt.

Zunächst einmal ist die Temperatur *negativ*. Dies folgt aus unserer Definition der Temperatur als Logarithmus des atomaren AN/AUS-Verhältnisses. In der auf der vorigen Seite abgebildeten Anordnung sind 80 Atome AN und 20 AUS, und das bedeutet:

Temperatur
$= 1 / \log(\text{Anzahl}_{AUS} / \text{Anzahl}_{AN})$
$= 1 / \log(20/80 = 1/\log(0{,}25) = -0{,}72.$

Das Ergebnis vom Betrag 0,72 gibt die Temperatur in dimensionslosen Einheiten wieder; es wäre ein Zufall, wenn dieser Wert auch −0,72 Kelvin entspräche, denn bei der Umrechnung in die übliche Temperatureinheit müssen wir berücksichtigen, wieviel Energie benötigt wurde, um Atome in den AN-Zustand zu versetzen (siehe Anhang 2).

Das System besitzt bei dieser negativen Temperatur mehr Energie als bei irgendeiner positiven Temperatur. Darum ist es im energetischen Sinne sozusagen heißer! Insbesondere gilt das auch im Vergleich zu unendlich hohen positiven Temperaturen: Systeme mit negativen Temperaturen sind, gemessen am AUS/AN-Verhältnis, heißer als Unendlich.

Schauen wir uns das genauer an. Eine unendliche Temperatur entspricht einem 1:1-Verhältnis der AN- und AUS-Zustände — beide sind im System gleich stark besetzt. Wenn wir nun noch ein weiteres Atom in den AN-Zustand versetzen, indem wir die erforderliche Energie aufwenden, gelangen wir bereits in das sonderbare Reich der negativen Temperaturen. Wenn sich 80 Prozent der Atome im AN-Zustand befinden, wie in unserem Beispiel, ist die negative Temperatur mit −0,72 relativ gering; für 51 AN-Atome pro 49 AUS-Atome wird die Temperatur sozusagen noch negativer: Sie beträgt nun −25. In einem hinreichend großen System kann das AN/AUS-Verhältnis beliebig nahe an Eins herankommen, so daß sich mit wenigen zusätzlichen AN-Zuständen gewaltige Temperatursprünge erzielen lassen. Bei einem System mit einer Million Atomen beispielsweise wird die positive Temperatur unendlich, wenn jeweils 500000 Atome AN beziehungsweise AUS sind. Jetzt genügt ein einziges zusätzliches AN-Atom, um die Temperatur von positiv Unendlich auf −250000 springen zu lassen.

Wenn wir dies auf reale Systeme anwenden, die aus Milliarden Atomen bestehen, könnte ein zusätzlicher AN-Zustand die Temperatur von plus Unendlich nach minus Unendlich schalten. Steigt die Zahl der AN-Atome im Verhältnis zu den AUS-Atomen dann weiter an, so strebt die Temperatur gegen Null, bleibt allerdings im negativen Bereich. Dieser Verlauf ist für ein System mit 100 Atomen in der Abbildung unten auf dieser Seite wiedergegeben.

Das sprunghafte Verhalten unserer Meßgröße Temperatur ist deshalb so befremdlich, weil sich der Anteil der AN-Atome stetig erhöht und das AN/AUS-Verhältnis auch bei Eins keinen Sprung aufweist. Diese Unste-

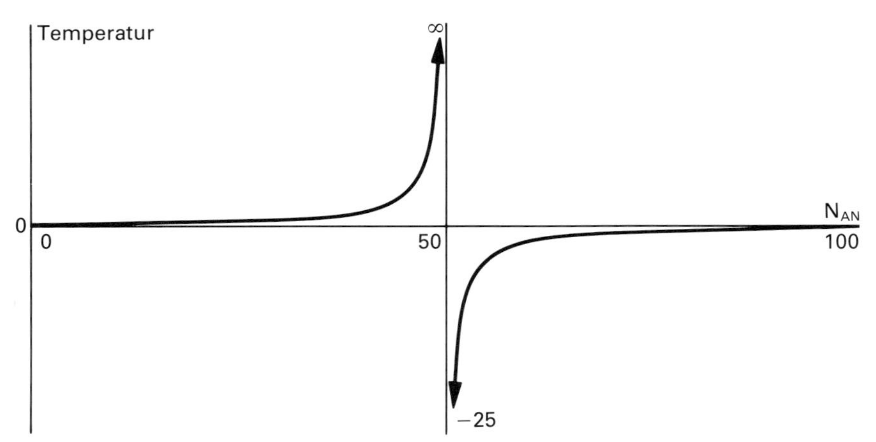

Die Temperatur eines 100-atomigen Systems hängt vom Anteil der AN-Atome ab. Solange weniger als 50 Atome AN sind, hat die Temperatur positive Werte zwischen Null und Unendlich (bei Null beziehungsweise 50 Atomen im AN-Zustand). Wenn sich bereits 50 Atome im AN-Zustand befinden (und das AUS/AN-Verhältnis auf Eins gesunken ist), führt ein einziges zusätzliches AN-Atom zu einem Temperatursprung von Unendlich auf −25. (Bei Systemen mit mehr Atomen würde der eine hinzukommende AN-Zustand die Temperatur noch weiter in Richtung minus Unendlich verschieben.)

tigkeit beruht auf unserer Definition der Temperatur über den Kehrwert eines Logarithmus. Der Sprung würde verschwinden, wenn wir eine neue Temperatur definieren:

Neue Temperatur
= − 1 / alte Temperatur
= log (Anzahl$_{AN}$ / Anzahl$_{AUS}$).

Die neue Temperatur verläuft jetzt stetig von minus bis plus Unendlich. Beim absoluten Nullpunkt der alten Temperatur wird das AN/AUS-Verhältnis Null und der Logarithmus davon strebt gegen minus Unendlich. Es sollte nun nicht mehr überraschen, daß der absolute Nullpunkt (von 0 Kelvin) unerreichbar bleibt! Wird dem System Energie zugeführt, steigt unsere neue Temperaturkurve an, bis sie bei gleicher Anzahl der AN- und AUS-Zustände exakt Null wird, anstelle des Anstiegs auf Unendlich in der alten Temperaturkurve. Wenn nun durch weitere Energiezufuhr die Zahl der AN-Atome zunimmt, steigt die neu definierte Temperatur allmählich weiter an; sie strebt schließlich gegen Unendlich, wenn sich praktisch alle Atome des Systems im AN-Zustand befinden.

Wieviel einfacher wäre diese Temperaturdefinition! Nach Boltzmanns thermodynamischer Näherung läge sie jedenfalls näher als die übliche absolute Temperatur. Allerdings sind wir mit der vertrauten Temperaturskala, die sich aus der Gradeinteilung zwischen Gefrier- und Siedepunkt von Wasser ableitet, viel zu sehr verwurzelt, um sie durch eine neue zu ersetzen (und vielleicht ist das auch gar nicht sehr sinnvoll und erstrebenswert). Wir werden es also bei der Kelvinskala und negativen Temperaturen belassen.

Welche Folgen hat der Zweite Hauptsatz bei Systemen, die künstlich auf negative Temperaturen gebracht werden? Solche Systeme lassen sich durchaus technisch realisieren, beispielsweise in Form von Laserstrahlen. Sie befinden sich freilich nicht in einem thermischen Gleichgewicht mit ihrer Umgebung und müssen mit gezielten Maßnahmen künstlich aufrecht erhalten werden.

Ein Laserstrahl läßt sich als ein System mit negativer Temperatur interpretieren.

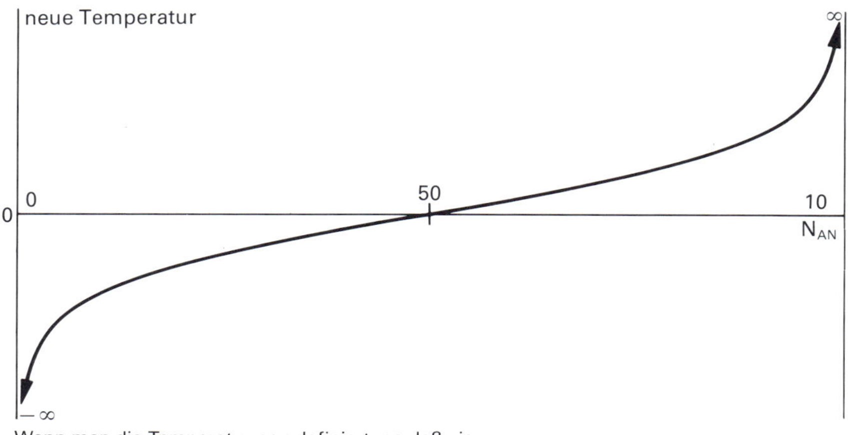

Wenn man die Temperatur neu definiert, so daß sie dem Kehrwert der üblichen absoluten Temperatur entspräche, ergäbe sich ein stetiger Verlauf zwischen minus Unendlich (absoluter Nullpunkt) und plus Unendlich (nur AN-Atome). Bei 50 AN- und 50 AUS-Atomen wäre die neu definierte Temperatur Null.

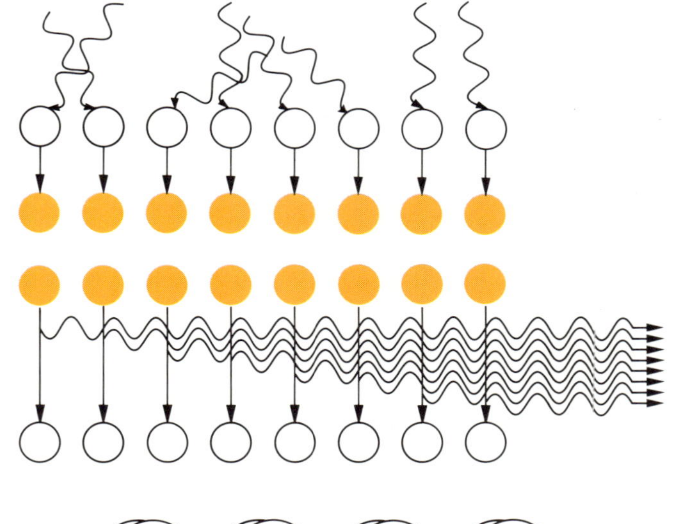

Bei einem Laser werden Atome oder Moleküle eines aktiven Mediums in einen höherenergetischen Zustand angeregt, etwa indem man Licht einstrahlt (oben). Wenn dabei genügend Atome in den AN-Zustand übergehen, wird die Temperatur negativ. Bei der Rückkehr in den niedrigeren Energiezustand senden die Atome Photonen aus (unten). Diese Photonen haben nicht nur dieselben Energien — und damit Frequenzen —, sondern auch ihre Phasen sind gleichsam ,,im Takt''. Im Laser wird eine Kaskade von Photonen erzeugt, die einen intensiven kohärenten Strahl (monochromatisches Licht) bilden.

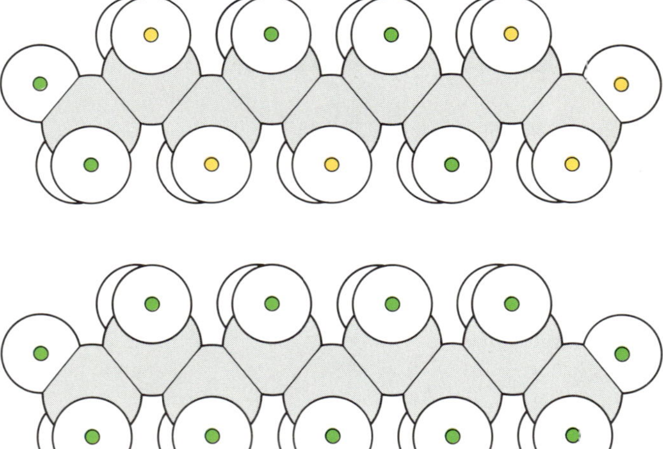

Normalerweise sind die Kernspins innerhalb eines beliebigen Materials zufällig orientiert. Das ist oben für einen Kohlenwasserstoff dargestellt: Die Spins der Wasserstoffkerne (Protonen) sind ebenso häufig AUFWÄRTS orientiert (grün) wie ABWÄRTS (gelb); die Kohlenstoffkerne (grau) haben normalerweise keinen Spin. Die Protonenspins können durch ein äußeres Magnetfeld umgeklappt werden, so daß sie schließlich alle AUFWÄRTS orientiert sind (unten). Damit befinden sie sich in einem höheren Energiezustand und haben nun eine negative Temperatur. (Der Rest des Moleküls bleibt aber auf Umgebungstemperatur.)

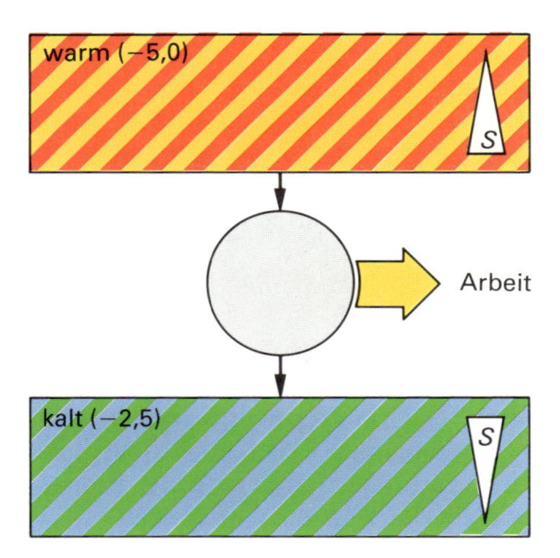

Die Entropieänderungen einer Wärmekraftmaschine, die im Bereich negativer Temperaturen betrieben wird. Aus dem ,,heißen'' Reservoir mit der negativen Temperatur −5,0 kann Wärme entzogen und vollständig in Arbeit umgesetzt werden, ohne daß ein Tribut an das ,,kalte'' Reservoir (−2,5) erforderlich ist. Das liegt daran, daß die Entropie bereits im ,,heißen'' Reservoir zunimmt. (Man beachte, daß die ,,höhere'' negative Temperatur von −5,0 der geringeren Zahl der AN-Zustände entspricht.)

Beim Laser werden die negativen Temperaturen erreicht, indem man Atome im aktiven Medium anregt — das kann ein Gas sein, aber auch ein Kristall oder eine Flüssigkeit. Dabei werden die Atome durch Strahlung oder ein elektrisches Feld in einen höheren Energiezustand versetzt und durch eine geeignete Apparatur (Resonatoren) dazu gebracht, ihre Energie gleichsam im gleichen Takt abzustrahlen. Dadurch entsteht der intensive, kohärente Laserstrahl. Voraussetzung dafür ist allerdings, daß sich im aktiven Medium mehr Atome im angeregten Zustand (AN) befinden als im Grundzustand (AUS). Diese *Inversion* (die Umkehrung des natürlichen AN/AUS-Verhältnisses) entspricht einer negativen Temperatur.

Wir könnten auch — wie bei spektroskopischen Verfahren — ein Magnetfeld benutzen, um die Kernspins in einer Probe zum überwiegenden Teil in eine energetisch höhere Orientierung zu bringen. Da die Kernspins nur in sehr geringem Maße mit ihrer Umgebung in Wechselwirkung treten, läßt sich so für relativ lange Zeit eine negative Temperatur erreichen. Die Energie der ,,umgeklappten'' Kernspins wird nur sehr langsam in die Umgebung entweichen.

Nachdem wir nun wissen, daß sich negative Temperaturen ,,herstellen'' lassen, können wir nun die Eigenschaften einer zukünftigen Wärmekraftmaschine betrachten, die mit Reservoirs negativer Temperatur betrieben wird. Wenn nun Wärme in ein Reservoir mit negativer Temperatur transportiert wird, verringert sich dort die Entropie. Das liegt daran, daß die Entropieänderung als (Wärmezufuhr/Temperatur) definiert ist und im Nenner ein negativer Wert steht. Diese Entropieabnahme durch Wärmezufuhr bedingt einige bizarre Effekte.

Als besonders einschneidende Konsequenz stellt sich bei negativen Temperaturen heraus, daß die Kelvinsche Formulierung des Zweiten Hauptsatzes nicht mehr gilt. Wärme kann jetzt *vollständig* in Arbeit umgewandelt werden, ohne daß kompensatorisch irgendeine andere Veränderung nötig wäre. Jack Rogues Supermaschine wäre im atomaren Maßstab bei negativen Temperaturen erfolgreich.

Angenommen, das negativ-kalte Reservoir habe eine geringere negative Temperatur als das negativ-heiße, sagen wir $-2{,}5$ gegenüber $-5{,}0$. Die Wärmemaschine könnte nun dem $-5{,}0$-Reservoir Wärme entziehen. Dadurch nimmt dort die Entropie um den Betrag Wärmeentzug/5,0 zu. Von der abgezogenen Energie wird ein Teil in Arbeit umgewandelt; der Rest geht an das $-2{,}5$-Reservoir verloren. Dort vermindert die verschwendete Energie die Entropie um den Beitrag: (Wärmezufuhr)/2,5. Insgesamt bleibt die gesamte Entropieänderung des Universums also auch dann positiv, wenn nur Wärme aus dem $-5{,}0$-Reservoir abgezogen wird und überhaupt keine Energie an die Senke verloren geht. Da die Entropie zunimmt, ist das durchaus ein natürlicher Vorgang. Wir können also auf das Reservoir mit der betragsmäßig niedrigeren Temperatur verzichten und brauchen keine Wärme zu verschwenden. Der Prozeß entspricht in der Tat einer Anti-Kelvin-Maschine!

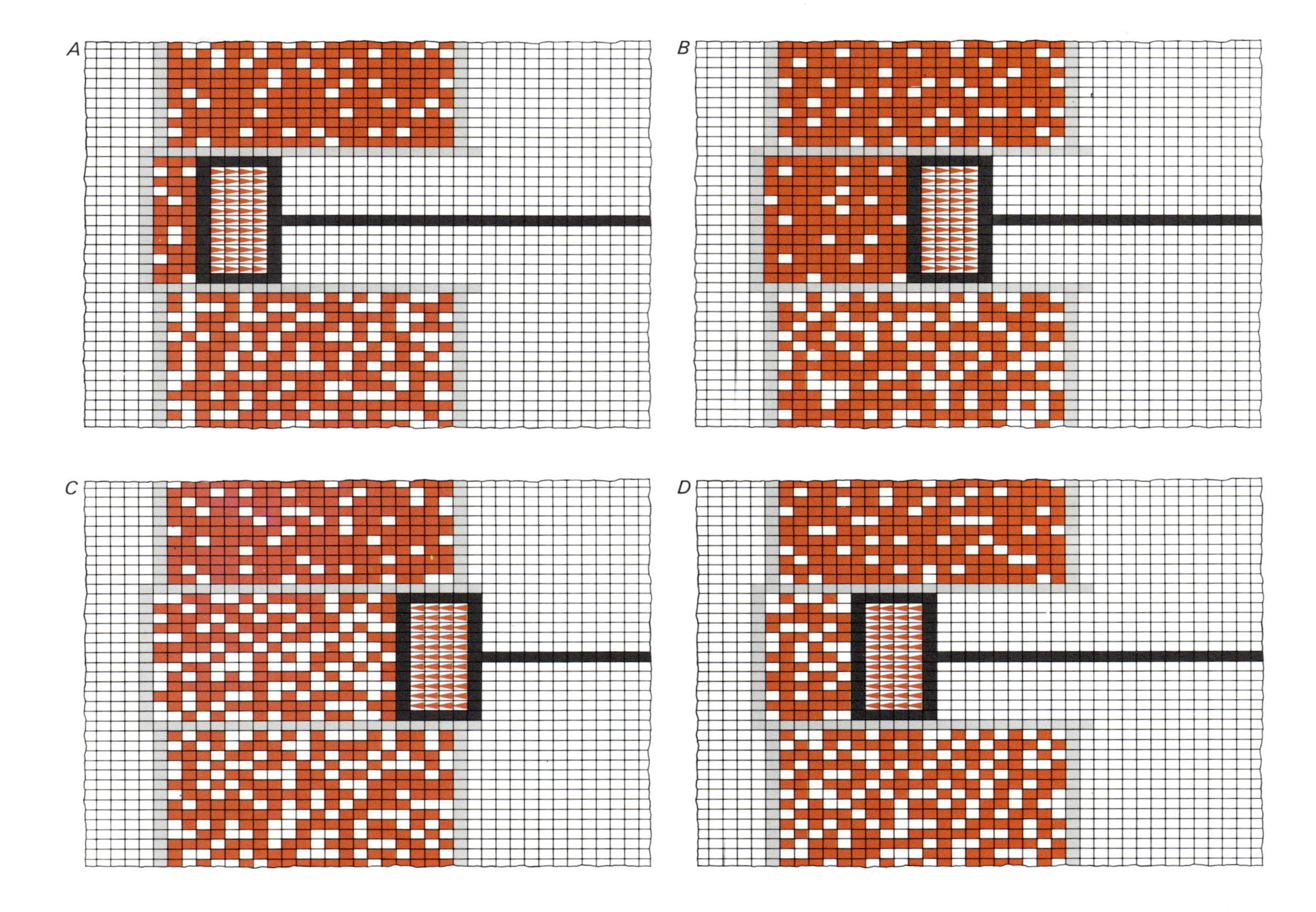

Das Mark II-Modell einer Carnotmaschine, die zwischen zwei Reservoirs mit negativer Temperatur arbeitet. Zwischen *A* und *B* treiben die Gasatome den Kolben nach außen. Da sie mit dem Reservoir mit der höheren AN-Dichte in thermischem Kontakt sind, bleibt ihre Temperatur konstant. In der nun folgenden adiabatischen Expansionsphase von *B* nach *C* werden vermehrt Atome in den AUS-Zustand versetzt, und das AN/AUS-Verhältnis fällt auf den Wert der kalten Senke ab. Aber es sind immer noch mehr AN- als AUS-Atome vorhanden. Auch der isotherme Kompressionsschritt von *C* nach *D* erfordert Arbeit. Jetzt werden Atome in den AN-Zustand gebracht, aber das AN/AUS-Verhältnis bleibt durch den Kontakt mit der Senke unverändert. Erst wenn im Schritt von *D* nach *A* keine AN-Zustände mehr in die Senke abwandern können, erhöht die an dem Gas verrichtete Arbeit das AN/AUS-Verhältnis.

Dieses Ergebnis hat derart weitreichende Folgen, daß wir genauer fragen sollten, inwieweit es überhaupt schlüssig ist. Offensichtlich hat sich das Entropieprinzip hier gegen den Zweiten Hauptsatz gewendet, den wir bislang als Erfahrungstatsache hingenommen haben. Schauen wir uns den Anti-Kelvin-Prozeß noch einmal gründlich im Modelluniversum an: Bei einer Temperatur von $-5{,}0$ sind im ,,heißen'' Reservoir 55 Prozent der Atome AN. Bei dieser AN-Dichte hat der Boltzmannsche Dämon eine bestimmte Handlungsfreiheit, die Zustände umzuordnen — sie bestimmt die Entropie. Wenn einige ANs abwandern, vergrößert sich der Spielraum des Dämons. Wir haben das im Zusammenhang mit der Entropiekurve auf Seite 60 bereits festgestellt. Im Reservoir nimmt das Chaos zu, sobald überzählige Zustände AUS geschaltet werden. Bei diesem mikroskopischen Zustand ist es keineswegs widernatürlich, wenn sich Wärme vollständig in Arbeit umwandelt, denn dadurch wird das Chaos auf seinem siegreichen Vormarsch ja nur unterstützt.

Der Zweite Hauptsatz hat hier einem durchschlagenden Prinzip Platz gemacht: Der Entropiesatz scheint einen sehr viel größeren Anwendungsbereich zu beherrschen als das ,,Gesetz der Erfahrung'', aus dem er abgeleitet wurde. Natürlich kannten Kelvin und Clausius noch keine Systeme mit negativen Temperaturen, so daß sich ihre Formulierungen des Zweiten Hauptsatzes sozusagen nur auf die halbe thermische Erfahrungswelt bezogen. Vielleicht gäbe es heute zwei Teilaussagen des Zweiten Hauptsatzes, wenn Kelvin und Clausius schon negative Temperaturen gekannt und das ,,Spiegelbild'' zur Umwandlung von Wärme in Arbeit untersucht hätten. Tatsächlich ist ein solcher Umwandlungsprozeß auch heute noch nicht empirisch gesichert, aber man kann wohl davon ausgehen, daß er so verlaufen würde, wie wir ihn hier beschrieben haben. •

Zurück zum Leben

Wir sind in die starre Welt einer unvorstellbaren Kälte gereist, in der nahezu alle Physik aufhört, und wir haben die extreme Glut kennengelernt, in der Materie und Strahlung eins werden. Schließlich sind wir in einen neuen Bereich der Thermodynamik vorgedrungen, in dem negative Temperaturen auftreten können. Wir haben verfolgt, wie das Chaos Systeme gegen die Natur lenkt und wie aus Rauschen Ruhe werden kann. Als nächstes wollen wir untersuchen, wie die schöpferische Macht des Chaos zu voller Blüte gelangt, wenn es — scheinbar gegen die Natur — etwas thermodynamisch eher Unwahrscheinliches hervorruft: Leben.

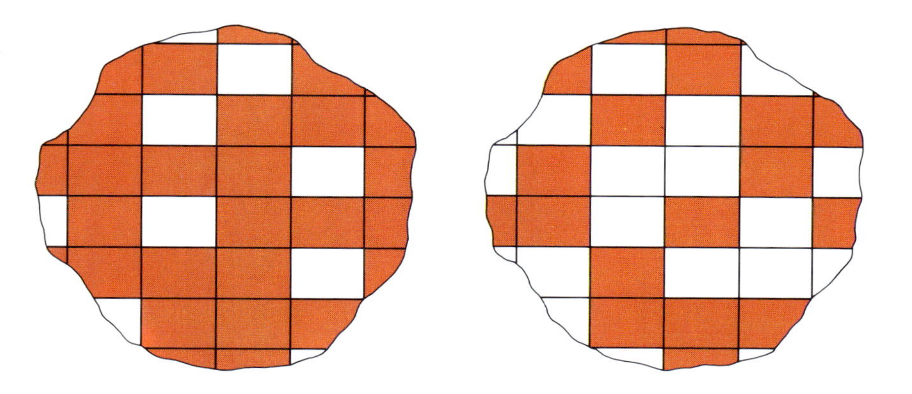

Die Verteilung der AN-Zustände in einem System hoher negativer Temperatur (links) bietet weniger Möglichkeiten, etwas umzuordnen, als die ,,lückenhaftere'' Besetzung der AN-Zustände bei niedrigeren negativen Temperaturen (rechts). Daher nimmt die Entropie zu, wenn AN-Zustände in die Umgebung des Systems abwandern und seine Energie verringern.

• Hier sei freilich vor Hoffnungen gewarnt, wie sie Jack mit seiner Anti-Kelvin-Maschine erfüllen wollte: Um das ,,heiße'' Reservoir negativer Temperatur aufrecht zu erhalten, müßte mehr Energie aufgewendet werden, als in Form von Arbeit gewonnen werden kann.

Das konstruktive Chaos

Unnatürliches läßt sich manchmal durch Natürliches zustande bringen. Solange wir einen thermodynamischen Prozeß durch einen anderen steuern, kann sich die natürliche Umwandlungsrichtung lokal umkehren: In bestimmten Bereichen darf die Entropie abnehmen, so daß das Chaos dort *konstruktiv* geordnete Strukturen hervorruft oder die Umgebungstemperatur absenkt. Natürlich muß diese Entropieabnahme mit einer Zunahme des Chaos an anderer Stelle gekoppelt sein. So kann beispielsweise die Verbrennung von Kohle in einem Kraftwerk über die Stromversorgung mit einem Kühlschrank auch im Hinblick auf die Entropiebilanz verbunden sein; Örtlich mag Chaos zwar verringert werden, aber insgesamt ist seine Zunahme nicht aufzuhalten.

Wir haben an einfachen Beispielen gesehen, wie sich beim Abkühlen einer Substanz die Wärmebewegung verringert und zunehmend Ordnung zustande kommt. Wir werden das gleiche auch bei den komplexen Strukturen des Lebens wiederfinden, deren Entstehung nur durch einen kompensierenden Sturz ins Chaos ermöglicht — und gesteuert — wird. Das Chaos entfaltet sich als ein schöpferisches Prinzip, in dessen Machtbereich selbst die Entwicklung des Bewußtseins fällt. Hier findet die Dampfmaschine in einem gewissen Sinne zu sich selbst zurück: Wir wollen unsere Überlegungen zum Chaos mit einer Apotheose der Dampfmaschine beschließen.

Um zum Kern des Problems vorzustoßen, wollen wir wieder mit einer konkreten Frage beginnen: Warum löst sich ein Tropfen Öl in Wasser nicht auf? Warum verteilt er sich nicht wie ein Tropfen Tinte über das gesamte Wasservolumen? Was hindert Öl daran, sich mit Wasser zu vermischen? Die Antwort ist immer die gleiche: der Hang zum Chaos. Freilich versteckt sich das Chaos auf den ersten Blick. Hinter der sichtbaren Maske verbirgt sich wieder das Prinzip der Ausbreitung von Energie. Es scheint auf der Hand zu liegen, daß sich die Ölmoleküle im Wasser gleichmäßig verteilen müßten, um die allgemeine Entwicklung zum größeren Chaos mitzumachen und die Entropie des Universums zu erhöhen.

Es ist aber nicht so — wie wir nun schrittweise entdecken werden, wenn wir uns weiter auf das Versteckspiel des Chaos einlassen.

Auf den ersten Blick mag es verwundern, daß Öl in Wasser als Tropfen oder Film zusammenbleibt; man könnte meinen, er müßte sich als Folge einer natürlichen Dispersion über das gesamte Volumen verteilen.

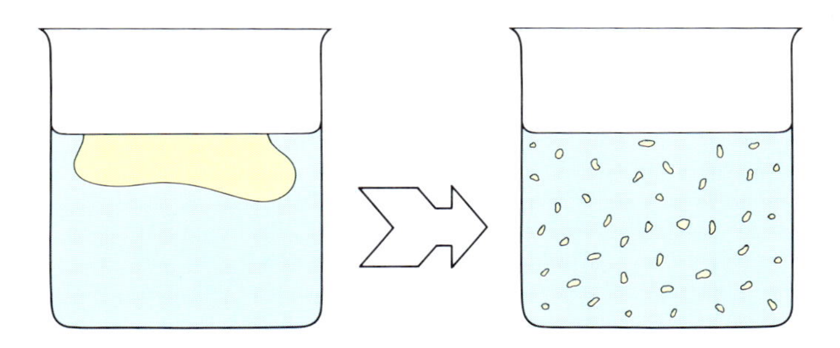

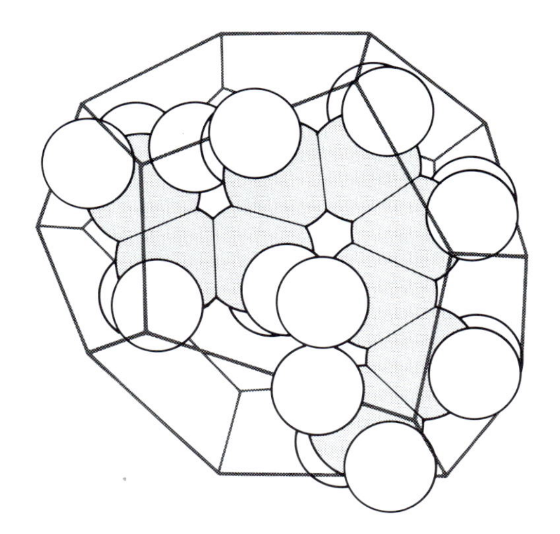

Wassermoleküle bilden gleichsam einen Käfig um Kohlenwasserstoffmoleküle. Dadurch entsteht im Wasser mehr Ordnung. Im Kalottenmodell symbolisieren die grauen Kugeln Kohlenstoff, die weißen Wasserstoff.

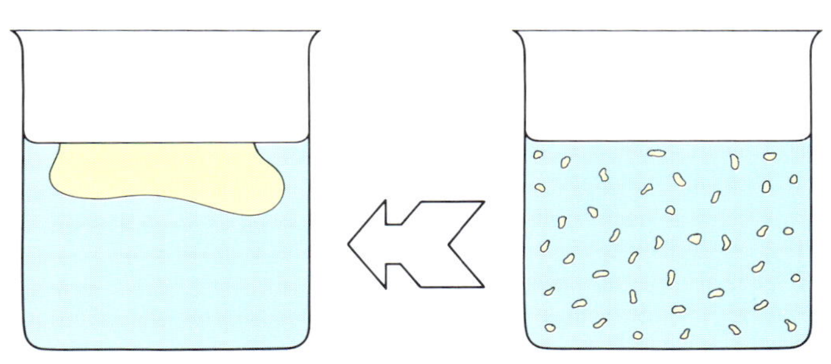

Hinter dem Zusammenschluß der Ölmoleküle verbirgt sich eine Ausbreitung von Energie.

Mit den Ölteilchen breitet sich auch die Energie im Wasser aus, und dies bedingt einen zweiten Beitrag zur gesamten Entropieänderung im Universum. Die Frage ist natürlich, ob die Energieausbreitung die Entropie erhöht oder vermindert. Das hängt davon ab, ob die Ausbreitung der Ölmoleküle Energie freisetzt oder aber verbraucht. Denkbar wäre, daß die energetisch günstigere Umgebung für Ölmoleküle nicht Wasser ist, sondern Ölmoleküle, und daß Wärme einströmen muß, damit sie sich voneinander lösen und ins Wasser wandern. In diesem Fall würde die Entropie in der Außenwelt (nicht im Gefäß) vermindert, weil die Wärmebewegung abnimmt. Denkbar wäre aber auch der andere Fall, daß sich das Öl gleichmäßig verteilt und dabei Energie freigesetzt wird — was die Umgebung aufheizen würde. Dies müßte geschehen, wenn die Ölmoleküle in der neuen Umgebung eine energetisch günstigere Verteilung erreichen könnten. Jetzt müßte die Entropie zunehmen, weil in der Außenwelt ihre Wärmebewegung verstärkt wurde.

Die zweite Möglichkeit bedingt zwei positive Beiträge zur Entropie, so daß sich das Öl überallhin verteilen müßte. Zum einen wächst die Entropie des Systems, weil Energie eindringt, zum anderen erhöht sich die Entropie der Umgebung, der Wärme zugeführt wird. Doch selbst Ölsorten, die Energie freisetzen könnten, indem sich ihre Moleküle trennen, verteilen sich nicht im Wasser.

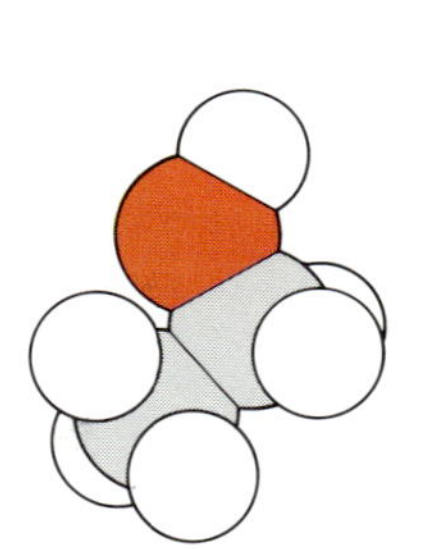

Das Ethanolmolekül hat im Bereich des Sauerstoffatoms (rot) ganz ähnliche Eigenschaften wie ein Wassermolekül.

Wir haben offensichtlich etwas vergessen: das Wasser. Wie so oft spielt hier das scheinbar Unwichtige und Uninteressante die entscheidende Rolle. Betrachten wir also genauer, was mit den Wassermolekülen geschieht, wenn sich Ölmoleküle aus dem Öltropfen lösen.

Wenn sich die Ölmoleküle ausbreiten und von Wasser umgeben sind, gerät jedes in eine Art molekularen Käfig. Dabei handelt es sich um eine Struktur, die einfach durch die Tendenz der Wassermoleküle entsteht, sich um Ölmoleküle zu gruppieren. Dadurch ändert sich die Organisation im Wasser — und mit ihr die Ordnung in der Welt.

Diese unsichtbare Organisation macht die altbekannte Erfahrungstatsache verständlich, daß sich Öl nicht in Wasser löst. Die ,,Käfige'' würden Unordnung und Entropie im Wasser beträchtlich vermindern, und diese Abnahme wäre größer als die Entropiezunahme durch die Ausbreitung der Ölteilchen und der in der Umgebung freigesetzten Energie. Daher führt die spontane Entwicklung stets zur Konzentration der Ölmoleküle. Es wäre unnatürlich, daß sich ein Öltropfen oder -fleck auflöst. Um das zu erreichen, müssen wir Arbeit aufwenden — indem wir die Flüssigkeiten durchrühren oder aufschlagen. Einige kulinarische Soßen sind diesbezüglich ein anschauliches Beispiel für die Macht des Zweiten Hauptsatzes.

Schauen wir uns als weiteres Beispiel ein Glas Martini an, der bekanntlich ja nicht fettig ist. Auch das beruht auf dem Zweiten Hauptsatz, der nun die klare Lösung gegenüber der trüben Mischung vorzieht. Angenommen, wir mischen uns einen besonders starken ,,Martini'' aus reinem Alkohol (Ethanol, CH_3CH_2OH) und Wasser. Wenn sich die Alkoholmoleküle wie Ölmoleküle verhielten, müßten sie zu einem ,,Fettauge'' verschmelzen. Tatsächlich geschieht natürlich etwas anderes, aber auch diesmal baut sich ein Käfig aus Wassermolekülen auf. Ethanolmoleküle gleichen im Hinblick auf ihr Kohlenwasserstoffgerüst den Ölmolekülen, die aus einer zehnatomigen Kohlenstoffkette bestehen; aber sie enthalten auch ein Sauerstoffatom und gleichen so gesehen auch den Wassermolekülen. Der Zusammenhalt der Wassermoleküle beruht auf *Wasserstoffbrückenbindungen*, die sich zwischen einem Wasserstoffatom des H_2O-Moleküls und dem Sauerstoffatom seines Nachbarn bilden:

```
H               H
 \             /
  O—H····O
           \
            H
```

Wasserstoffbrückenbindungen treten auch zwischen Alkohol und Wasser auf. Das Sauerstoffende eines Alkoholmoleküls verhält sich wasserähnlicher als irgendein Teil von Ölmolekülen, so daß es sich leichter an seine wäßrige Umgebung anpassen kann. Infolgedessen bilden sich auch nicht im gleichen Ausmaß ,,Wasserkäfige`` um ein Ethanolmolekül wie beim Öl; die Ordnung des Wassers nimmt durch die Ausbreitung von Alkohol nicht so stark zu. Insgesamt fällt die Entropieänderung diesmal zugunsten der Lösung aus. Wenn Sie das nächste Mal einen Martini vor sich stehen sehen, wissen Sie jetzt, warum er klar ist: wegen des Zweiten Hauptsatzes.

Die Tatsache, daß sich Öl in einem ,,Fettauge`` auf dem Wasser sammelt, beruht auf seinen wasserabstoßenden Eigenschaften: Öl ist *hydrophob*. Bei Molekülen, die Lebensvorgänge steuern, spielen die wasserabstoßenden (oder -anziehenden) Eigenschaften eine Schlüsselrolle. Mit entsprechenden Molekülen wollen wir uns nun beschäftigen und verfolgen, wie Chaos zum Aufbau der äußerst geordneten Strukturen führt, die man *Eiweißmoleküle* oder *Proteine* nennt.

Proteine

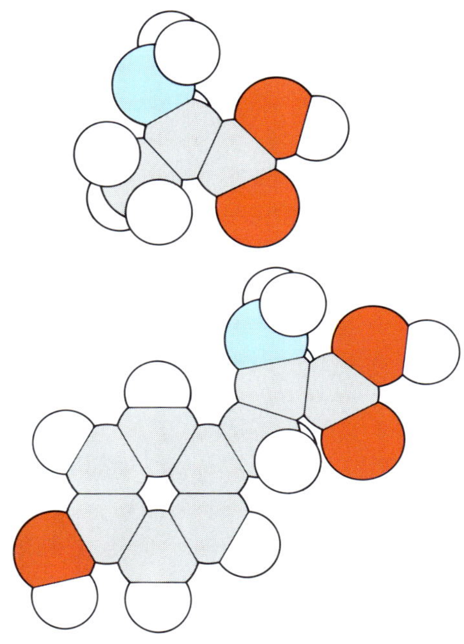

Zwei Aminosäuren, Alanin (oben) und das größere Tyrosin. Die Farben Blau und Rot kennzeichnen Stickstoff- beziehungsweise Sauerstoffatome.

Die Moleküle des Hühnereiweißes bestehen — wie jedes andere Protein — aus einer Kette von Aminosäuren — oder genauer: Aminosäureresten. Diese Proteinbausteine sind kleine organische Moleküle, die sich aus geordneten Gruppen von Kohlenstoff-, Sauerstoff- und Stickstoffatomen zusammensetzen. Bei den Aminosäuren in der Abbildung oben hängt die —COOH-Gruppe (mit den roten Kugeln für Sauerstoff) am gleichen Kohlenstoffatom wie die —NH_2-Gruppe (mit dem blauen Symbol für Stickstoff). Beide Gruppen geben den Aminosäuren ihren Namen: Die —NH_2-Gruppe wird in der organischen Chemie als *Amino*gruppe bezeichnet, und die —COOH-Gruppe verleiht einer Verbindung Säurecharakter. Nicht in allen Aminosäuren hängen —NH_2- und —COOH-Gruppe am selben Kohlenstoffatom, aber das ist bei allen natürlichen Aminosäurebausteinen der Proteine so. Davon gibt es nur 20, aber sie können sich in allen möglichen Kombinationen verketten

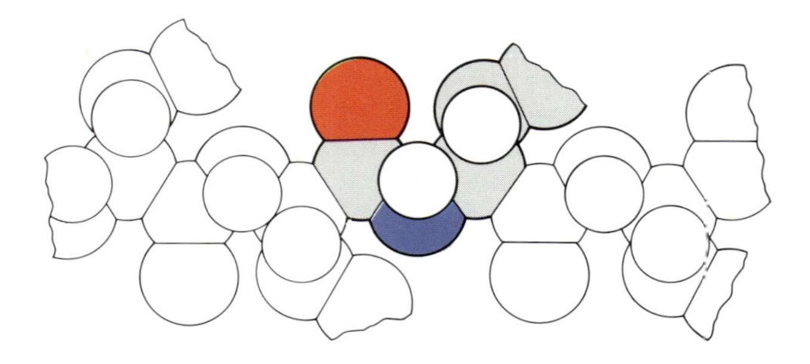

Eine Peptidbindung zwischen den Aminosäurebausteinen in einem Protein hat die Struktur —CO—NH—; nur für sie sind die Atome in „ihren" Symbolfarben wiedergegeben.

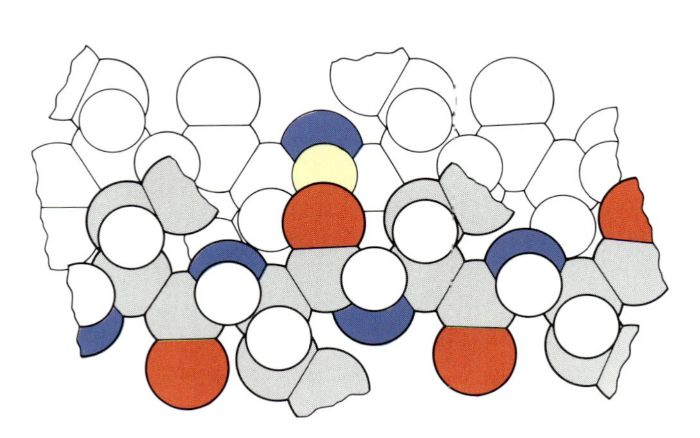

Eine Wasserstoffbrückenbindung kann an vielen Stellen einer Peptidkette auftreten. Sie hat die Struktur —N—H...O—C—, die hier anhand des gelb hervorgehobenen Wasserstoffatoms sichtbar wird. Diese Bindungen bewirken, daß sich die Polypeptidkette zu einer Helix, einer Alpha-Helix, verdrillt.

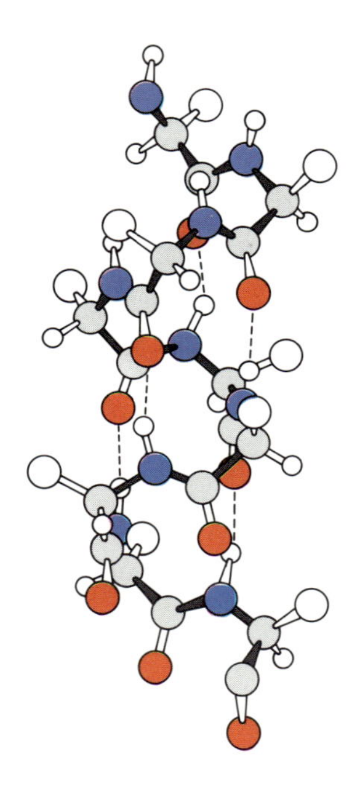

und unzählige verschiedene Proteine bilden. Nur zwölf dieser Aminosäuren kann unser Körper selbst aufbauen — die fehlenden acht müssen mit der Nahrung aufgenommen werden.

In einem Proteinmolekül sind die Aminosäuren über sogenannte *Peptidbindungen* aneinander gekettet. Ihre Struktur (—CO—NH—) ist in der oberen Abbildung dargestellt. Die *Primärstruktur* eines Proteins ist durch die Reihenfolge seiner Aminosäurebausteine festgelegt, deren Zahl auf einige Hunderte anwachsen kann. Beispielsweise enthalten die vier Ketten, aus denen Hämoglobin aufgebaut ist, jeweils 145 Aminosäurereste. Man kann sich nun vorstellen, wie ungeheuer vielfältig und komplex Proteine sein können.

Eine lange Kette von Aminosäureresten, die sogenannte *Peptidkette*, verdrillt sich schraubenartig zu einer *Helix*, die man als *Alpha-Helix* bezeichnet. Diese Struktur beruht hauptsächlich auf Wechselwirkungen zwischen den Sauerstoff- und Stickstoffatomen in den Peptidbindungen. Ähnlich wie Wassermoleküle durch Wasserstoffbrückenbindungen zusammengehalten werden, kann sich zwischen einem Wasserstoffatom in einer Aminogruppe und einem Sauerstoffatom in einer —COOH-Gruppe eine Wasserstoffbrücke ausbilden: >N—H---O—. Sie entspricht der —O—H---O—Bindung zwischen Wassermolekülen, ist aber so stark, daß sie die Peptidkette verdrillt und so eine Alpha-Helix entstehen läßt.

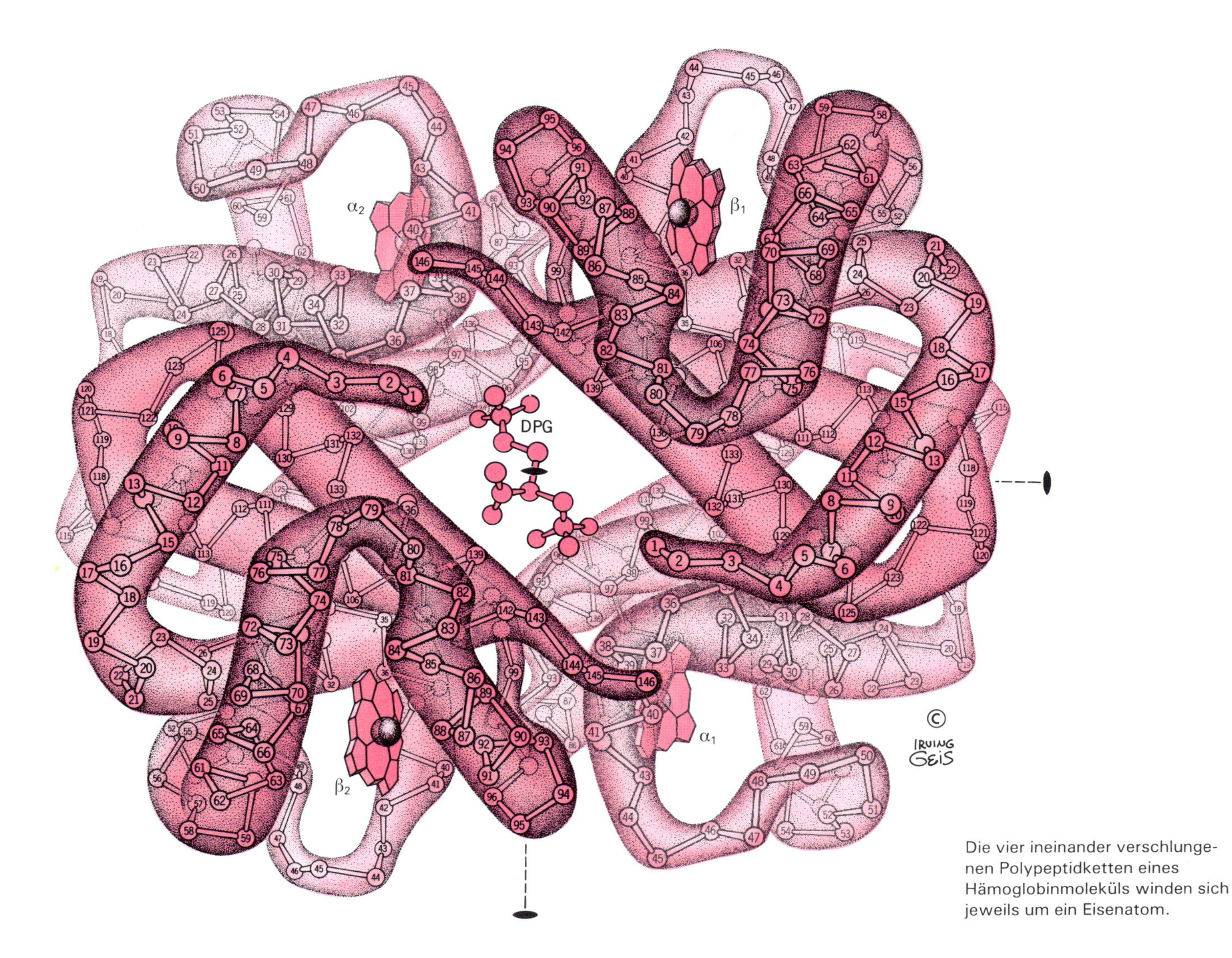

Die vier ineinander verschlungenen Polypeptidketten eines Hämoglobinmoleküls winden sich jeweils um ein Eisenatom.

Das ist unser erstes Beispiel für die schöpferische Macht des Chaos, die sich bei biochemisch wichtigen Molekülen nicht nur in der Struktur, sondern auch in der Entstehung der Kette widerspiegelt — wie wir noch sehen werden. Die Alpha-Helix wird einem zufälligen Knäuel aus Proteinketten vorgezogen, weil sie das Universum chaotischer macht, auch wenn die Peptidbindungen innerhalb der Helix geordnet sind. Die Verdrillung beruht auf Wasserstoffbrückenbindungen, deren Entstehen mit einer Freisetzung von Energie einherging. Die Konkurrenz zwischen Chaosentwicklung innerhalb der Kette oder in der Umgebung endete zugunsten einer Wärmezufuhr an die Umgebung. Eine Welt mit Helix ist weniger geordnet organisiert als eine ohne.

Die meisten Proteine sehen freilich nicht wie eine lange gerade Helix aus, sondern die Schraube ist meist wie ein verwickelter Faden in sich verschlungen. Das ist in der Abbildung oben für die vier Ketten des Hämoglobinmoleküls gezeigt. Seine Struktur erinnert ein wenig an einen ganz willkürlich zerknitterten Trinkhalm; dieser Eindruck täuscht. In Wirklichkeit haben wir ein präzise geformtes Kunstwerk des Chaos vor uns, eine höchst geordnete Form, die sich keineswegs zufällig beim Sturz ins Chaos herausgebildet hat. Daß ein einzelnes Hämoglobinmolekül kein willkürliches atomares Durcheinander ist, zeigt der Vergleich mit anderen Hämoglobinmolekülen. Unter einer Milliarde zerknitterter Trinkhalme wird man vergeblich nach zwei gleichen suchen, denn sie sind ungeordnet, und jeder Halm sieht anders aus. Dagegen sind Hämoglobinmoleküle — ob eine Milliarde oder mehr spielt keine Rolle — identisch. Sie haben also eine geordnete Form.

Proteinmoleküle werden darüber hinaus in ihrer *Tertiärstruktur* durch Wechselwirkungen zwischen verschiedenen Teilen der Kette bestimmt. Die Alpha-Helix wird gedrückt, gezogen, gebogen und ineinander gewunden. Dazu tragen in erster Linie die Wechselwirkungen zwischen den Wasserstoffbrückenbindungen in Peptidgruppen aus verschiedenen Teilen der Helix bei. Hinzu kommen die Kräfte, die die elektrischen Ladungen an verschiedenen Stellen der Helix wechselseitig aufeinander ausüben: Gleichnamige Ladungen stoßen sich ab, entgegengesetzte ziehen sich an. Wenn sich die Helix daraufhin verbiegt, wird Energie frei, die in die Umgebung abwandert. Damit ist diese neue Struktur fixiert, weil die Energie mit an Sicherheit grenzender Wahrscheinlichkeit nie mehr spontan in die Helix zurückkehrt. Natürlich können wir von außen Wärme zuführen und so genügend Vibrationen in den Helixatomen anregen, um die Tertiär- und Sekundärstrukturen aufzubrechen. Vom molekularen Standpunkt aus passiert beim Kochen eines Eies nichts anderes, als daß sich die verknäuelte Helix der Eiweißmoleküle öffnet und entwindet.

Aber zum Entstehen und zur Stabilität der Tertiärstruktur der Proteine tragen entscheidend die *hydrophoben Wechselwirkungen* bei, die insbesondere auch für eine funktionsgerechte Feinabstimmung der Form sorgen. Hier spielen ähnliche Einflüsse eine Rolle wie beim Öltropfen in Wasser. Viele Aminosäurebausteine der Proteine besitzen nämlich ein wasserabstoßendes Ende in Form einer Kohlenwasserstoffkette, die sich ganz analog wie die Ölmoleküle verhält: Wird sie Wasser ausgesetzt, so entsteht wieder die geordnete ,,Käfigstruktur'' der Wassermoleküle, die deren Entropie beträchtlich vermindert. Deshalb führt die natürliche Veränderung auch in eine andere Richtung: Die ,,ölähnlichen'' Enden verkriechen sich vor dem Wasser, so daß sie ins Innere des verknäuelten Proteinmoleküls verschwinden.

Zum Schluß ragen nur noch die wasserliebenden *hydrophilen* Teile nach außen, während die *hydrophoben* auf der Innenseite liegen. Die Entropie schreibt die Positionen der hydrophilen und hydrophoben Bereiche über ein ausgeklügeltes Gleichgewicht vor und bestimmt so gewissermaßen die Architektur der zerknitterten Helix.

Eine solche Konstruktion der Entropie könnte auch die Struktur des Hämoglobinmoleküls sein, das sich aus vier Strängen aufbaut. Diese Form bezeichnet man auch als *Quartärstruktur*. Wenn sich die vier Stränge, die jeweils eine charakteristische Tertiärstruktur aufweisen, ineinander verschlingen, kann das die Entropie der Umgebung auf doppelte Weise erhöhen: durch die freigesetzte Energie (die allerdings nicht sehr groß ist) und durch die ,,Schutzgemeinschaft'', die die hydrophoben Teile gegen die wäßrige Umgebung bilden (und das ist wohl der wichtigere Beitrag). Wenn sie wie die Ölmoleküle im Öltropfen zusammen bleiben, brauchen die Wassermoleküle keine ,,Käfige'' zu bilden. Wieder führt das Streben nach Chaos lokal zu einer Struktur, um den Preis einer größeren Unordnung in der Umgebung.

Wir haben gesehen, wie Quartär- und Sekundärstrukturen bei Proteinen durch Entropiezunahme begünstigt werden, wenn sich eine geordnete Helix bildet (über Wasserstoffbrückenbindungen) und faltet (über hydrophobe Wechselwirkungen). Aber wie steht es mit der Primärstruktur? Warum ordnen sich die Aminosäuren überhaupt zu einer Kette, obwohl sie einzeln verstreut eine viel höhere Entropie erreichen könnten als in einer vorgegebenen Reihenfolge, die allenfalls geometrisch chaotisch ist? Kann die Proteinsynthese spontan ablaufen, oder muß dieser entscheidende erste Schritt bei der Entstehung des Lebens von außen in Gang gesetzt werden? Darüber entscheidet die verfügbare *freie Energie*. Wäre alle Energie nur frei! Tatsächlich liegt sie häufig in gebundener Form vor — ein Unterschied, den wir anhand der Proteinsynthese aufzeigen wollen.

Die freie Energie

Das Hauptgerüst der Proteine entsteht, wenn sich Aminosäuren in komplexen chemischen Reaktionen zu einer Kette verbinden. Bei diesen Reaktionen sind *Enzyme* beteiligt, proteinähnliche Moleküle, die wie

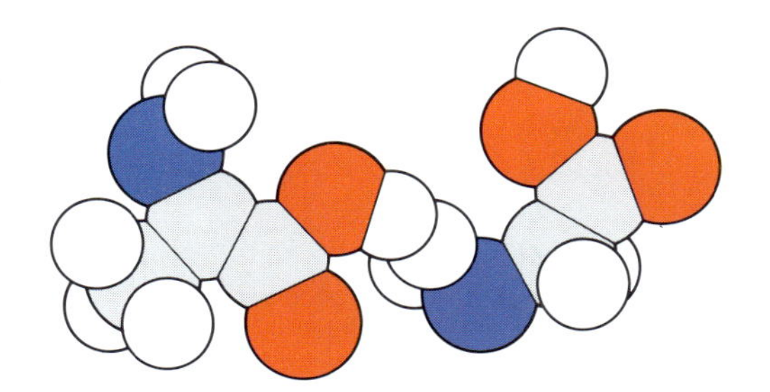

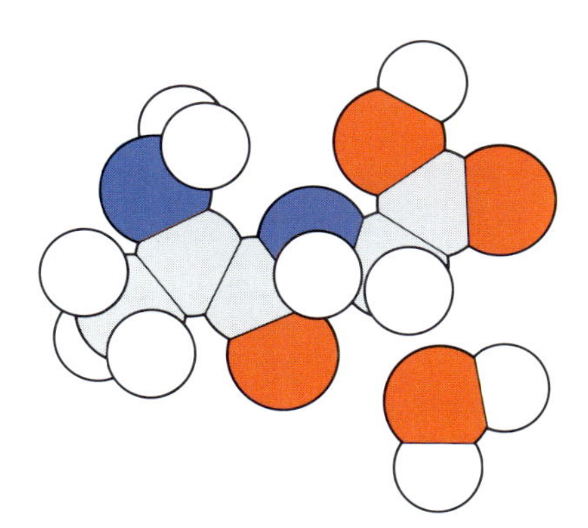

Wenn zwischen zwei Aminosäuren eine Peptidbindung entsteht, wird ein Wassermolekül abgespalten. Dies ist das Ergebnis einer komplizierteren Reaktionskette, deren Einzelschritte uns hier jedoch nicht näher interessieren.

Produktionsmaschinen an einem Fließband wirken: Hier fügen sie eine Atomgruppe hinzu, dort schneiden sie eine ab und reichen das veränderte Molekül zur nächsten Fließbandstation weiter. Das Ergebnis der Reaktion läßt sich jedoch sehr einfach zusammenfassen: Zwei Aminosäuren haben sich über eine neuentstandene Peptidbindung verbunden, wobei ein Wassermolekül frei wurde. Natürlich kann dann eine weitere Aminosäure angekettet werden. Die Reihenfolge hängt dabei von einer Art ,,Bauanweisung'' ab, nach der die Proteinsynthese in der Zelle abläuft. Sie ist in der *Desoxyribonucleinsäure* (international abgekürzt DNA) verschlüsselt, deren Molekül auf Seite 6 abgebildet ist. Was wir nun allgemein über Proteine und biologisch wichtige Reaktio-

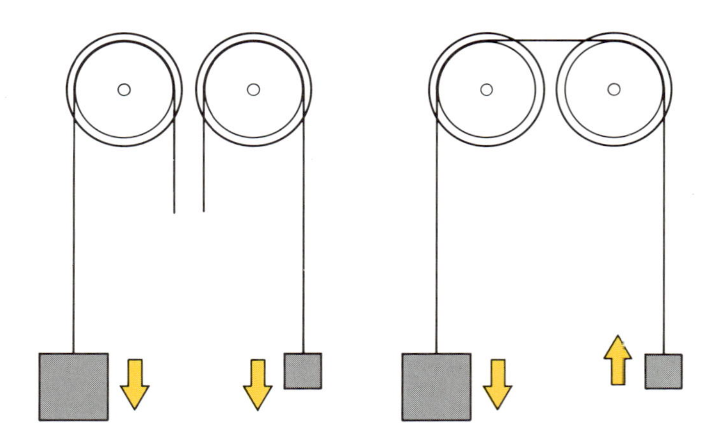

Zwei gekoppelte Gewichte können die natürliche Richtung des Falls teilweise umkehren (rechts): Das schwerere Gewicht kann das leichtere hochziehen. Analog kann eine chemische Reaktion eine andere antreiben, die nicht spontan ablaufen würde.

nen diskutieren, gilt insbesondere auch für die DNA. Wenn sich zwei Aminosäuren verbinden und sich nach den Anweisungen der DNA-Information nach und nach eine immer längere Peptidkette bildet, gehorcht diese chemische Reaktion den gleichen thermodynamischen Gesetzen wie andere Reaktionen auch. Nur sieht es diesmal so aus, als würde sich die Entropie durch die Ordnung in der Aminosäuresequenz auf problematische Weise verringern. Nun haben wir oft genug bemerkt, daß diese Abnahme lediglich lokal auftritt und wir beim genaueren Hinsehen auch irgendwo anders die kompensierende Entropiezunahme entdecken. Wir müssen also die Ereignisse, die zur Proteinsynthese führen, unter einem etwas größeren Blickwinkel untersuchen.

Wir beginnen wieder mit einer einfachen Frage: Warum müssen wir regelmäßig essen, um am Leben zu bleiben? Sie führt uns zu wichtigen Funktionszusammenhängen, durch die bestimmte Prozesse oder Strukturen aufrecht erhalten werden. Zunächst wollen wir untersuchen, wie man eine chemische Reaktion für eine andere nutzbar machen kann und inwieweit sich so eine unnatürliche Umwandlungsrichtung erreichen läßt. Hier haben wir es mit der chemischen Analogie zu den physikalischen Vorgängen zu tun, bei denen ein spontaner Prozeß die natürliche Richtung der Veränderung lokal umkehrt — etwa beim Kühlschrank, der durch elektrischen Strom aus einem Kern- oder Wasserkraftwerk betrieben wird, oder auch beim Karren, der von einem wohlgenährten Pferd gezogen wird.

An der zentralen Aussage des Zweiten Hauptsatzes, daß spontane Vorgänge im Universum stets eine Entropiezunahme mit sich bringen, kommen wir selbstverständlich nicht vorbei. Auch bei gekoppelten chemischen Prozessen kann einer nur so lange in einer unnatürlichen Richtung ablaufen, wie der andere genügend Chaos erzeugt, um insgesamt einen Entropiezuwachs zu erzielen. Die Situation gleicht dem Verhalten der beiden Gewichte in der Abbildung auf dieser Seite. Einzeln fällt jedes auf den Boden, aber wenn beide miteinander verbunden werden, kann das schwerere das leichtere in eine unnatürliche Richtung ziehen. Aber wie wollen wir feststellen, ob eine chemische Reaktion eine andere in Gang halten kann oder nicht? Das wäre leicht zu beantworten, wenn wir eine Skala für die Triebkraft einer Reaktion aufstellen könnten. Anhand der unterschiedlichen Werte ließe sich dann beurteilen, ob eine Reaktion wie zum Beispiel eine Proteinsynthese durch eine andere Reaktion, etwa einen Abbau von Nährstoffen bei der Verdauung, angetrieben wird — nicht anders als bei zwei Gewichten, von denen ja immer nur das leichtere hochgezogen werden kann.

Schauen wir uns eine chemische Reaktion an, bei der in Form von Wärme Energie freigesetzt wird — man spricht dann von einer *exothermen* Reaktion. Angenommen, eine solche Reaktion verringert die Entropie des Systems, wie wir es zum Beispiel bei der Oxidation von metallischem Eisen zu Eisenoxid diskutiert haben. Die Reaktion setzt dann Wärme frei, aber insgesamt ist die Entropie der Ausgangssubstanzen Eisen und Sauerstoff größer als die des Produktes (vor allem deshalb, weil das große Sauerstoffgasvolumen auf ein winziges Häufchen Rost zusammenschrumpft).

Wir wollen nun überlegen, inwieweit wir die freigesetzte Energie nutzen können, um Arbeit zu verrichten — statt der Umgebung Wärme zuzuführen. Rein rechnerisch könnten wir Eisen in einem Spezialmotor verbrennen, um ein Fahrzeug anzutreiben — praktisch dürfte das mit Kohle als Brennstoff etwas reibungsloser funktionieren. Angenommen, es gelänge uns, die Energie, die bei der Reaktion freigesetzt wird, vollständig in Form von Arbeit, also quasistatisch, in die Außenwelt zu transportieren, dann könnte die Entropie in der Umgebung nicht zunehmen. Weil die Entropie der Reaktionssubstanzen sinkt, müßte also die Entropie des thermodynamischen Universums abnehmen. Da dies unmöglich ist, kann die bei der Reaktion freigesetzte Energie nicht auf natürlichem Wege vollständig in Arbeit umgewandelt werden. Man beachte hier wieder den Unterschied zwischen Wärme und Arbeit. In Form von Wärme kann die *gesamte* freigesetzte Energie nämlich ohne weiteres an die Umgebung abgegeben werden, weil sie dort die Entropie erhöht. Arbeit kann nur *eingeschränkt* transportiert werden, denn sie liefert einen negativen Beitrag zur Gesamtentropie. Insgesamt darf die Entropieänderung nicht negativ werden, weil sich das Universum dann spontan in einen weniger wahrscheinlichen Zustand begeben müßte.

Wenn schon nicht die gesamte Energie, die bei einer Reaktion frei wird, in Form von Arbeit nutzbar ist, so können wir doch einen Teil davon als Arbeit gewinnen — vorausgesetzt es fließt genug Energie in Form von Wärme an die Umgebung, um dort mehr Entropie zu erzeugen, als durch Arbeit verloren geht. Wir können uns nun fragen, wieviel Energie mindestens in Form von Wärme abgegeben werden muß, damit eine exotherme chemische Reaktion weiterhin spontan abläuft.

Eine Reaktion, durch die sich die Entropie des Systems um einen bestimmten Betrag verringert, kann nur spontan ablaufen, solange die Entropie in der Umgebung mindestens um den gleichen Betrag wächst. Wir wissen, daß diese Entropiezunahme immer durch den Quotienten Wärmezufuhr/Temperatur gegeben ist. Aus dieser Beziehung bekommt man die minimale Energiemenge, die bei einer exothermen Reaktion als Wärme in die Umgebung fließen muß (indem man die Gleichung nach der Wärmezufuhr auflöst).

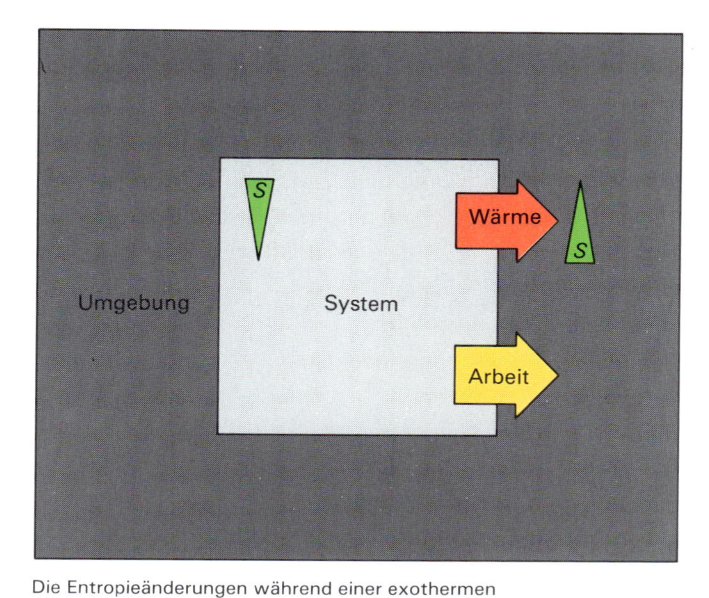

Die Entropieänderungen während einer exothermen chemischen Reaktion. Die reagierenden Substanzen bilden ein System, aus dem Wärme in die Umgebung fließt. Damit nimmt die Entropie im System ab. Die Reaktion kann aber nur spontan ablaufen, wenn die Entropie in der Umgebung stärker zunimmt, als sie sich im System verringert. Deshalb steht nicht die gesamte frei werdende Energie auch als Arbeit zur Verfügung.

Letztendlich erhält man dann die folgende Beziehung für die minimale Erwärmung:

Minimale Erwärmung
= Temperatur × Entropieänderung.

Wir können diese Gleichung auch anders lesen: Die Energie, die bei einer Reaktion in keinem Fall in Form von Arbeit zur Verfügung steht, entspricht dem Produkt aus Temperatur und Entropieänderung. Als Symbol schreibt man dafür gewöhnlich $T\Delta S$. Andererseits ergibt sich die *freie Energie*•, die als Arbeit zur Verfügung steht, aus der Differenz zwischen insgesamt freigesetzter Energie und minimaler Wärmeabgabe:

Freie Energie = innere Energie
− (Temperatur × Entropieänderung).

Dabei entspricht der „gespeicherten" Energie die *innere Energie* des Systems, die insgesamt bei der exothermen Reaktion freigesetzt werden kann. Die wichtigste thermodynamische Eigenschaft aber ist für unsere Überlegungen die freie Energie, und sie wird von nun an im Mittelpunkt stehen — wie der Mann, der sie einst in die chemische Thermodynamik einführte: Josiah Gibbs.

Josiah Willard Gibbs (1839–1903).

Josiah Willard Gibbs gehört — wie Boltzmann — zur dritten Generation von genialen Wissenschaftlern, die nach Kelvin, Joule und Clausius die moderne Thermodynamik geprägt haben. Nachdem der Formalismus und seine statistische Deutung auf der Basis der Atome klar war, weitete Gibbs den Anwendungsbereich der Thermodynamik auf die Chemie aus. Er lebte und arbeitete die meiste Zeit seines Lebens in Yale und ging als einer der bedeutendsten Amerikaner in die Wissenschaftsgeschichte ein. Er machte die physikalische Chemie zu einer deduktiven Wissenschaft und stellte in seinen Arbeiten eine Verbindung zwischen Dampfmaschine und chemischen Reaktionen her; sein weithin unbekannter Artikel *On the equilibrium of heterogenous substances* (Über das Gleichgewicht heterogener Substanzen) faßt die verschiedenen Betrachtungsweisen nicht weniger genial zusammen als manche berühmten Arbeiten aus seiner Zeit. Gibbs wurde jedoch kaum beachtet — wohl nicht zuletzt wegen seines

---

• Wir benutzen den Begriff *freie Energie* hier im Sinne der Helmholtzschen Definition für Veränderungen des Wärmeinhalts eines Systems bei konstantem Volumen. Diesen Wärmeinhalt bezeichnen wir als *innere Energie*. Dagegen betrachten Chemiker in der Regel Vorgänge bei konstantem Druck, wobei sie die freie Energie bei konstantem Druck betrachten: die sogenannte *freie Enthalpie*. Entsprechend betrachten sie anstelle der Helmholtzschen inneren Energie die *Enthalpie* (siehe dazu Anhang 2).

zurückhaltenden Wesens — und fand auch in den Vereinigten Staaten erst spät angemessene Anerkennung. Gibbs hatte überaus vielseitige Interessen: Seinen Doktor machte er mit einer Arbeit über Zahnradgetriebe; es war übrigens die erste Promotion im Fach Ingenieurswissenschaften in den USA. Auch als er mit Akribie eine elegante Theorie der chemischen Thermodynamik entwickelte (obwohl einige damals glaubten, die Thermodynamik lasse sich gar nicht auf chemische Reaktionen anwenden), interessierte er sich weiterhin für praktische Dinge. Beispielsweise hat er die Gläser für seine Brille nach eigenen Berechnungen geschliffen.

Was die chemischen Reaktionen betrifft, so hatten wir gesehen, daß eine Reaktion, bei der die Entropie der beteiligten Substanzen (des Systems) abnimmt, nur dann spontan ablaufen kann, wenn Wärme in die Umgebung fließt. Aber was würde geschehen, wenn umgekehrt die Entropie des Systems während der Reaktion ansteigt? Jetzt könnte die Entropie in der Umgebung abnehmen, ohne daß sich daraus ein Entropieverlust im gesamten Universum ergibt. Wir dürfen also Energie in Form von Wärme aus der Umgebung in unser System der reagierenden Substanzen fließen lassen (was die Entropie der Umgebung herabsetzt) und anschließend Energie in Form von Arbeit nach außen transportieren (ohne dort die Entropie erhöhen zu müssen).

Unter diesen Bedingungen können wir sämtliche Energie, die bei der Reaktion frei wird, in Form von Arbeit nutzen; und darüber hinaus läßt sich sogar Wärme, die aus der Umgebung stammt, in Arbeit umsetzen. Eine solche Reaktion liefert also mehr Energie in Form von Arbeit, als mit Wärme allein zu gewinnen wäre. Derartige Reaktionen wirken wie Energiewandler, die Wärme aus der Umgebung in brauchbare Arbeit aufwerten.

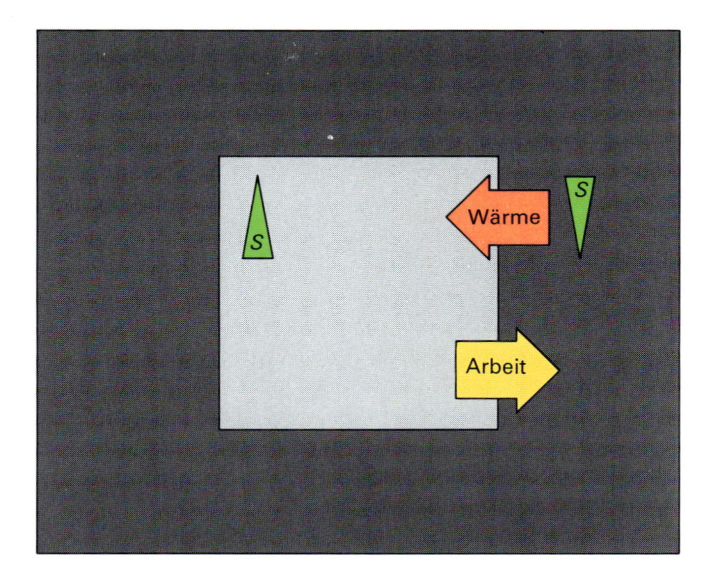

Eine Reaktion, bei der die Entropie des Systems zunimmt, kann als eine Art Energiewandler Wärme in Arbeit umsetzen: Der Umgebung wird Energie entzogen, so daß die Entropie dort abfällt. Umgekehrt führt die Wärmezufuhr im System zu einem Entropieanstieg. Wenn die chemische Reaktion weiterhin Wärme freisetzt, kann insgesamt mehr Arbeit gewonnen werden, als die freie Energie des Systems zuließe.

Die freie Energie ist in zweierlei Hinsicht wichtig. Einen Aspekt haben wir soeben kennengelernt: Die freie Energie gibt an, wieviel Arbeit wir maximal aus einer bestimmten chemischen Reaktion gewinnen können, die Wärme freisetzt und in thermischem Kontakt mit der Umgebung abläuft. Wenn die Reaktion wie ein Energiewandler funktioniert, kann die gewonnene Arbeit deutlich von der im System freigesetzten Wärme abweichen. Sofern wir daran interessiert sind, eine *geordnete* Bewegung zu erzeugen, sollten wir immer daran denken, daß die maximal nutzbare Arbeit von der freien Energie bei dem interessierenden Prozeß abhängt. (Die Änderung der freien Energie läßt sich für chemische Reaktionen mit Hilfe von Energie- und Entropietafeln berechnen, ähnlich wie sie in Anhang 2 auf Seite 182 zu finden sind. Die Werte beruhen — wie alle thermodynamischen Meßgrößen — auf Temperaturmessungen.) Allerdings kann durch Wärmezufuhr von außen insgesamt mehr Arbeit gewonnen werden, als die bei einer Reaktion freigesetzte Energie nach unserer Formel erlauben würde. Eine solche Reaktion erzeugt natürlich keine Energie aus dem Nichts. Sie läßt lediglich so viel Chaos im System entstehen, daß ein Teil der Wärmebewegung in der Umgebung in gerichtete Bewegung umgewandelt werden kann. Insgesamt bleibt es dann im Universum bei der vorgeschriebenen Entropiezunahme. Wieviel Energie eine chemische Reaktion beispielsweise als elektrische Arbeit liefern kann, läßt sich ganz praktisch an der inneren Energie ablesen. Das spielt natürlich bei den Umwandlungsprozessen in Batterien oder Brennelementen eine entscheidende Rolle.

Man kann aber noch eine andere Schlußfolgerung aus der freien Energie ziehen, und zwar im Hinblick auf den spontanen Ablauf der Reaktion. Wir haben immer wieder betont, daß Arbeit effizient nur bei Prozessen gewonnen werden kann, die von Natur aus spontan ablaufen. Es wäre absurd, eine Maschine arbeiten zu lassen, die durch eine leistungsfähigere Maschine angetrieben werden muß. Wir können diese Aussage umkehren und folgendes Kriterium für Spontaneität aufstellen: Wenn ein Prozeß Arbeit verrichten kann, dann läuft er spontan ab. Das heißt, die Änderung der freien Energie gibt insbesondere Auskunft darüber, ob eine chemische Reaktion spontan ist oder nicht. Wenn die freie Energie der Reaktionspartner abnimmt, verläuft die Reaktion in dieser Richtung spontan.• Chemische Reaktionen streben ein Minimum an freier Energie an.

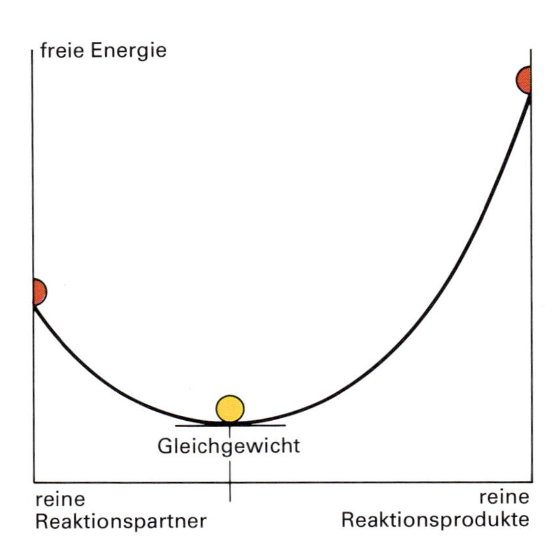

Wenn chemische Reaktionen spontan unter konstanten Druck- und Temperaturbedingungen ablaufen, strebt die freie Energie der beteiligten Substanzen auf ein Minimum zu: Nicht nur für die anfangs reinen Reaktionspartner liegt die freie Energie (roter Punkt links) über dem Gleichgewichtsniveau (gelber Punkt), sondern auch für ein reines Endprodukt (rechts vom Maximum). Der Gleichgewichtszustand entspricht daher einem Gemisch aus Reaktanden und Reaktionsprodukten.

• Daß Spontaneität hier mit einer Abnahme an freier Energie verknüpft ist, kann man sich leicht klarmachen: Wenn ein System spontan Arbeit verrichtet, geht das zu Lasten seiner Helmholtzschen inneren Energie; da nur die freie Energie nutzbar werden kann, muß sie abnehmen. Ganz analog kann man bei Reaktionen mit der freien Enthalpie argumentieren; die entsprechende Enthalpieänderung hat genau das umgekehrte Vorzeichen wie die außen verrichtete Arbeit (siehe Anhang 2).

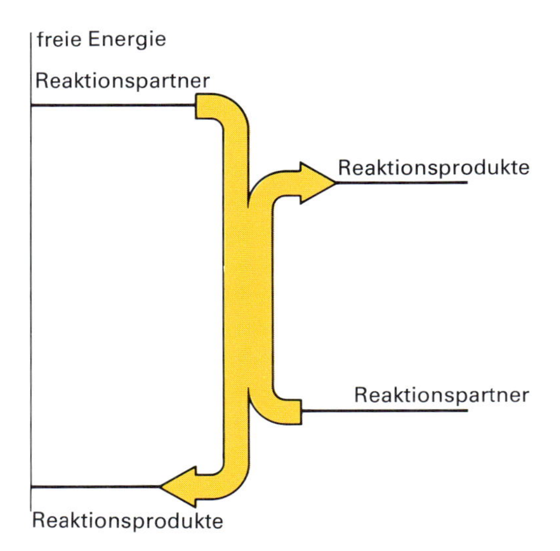

Eine Reaktion, bei der die freie Energie abnimmt (linker gelber Pfeil) kann eine andere in Gang bringen, die spontan nicht ablaufen würde, weil sie die innere Energie der beteiligten Substanzen erhöht. Solche gekoppelten Reaktionen ähneln zwei gekoppelten Gewichten, bei denen das schwerere das leichtere hochzieht.

Chemische Reaktionen, bei denen sich die freien Energien verringern, ähneln in gewisser Hinsicht einem fallenden Teilchen, das eine möglichst niedrige potentielle Energie anstrebt. Hier besteht tatsächlich ein fundamentaler Zusammenhang zwischen Dynamik und Thermodynamik, auch wenn thermodynamische Systeme nicht dazu neigen, in niedrigere Energiezustände überzugehen.

Die Tendenz zu geringeren freien Energien entspricht nicht direkt dem Abfall potentieller Energie. Wir können sie aber vor dem Hintergrund des einzigen Gesetzes für spontane Umwandlungen deuten: der Entropiezunahme im Universum. Die freie Energie ist in Wirklichkeit nur eine getarnte Form der Gesamtentropie des Universums, auch wenn sie den Namen ,,Energie" trägt.

Wir haben zu Beginn des Abschnitts eine Analogie zwischen Gewichten und chemischen Reaktionen betrachtet, die wir nun präziser formulieren können: Eine chemische Reaktion verhält sich wie ein Gewicht, bei dem anstelle der potentiellen Energie die freie abfällt. Das schwere Gewicht, das ein leichtes hochzieht, entspricht in unserem Bild einer chemischen Reaktion mit einem so großen Rückgang an freier Energie, daß eine zweite Reaktion in unnatürlicher Richtung angetrieben werden kann.

Damit haben wir einen Schlüssel zur Biosynthese, denn in lebenden Zellen sind viele Reaktionen miteinander gekoppelt: Reaktionen, die spontan in falscher Richtung ablaufen würden, lassen sich durch andere Reaktionen in die gewünschte Richtung zwingen, wenn die freie Energie insgesamt abnimmt. Beispielsweise funktioniert so die Verkettung der Aminosäuren bei der Proteinsynthese.

Die gekoppelten Reaktionen des Lebens

Organismen und Zellen gleichen in gewisser Hinsicht dem komplizierten Räderwerk einer Maschine. Ein schweres Gewicht, das über ein Gefälle der freien Energie hinabstürzt, zieht — mit Hilfe des komplizierten biochemischen Getriebes in der Zelle — ein leichteres Gewicht hoch, allerdings nicht ganz so weit, wie es selbst absinkt. Es handelt sich insgesamt um einen bemerkenswerten Verfall einer hohen Energiequalität, der freilich im Körper auf eine so geschickt ,,verzahnte'' Weise geschieht, daß er alle komplexen Lebens- und Bewußtseinsvorgänge in Gang hält. Das erklärt auch, warum wir essen müssen: Wir nehmen Nährstoffe auf, die eine hohe freie Energie haben, und lassen sie zerfallen. Mit anderen Worten: Wir nutzen hochwertige Energie, die bei geringer Entropie in den Nährstoffen gespeichert• ist. Beim ,,Fall'' über den ,,Abhang'' der freien Energie während der Verdauung wird unser inneres ,,Zahnradgetriebe'' gedreht — wir leben.

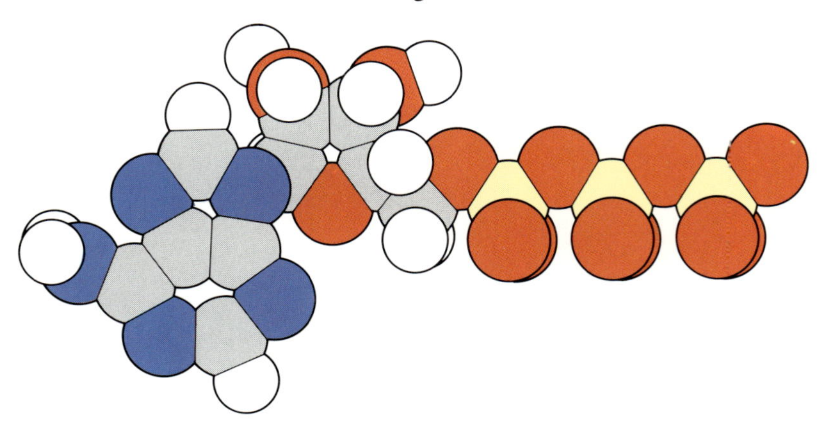

In diesem Kapitel haben wir uns auf die Prozesse beschränkt, die zur Proteinsynthese führen. Die Proteine sind so etwas wie Arbeitsbienen, deren Waben Körperzellen sind. Wir müssen sie nun etwas genauer betrachten und dabei den Energiefluß und insbesondere die Entwertung der Energie verfolgen, die die Zellen lebensfähig macht. Die Reaktionen, in denen die Nahrung von der Aufnahme bis zur Ausscheidung abgebaut wird, und die gleichzeitig ablaufenden Reaktionen, die im Körper vielfältige Formen aufbauen, sind auf komplexe Weise vernetzt, so daß das Universum insgesamt immer ein bißchen weiter ins Chaos sinkt. Stets geht es in einen wahrscheinlicheren Zustand über. Mit jedem Augenblick, der verstreicht, wird der Dämon in seinen zukünftigen Möglichkeiten etwas weiter eingeschränkt; es wird immer unwahrscheinlicher, daß er jemals in Freiräume der Vergangenheit zurückkehrt.

Wir können im folgenden allenfalls einen flüchtigen Blick auf das Getriebe werfen, das die biochemischen Prozesse in unserem Körper verzahnt, wobei wir Vereinfachungen hinnehmen müssen, durch die wichtige Nuancen verloren gehen. Die *Bioenergetik* ist viel zu kompliziert, als daß wir hoffen dürften, sie in einem kurzen Kapitel erfassen zu können (weiterführende Lektüre ist im Literaturverzeichnis angegeben).

Ein Adenosintriphosphatmolekül (ATP). Wenn ATP seine letzte Phosphatgruppe (PO_4) verliert (rechts in der Kette mit den gelb markierten Phosphatatomen), wird Energie frei. Dabei wandelt sich ATP in ADP (Adenosindiphosphat) um.

• Die hohe Qualität verdanken wir der Sonne, deren Temperatur so hoch ist, daß ihre Energie mit einer sehr niedrigen Entropie gespeichert wird. Diese hochwertige Energie wird täglich zu uns ,,eingestrahlt'' und durch Photosynthese eingefangen. Sie gelangt in Pflanzen und Tiere, und wir nehmen sie mit unserer Nahrung auf.

Ein bioenergetisch wichtiges Molekül wollen wir uns aber doch etwas näher ansehen: das *Adenosintriphosphat*, kurz *ATP* genannt. Wie für biochemische Moleküle typisch, ist das ATP-Molekül mittelgroß. Sein Aufbau ist als Kalottenmodell auf der gegenüberliegenden Seite abgebildet. Vor allem besitzt ATP die Fähigkeit, eine Phosphatgruppe abzustoßen und irgendwann später wieder zu ersetzen; dadurch spielt es für den Stoffwechsel eine entscheidende Rolle. Eine Phosphatgruppe (PO_4) besteht aus einem Phosphoratom (im Modell gelb wiedergegeben), um das sich vier Sauerstoffatome gruppieren. Beim ATP befindet sich eine solche Gruppe am rechten Ende des Moleküls. Sie wird während der Oxidation von Glucose, die beim Abbau der Kohlenhydrate in unserer Nahrung entsteht, an ein ähnliches Modell angehängt: *Adenosindiphosphat*, kurz *ADP*. Das Anhängen der PO_4-Gruppe an ADP hebt die innere Energie, so daß hier — bildlich gesprochen — ein kleineres Gewicht von einem schwereren hochgezogen wird. Das neu entstandene ATP-Molekül wandert danach zu einem anderen Ort des biochemischen Geschehens, wo es seine letzte Phosphatgruppe verliert und beim Übergang in ADP Energie freisetzt, die eine weitere chemische Reaktion steuern kann. Zum Beispiel kann bei der Proteinsynthese eine Peptidbindung gebildet werden; aber auch Vorgänge in Gehirn und Nervensystem, die zu kognitiven Prozessen wie etwa einer Meinungsbildung führen, beziehen letztlich Energie aus der Umwandlung von ATP in ADP.

Glucose wird im Körper zu Kohlendioxid und Wasser ,,verbrannt''. Man kann sich diese Umwandlung als ein Ergebnis von Atmungs- und Verdauungsprozessen vorstellen. Natürlich verbrennt Glucose im Körper ohne Flamme; die Energie wird viel raffinierter ausgenutzt als bei einer einfachen Feuerstelle: Statt den ,,Brennstoff'' nutzlos in Asche zu verwandeln, wird seine Energie für die Entstehung von ATP-Molekülen genutzt. Wenn ein Glucosemolekül abgebaut wird, reicht die freigesetzte Energie aus, um 93 ATP-Moleküle zu bilden (jeweils durch das Anheften einer Phosphatgruppe an ein ADP-Molekül). Tatsächlich entstehen weniger ATP-Moleküle, weil die Natur doch nicht ganz perfekt ist.

Der erste Schritt bei der biochemischen Energiegewinnung aus Kohlenhydraten ist die *Glykolyse*. Dabei wird das Glucosemolekül in zwei Teile gespalten. Das entspricht einem Absinken der freien Energie, das ausreicht, um zwei ATP-Moleküle zu bilden. Mit anderen Worten: Es wird Energie freigesetzt und strukturelle Ordnung beseitigt. Zwar wird ein Teil dieser Energie benutzt, um die ATP-Moleküle aufzubauen, aber insgesamt nimmt das Chaos im thermodynamischen Universum zu. Wie die Reaktionsschritte beim Abbau von Glucose im einzelnen mit denen beim Entstehen von ATP verzahnt sind, hängt von Aufbau und Wirkungsweise der jeweils beteiligten Enzyme ab. Wir wollen das aber hier nicht weiter vertiefen.

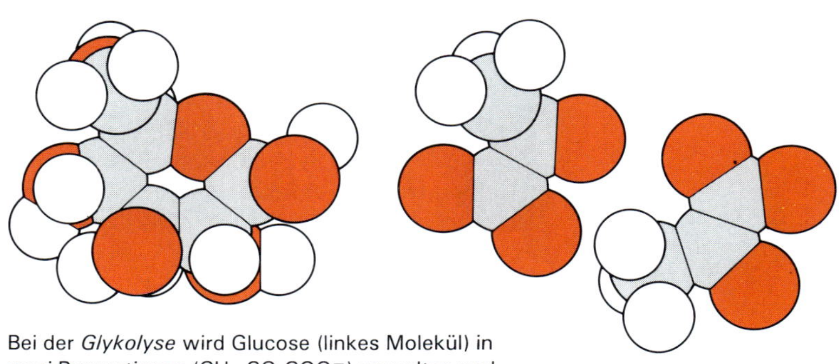

Bei der *Glykolyse* wird Glucose (linkes Molekül) in zwei Pyruvationen ($CH_3\ CO\ COO^-$) gespalten und Energie freigesetzt. Das ist der erste Schritt der Energiegewinnung aus Glucose, die beim Verdauen der Kohlenhydrate in unserer Nahrung entsteht.

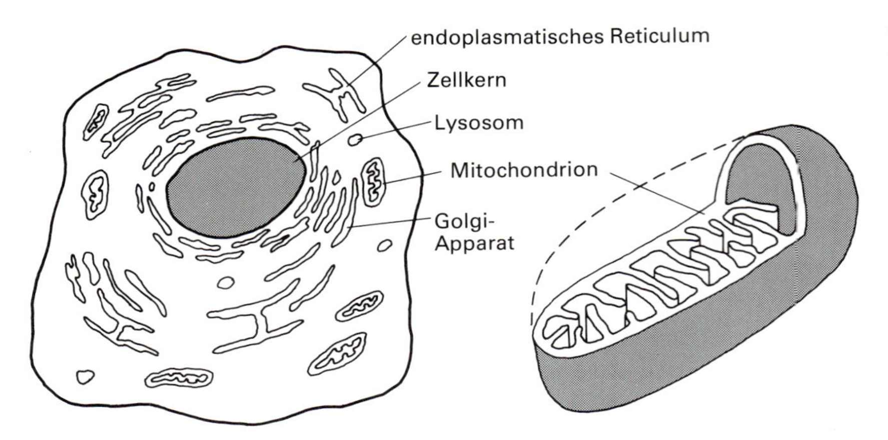

Ein schematisch dargestellter Querschnitt einer tierischen Zelle und ein einzelnes Mitochondrion (rechts). Die Mitochondrien sind kleine Organellen, die — wie winzige Kraftwerke — für die Energieversorgung der Zelle zuständig sind.

Wenn Glucose in Pyruvationen zerfällt (wie sie in der Abbildung auf der vorigen Seite dargestellt sind), gibt sie nur einen Teil ihrer freien Energie ab. Der Rest wird von Zellorganellen nutzbar gemacht, die *Mitochondrien* heißen. Diese bakteriengroßen Organellen könnten sich im Laufe der Evolution aus Bakterien entwickelt haben, die irgendwann einmal in die Zellen eindrangen und schließlich deren Bestandteil wurden. Man beachte, daß die Energie in den Zellen nicht an derselben Stelle freigesetzt wird, wo sie gebraucht wird. Es mag sein, daß die Natur dadurch einen Energiekurzschluß vermeiden will. Wenn die Energie dort, wo sie in den Mitochondrien gewonnen wird, auch verbraucht würde, könnte etwas Ähnliches passieren wie bei einem heißen Metallblock, den man in direkten Kontakt mit einem kalten Reservoir bringt: Die Energie würde sofort entwertet und ließe sich nicht als Arbeit nutzen.

Man kann sich die Mitochondrien als eine Art elektrochemischer Zellen vorstellen, wie sie in elektrischen Batterien verschaltet sind; auf diese Weise wird durch einen Elektronenfluß auf Kosten einer chemischen Reaktion elektrische Arbeit verrichtet. Um die Zusammenhänge zu verstehen (und zu sehen, wie der Zweite Hauptsatz die chemische Erzeugung elektrischer Leistung einschließt), wollen wir einen weiteren kurzen Abstecher in die Elektrochemie des Lebens machen.

Die Elektrochemie des Lebens

Eine *elektrochemische* oder *galvanische* Zelle funktioniert nach einem Prinzip, das wir an einem Eisenwürfel in einer Kupfersulfatlösung verfolgen können: Nach und nach setzt sich Kupfer an der Oberfläche des Eisens ab, während der Würfel allmählich kleiner wird. Die Kupferionen in der Lösung fangen Elektronen vom Eisen ein und wandeln sich in neutrale Kupferatome um, die sich auf dem Würfel ablagern. Die Eisenatome, die Elektronen verloren haben, werden zu Eisenionen und gehen in Lösung.

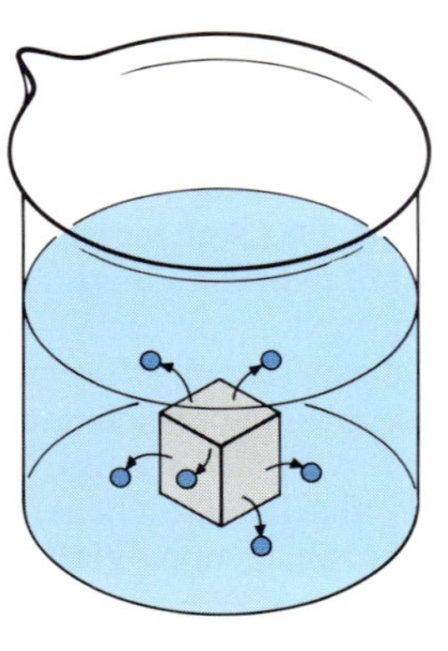

Ein Eisenwürfel in Kupfersulfatlösung verliert Elektronen, die in zufällige Richtungen abwandern und deshalb keinen gerichteten Strom erzeugen. Kupfer setzt sich auf der Oberfläche des Eisens ab, das sich ganz allmählich auflöst.

Wir können uns das Ganze wie folgt vorstellen: Eisenatome verlieren Elektronen, die von Kupferionen eingefangen werden. Das geschieht spontan, denn es erhöht die Entropie des Universums. (Ein Großteil der Energie verteilt sich in Form von Wärme in der Umgebung.) Das entspricht einem Rückgang der freien Energie.

Was den Elektronentransfer betrifft, so können wir in diesem Hin und Her keine Richtung erkennen — bis auf die Tatsache, daß Elektronen vom Eisen zum Kupfer überwechseln. Aber angenommen, es gäbe eine Möglichkeit, die vom Eisen abgegebenen Elektronen mit einer Elektrode aufzufangen, so daß sie von dort zu einer zweiten Elektrode wandern und schließlich zu den Kupferionen in der Umgebung dieser zweiten Elektrode gelangen, dann würde sich wie zuvor Eisen lösen und Kupfer ablagern, aber außerdem käme nun ein Elektronenfluß zwischen den Elektroden zustande. Mit anderen Worten, die chemische Reaktion

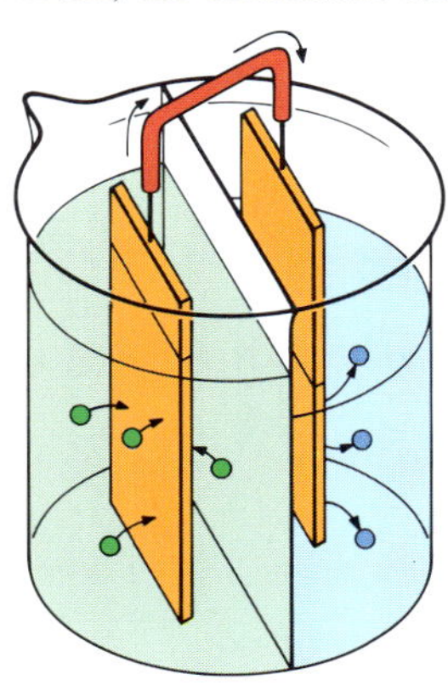

Wenn Kupfersulfat und Eisen getrennt sind, kann man die Neigung von Eisen, sich in einem Elektrolyten zu lösen, und von Kupferionen, sich auf einer Elektrode abzusetzen, zur Stromerzeugung ausnutzen. Wie bei einer Batterie werden die Elektronen dann über einen Leiter von einer Elektrode zur anderen transportiert — es entsteht ein gerichteter elektrischer Strom, der in Form von Arbeit genutzt werden kann.

hätte einen elektrischen Strom erzeugt. Diese elektrochemische Erzeugung von nutzbarer Arbeit bildet die Grundlage für die Grundfunktionen in einer Zelle.

Bei einer elektrochemischen Zelle laufen Elektronenabgabe und -aufnahme getrennt ab. Während das Universum ins Chaos sinkt, müssen die Elektronen durch irgendeinen äußeren Stromkreis wandern. Die Reaktion erzeugt einen gerichteten Strom, mit dem man Elektromotoren antreiben kann.

Diese Erkenntnis führt uns zu einer wichtigen Frage: Wieviel Arbeit können wir mit einer elektrochemischen Zelle gewinnen? Da zumindest ein bißchen Energie als Wärmetribut verloren geht, entspricht die maximale Arbeit der Änderung der freien Energie während der Zellreaktion. Wenn wir die freie Energie der Reaktion kennen (zum Beispiel aus einer Tabelle), wissen wir, wieviel Energie eine Zelle erzeugen kann.

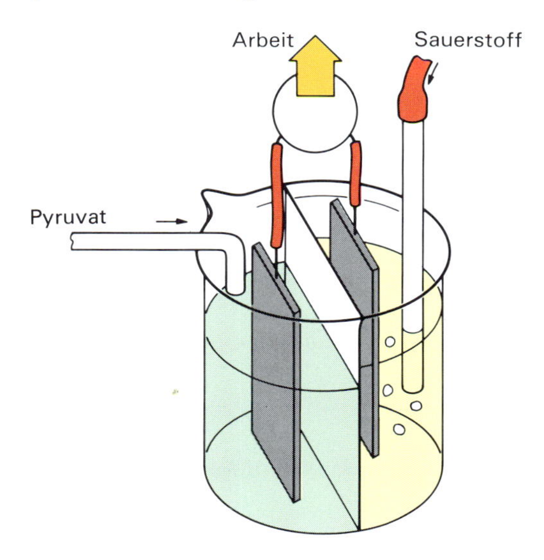

Die Endatmungskette. Pyruvationen, die bei der Glykolyse entstanden sind, werden oxidiert, und es bilden sich Kohlendioxid und Wasser. Insgesamt werden bei der Reaktionskette Elektronen zu dem eingeatmeten Sauerstoff transportiert. Wenn dieser Transport — wie in den Zellen — gerichtet abläuft, kann Arbeit gewonnen und so ATP, Protein oder DNA gebildet werden.

Nun können wir zu den elektrochemischen Zellen in der lebenden Zelle zurückkehren: zu den Mitochondrien. Dort werden nacheinander Elektronen von Molekül zu Molekül weitergereicht. So verliert das Pyruvation, die ,,Asche'' aus der Glykolyse, Elektronen, die dann vom Sauerstoff eingefangen werden. Als Ergebnis zerfällt das Pyruvation in Kohlendioxid, und die Sauerstoffionen verbinden sich mit Wasserstoffionen zu Wasser. Der Elektronenfluß kann als gerichteter Prozeß in Arbeit umgesetzt

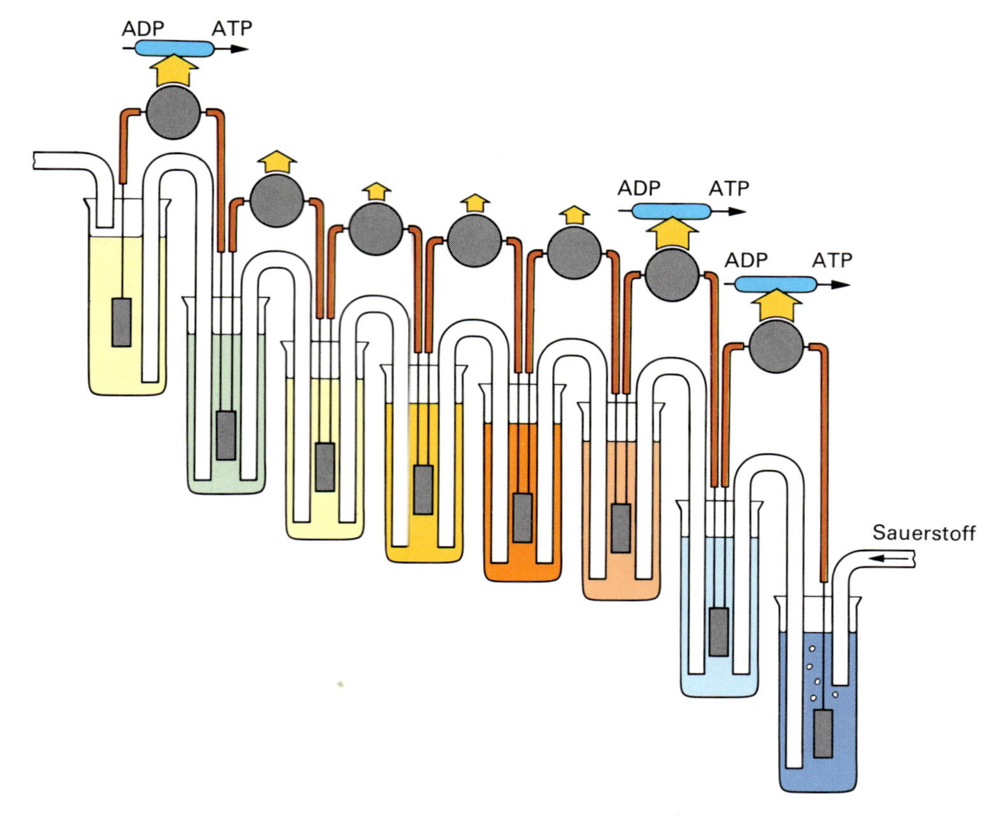

Die Reaktionen in den Mitochondrien lassen sich mit einer elektrochemischen Kaskade vergleichen. Jeder Reaktionsschritt setzt ein bißchen Energie frei und erzeugt Arbeit. In drei Fällen reicht diese Arbeit aus, um eine Phosphatgruppe an ein ADP-Molekül zu hängen und es in ATP umzuwandeln.

werden. (Das ist in der Abbildung auf dieser Seite schematisch dargestellt.) Insbesondere können aus ADP die energetisch hochwertigeren ATP-Moleküle gebildet werden.

Die Schritte in den Mitochondrien bilden die sogenannte *Endatmungskette*. Sie sind alle sehr kompliziert, aber man weiß ziemlich genau, wie sie ablaufen. Insbesondere lassen sie sich mit hintereinandergeschalteten elektrochemischen Zellen vergleichen. Elektronen, die bei der Oxidation von Pyruvationen frei werden, fallen sanft über die Energiestufen der elektrochemischen Zellen hinab, von denen einige über ein kleines elektrisch angetriebenes ,,Fließband'' aus den ADP-Molekülen in der Umgebung ATP herstellt. (Dieses Herunterfallen ist in Wirklichkeit eine komplexe Folge von Reaktionen, die man als *Krebs-Zyklus* bezeichnet.) Wie effizient jeder Schritt der terminalen Atmungskette ist, läßt sich aus der Größe der gelben Pfeile in der Abbildung oben ablesen. Wenn die Elektronen schließlich die unterste Stufe erreichen und sich mit dem eingeatmeten Sauerstoff (der von Hämoglobinmolekülen zur Zelle transportiert wurde) verbunden haben, ist alle Arbeit getan. Nun sind ATP-Moleküle entstanden (jeweils 38 pro verbrauchtes Glucosemolekül), neue Strukturen in einer etwas chaotischer gewordenen Welt.

Wir können das ATP energetisch als einen AN-Zustand betrachten. Wenn es eine Phosphatgruppe abstößt und dabei durch Enzyme andere Reaktionen in Gang gesetzt werden, dann kann der Vorrat an freier Energie im ATP zu chemischen Reaktionen führen, die in unserem Bild dem leichteren Gewicht entsprechen. Zum Beispiel bedeutet jede Peptidbindung zwischen Aminosäuren einen *Zuwachs* an freier Energie, schon deshalb (wenn auch nicht nur deshalb), weil Peptidketten eine weitaus geordnetere Struktur aufweisen als einzelne Aminosäuren.
In Verbindung mit dem Zerfall von ATP können Peptidbindungen gleichwohl zustande kommen. Jede davon reduziert für sich genommen die Entropie des Universums so stark (weil Proteine sehr strukturiert und geordnet sind), daß drei ATP-Moleküle aufbrechen müssen, um die Entropiebilanz zu kompensieren. Die Evolution hat eine ausgeglichene Entropiebilanz geschaffen, indem fleißige Enzyme im Zellinnern dafür sorgen, daß die ATP-Energie nutzbar wird und nach den Anweisungen der DNA-Information eine Peptidbindung nach der anderen entsteht. So hat unser aller Leben einmal angefangen.

Vom Chaos zum geordneten Muster

Wir verfügen nun über das thermodynamische Rüstzeug, um unsere gewohnten Vorstellungen von *Struktur* genauer zu überprüfen. Dazu müssen wir freilich noch einen wichtigen Gesichtspunkt berücksichtigen, den wir bislang außer acht gelassen haben: den Austausch von Materie zwischen Systemen. Wir haben uns bisher auf *geschlossene* Systeme beschränkt, bei denen weder Materie eindringt noch heraustropft. Ein lebender Körper ist jedoch ein *offenes* thermodynamisches System, das ohne Materiefluß gar nicht lebensfähig wäre: Wir müssen Nahrung verdauen und Luft einatmen.

Trotzdem können wir unsere bisherigen Überlegungen zur Energiedissipation anwenden. Sie führt, wenn wir den Zweiten Hauptsatz auch auf die Ausbreitung von Materie anwenden, auf die vielfältigen Prozesse der Strukturbildung in der Natur. Wieder stoßen wir auf ein Beispiel dafür, daß ein Konzept — hier die Vorstellung von Ausbreitung und Gleichverteilung — über ein Grundprinzip hinausweist, aus dem es einmal abgeleitet wurde. Wir wollen uns nun explizit den offenen Systemen zuwenden und dabei untersuchen, wie die ziellose Energieausbreitung Muster und Strukturen — bis hin zu Leben und Bewußtsein — geschaffen hat. Die Vielfalt dessen, was sich auf ganz verschiedenen Ebenen in uns abspielt, läßt sich thermodynamisch auf ein gemeinsames Prinzip zurückführen: den Zweiten Hauptsatz.

Struktur

Jedermann wird sich unter Struktur etwas Richtiges vorstellen. Wir wollen darunter eine geordnete Ansammlung von Teilchen wie Atomen, Molekülen oder auch Ionen

Strukturen werden in vielfältigen Formen sichtbar, auch in vielen Dingen des Alltags. Was Struktur im thermodynamischen Sinne bedeutet, ist Thema dieses Kapitels.

Ein Kristall besteht aus kohärent angeordneten Teilchen. Hier ist das Kristallgitter von Kochsalz gezeigt, das sich aus Chlorionen (grün) und Natriumionen (rot) aufbaut.

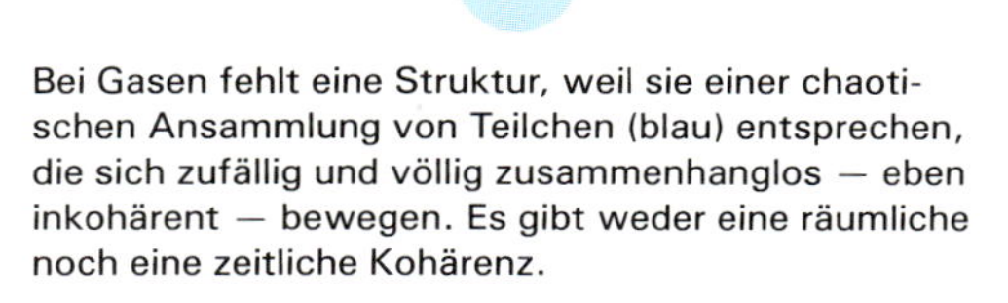

Bei Gasen fehlt eine Struktur, weil sie einer chaotischen Ansammlung von Teilchen (blau) entsprechen, die sich zufällig und völlig zusammenhanglos — eben inkohärent — bewegen. Es gibt weder eine räumliche noch eine zeitliche Kohärenz.

Eine Flüssigkeit kann nur lokal eine Struktur aufweisen, aber nicht global. Hier läßt sich jeweils nur die Position der nächsten Nachbarn anhand der Position eines Teilchens relativ sicher voraussagen, aber für größere Abstände gibt es keinen Zusammenhang mehr, auf den sich die Voraussage stützen könnte. Die lokale Struktur ist hier eine Dreieckskonfiguration.

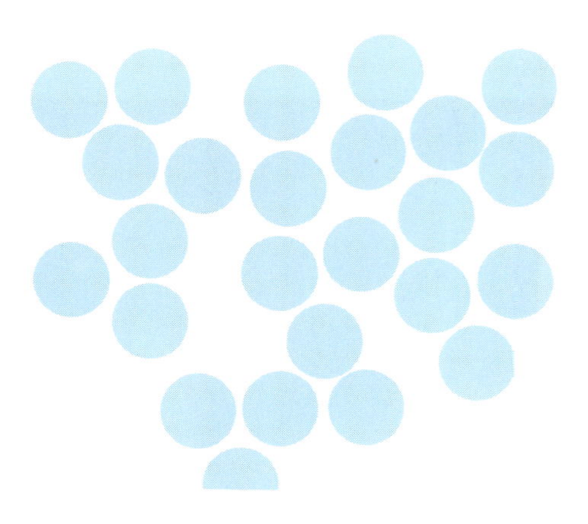

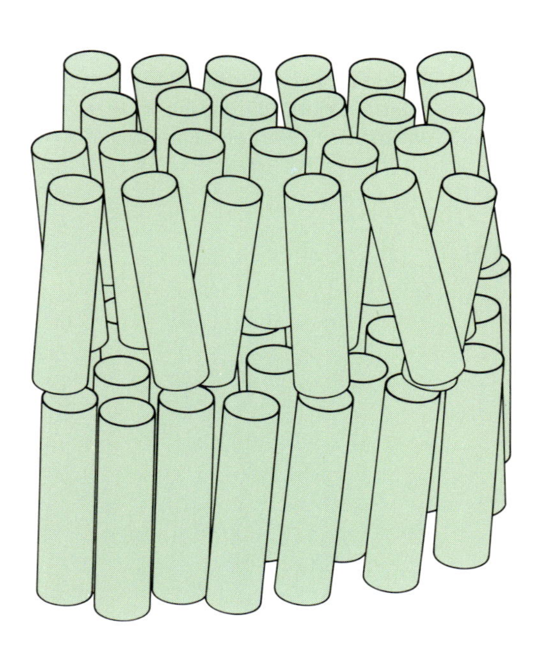

Flüssigkristalle, wie sie in Taschenrechner- und Uhranzeigen verwendet werden, weisen in bezug auf einige Raumrichtungen eine Struktur auf, während sie in allen anderen Richtungen ungeordnet sind. Bei dem hier abgebildeten Zustand des Flüssigkristalls haben die Moleküle regelmäßige Strukturebenen gebildet, in denen sie jedoch zufällig angeordnet sind.

verstehen. Beispielsweise hat ein Kristall eine Struktur, im Gegensatz zu Gasen, Flüssigkeiten oder auch einem Stückchen weicher Butter. Während man in einem Kristall sicher sein kann, an welchen Plätzen die Teilchen im Gesamtgefüge anzutreffen sind, bleiben die relativen Teilchenpositionen in den „strukturlosen" Zuständen der Gase, Flüssigkeiten und amorphen Festkörper unbestimmt.

Wir können die Tatsache, daß die Teilchen in kristallinen Festkörpern eine geordnete Struktur bilden und ihre Positionen korreliert sind, in einem allgemeinen Sinne als Kohärenz auffassen: Die Teilchen hängen auf geordnete Weise zusammen. Dagegen sind ihre Positionen bei idealen Gasen völlig und bei Flüssigkeiten weitgehend inkohärent: Sie sind nicht miteinander korreliert. Wenn wir es also mit Kohärenz zu tun haben, wollen wir das als eine Form von Struktur ansehen — und entsprechend Inkohärenz mit Strukturlosigkeit verknüpfen. Auch in diesem verallgemeinerten Sinn besitzen Festkörper klare Strukturen, Gase jedoch keine.

Unsere vorläufige Definition von Struktur wollen wir nun präzisieren, um auch die Natur von Flüssigkeiten genauer erfassen zu können. Mit den Verfahren, die man routinemäßig bei der Strukturanalyse von Festkörpern anwendet, kann man auch die Teilchenpositionen in Flüssigkeiten untersuchen. Dabei stellt sich heraus, daß *lokal* eine ziemlich feste Teilchenanordnung vorliegen kann; die Positionen für die nächsten Nachbarn eines Teilchens lassen sich noch relativ gut bestimmen, aber je größer der Abstand wird, desto mehr wächst die Unsicherheit bei der Vorhersage der „Nachbarpositionen". Die Korrelation zu den Positionen in der lokalen Anordnung ist dann so gering, daß die Teilchen über größere Abstände ungeordnet erscheinen. Festkörper weisen dagegen eine *globale* Ordnung auf, bei der Korrelation und Kohärenz sich „großräumig" über alle Teilchenpositionen — etwa zwischen den Außenflächen eines Kristalls — erstrecken. Bei Gasen fehlt eine solche globale Struktur fast ganz; selbst über sehr kurze Abstände sind die Positionen der Gasteilchen inkohärent. Flüssigkeiten nehmen eine Mittelstellung ein. Hier gibt es nur eine lokale, aber keine globale Struktur; die Positionen der Teilchen sind nur für kurze Abstände korreliert.

Besonders interessant ist hier eine Klasse von Flüssigkeiten, die man als Flüssigkristalle bezeichnet. Sie weisen in bestimmten Richtungen eine Regelmäßigkeit auf, sind ansonsten jedoch ungeordnet. Je nach Richtung verhalten sie sich wie Flüssigkeiten oder aber wie Festkörper. Diese *Anisotropie* verleiht ihnen optische Eigenschaften, die man zum Beispiel bei Taschenrechnern, Uhren und Telespielen ausnutzt.

Im Sinne unserer neuen Definition ist Struktur gleichbedeutend mit Kohärenz. Damit haben wir indirekt auch die Zeit in unseren Begriff von Struktur mit eingeschlossen. Kohärenz tritt nämlich nicht nur bei räumlichen Strukturen auf, sondern auch bei zeitlichen. Das ist ein ganz entscheidender Punkt.

Mit dieser Verallgemeinerung des Strukturbegriffs können wir nach wie vor die Festkörper klassifizieren, aber zusätzlich finden wir neue Formen von Struktur: Die sogenannten *dissipativen Strukturen* entstehen und behaupten sich nur durch den Prozeß der Energieausbreitung. So gesehen gehören auch wir Menschen zu den dissipativen Strukturen. Schließlich stoßen wir bei den Kreisprozessen von Dampfmaschinen ebenfalls auf eine abstrakte Struktur, auf die wir noch zurückkommen werden.

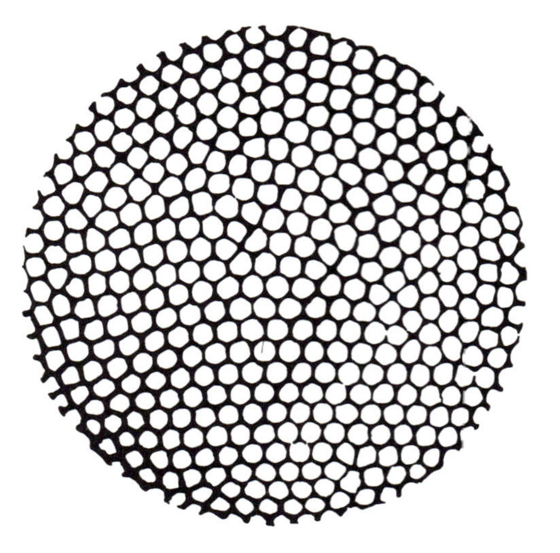

Das Wabenmuster der Konvektionszellen, die in einer von unten erhitzten Flüssigkeitsschicht entstehen.

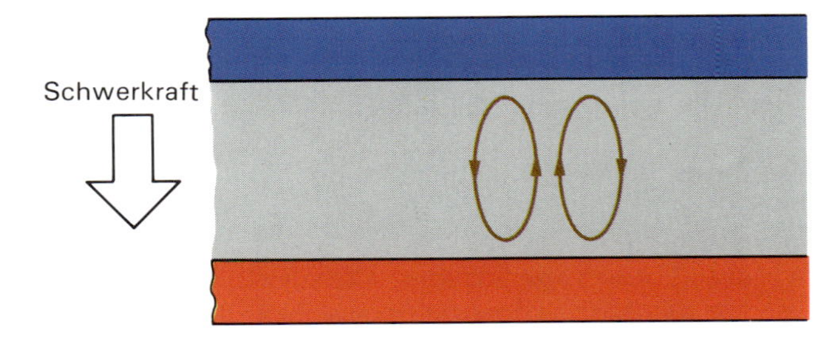

Die Bénardsche Instabilität setzt ein, wenn eine von unten beheizte Flüssigkeitsschicht ,,umkippt''. Die aufsteigende Flüssigkeit kühlt sich ab und wird dabei spezifisch dichter. Sobald ihre Dichte höher ist als in der heißeren nachdrängenden Flüssigkeit, sinkt die obere Flüssigkeit wieder ab. Durch Konvektion entstehen so Zirkulationen, die ein stabiles Muster von Konvektionszellen bilden (hier sind nur zwei davon eingezeichnet).

Dissipative Strukturen

Die Ausbreitung und Entwertung von Energie kann biologische, chemische oder physikalische Strukturen entstehen lassen. Das älteste Beispiel, das in der Physik diskutiert wurde, sind die Bénardschen Zellen. Sie entstehen durch Konvektionsströmungen in einer dünnen Flüssigkeitsschicht, die auf der Unterseite geheizt wird und auf der Oberseite abkühlt. Solange das Temperaturgefälle innerhalb der Schicht gering ist, bewegen sich die Flüssigkeitsteilchen chaotisch in alle Richtungen. Wenn der Temperaturunterschied so groß wird, daß die kalte Flüssigkeit an der Oberseite im Verhältnis zur heißen an der Unterseite merklich dichter wird, tritt die sogenannte *Bénardsche Instabilität* auf: kalte Flüssigkeit sinkt abwärts, während heiße aufsteigt; dadurch kommt eine Zirkulation in Gang, die ein wabenähnliches Muster — die Bénardschen Zellen — entstehen läßt.

Bei dieser dissipativen Struktur sind zwei Punkte wichtig: Die Entropie nimmt im Universum schneller zu, wenn die Wärme über das geordnete Zirkulationsmuster und nicht auf geradlinigem Weg verteilt wird — die Energie wird schneller entwertet. Diese raschere Entropieerzeugung läßt eine Struktur entstehen, wo zuvor keine vorhanden war — oder genauer: In der Flüssigkeit hat eine globale Struktur eine nur lokale ersetzt. Sobald der Temperaturunterschied zwischen Wärmequelle und Senke verschwindet, wandelt sich die globale Struktur wieder in eine lokale um, und die Konvektionszellen verschwinden. Sie werden nur durch den Energiefluß ,,am Leben'' erhalten; sobald dieser aufhört, zerfällt das Muster.

Dissipative Strukturen kann man auch bei chemischen Reaktionen beobachten, wenn sich die Konzentrationen der beteiligten Substanzen periodisch verändern. Hier sind sowohl räumliche als auch zeitliche Veränderungen eingeschlossen. Zum Beispiel treten bei sogenannten *oszillierenden chemischen Reaktionen* zeitliche Schwankungen der beteiligten Substanzen auf: Die Reaktionspartner verbinden sich, aber ein Teil des Reaktionsprodukts zerfällt, um dann erneut eine Bindung einzugehen und so fort. Bei räumlichen Schwankungen der Konzentrationen können im Reaktionsgefäß Muster entstehen. Hier haben wir es nicht nur mit Kuriositäten aus dem Labor zu tun; ähnliche Mechanismen laufen bei lebenden Organismen ab. Beispielsweise ist der Herzschlag ein zeitlich periodischer Vorgang, der durch eine Vielzahl von oszillierenden chemischen Reaktionen in Gang gehalten wird. Räumlich periodische Reaktionen haben Einfluß darauf, wie sich Körperzellen organisieren. Auch das gestreifte Fell von Zebras und Katzen erinnert an die Streifenmuster, wie sie bisweilen bei Reaktionen entstehen, wenn die Reaktionspartner durch ein Medium diffundieren können. Möglicherweise spielen ähnliche Prozesse während der Embryonalentwicklung dieser Tiere eine Rolle.

Die räumlich und zeitlich schwankenden Mengenverhältnisse in einem Reaktionsgemisch führen auf eine Analogie im Tierreich, wenn wir einen Reaktionspartner als Beute des anderen auffassen. Anstieg und Abfall der Konzentrationen korrespondieren mit Zu- und Abnahmen bei konkurrierenden Tierpopulationen. Wir brauchen uns also nicht näher mit speziellen Chemikalien zu befassen, um das Grundprinzip zu verstehen. Viel einfacher können wir uns die Zusammenhänge beispielsweise an Füchsen und Kaninchen anschaulich klar machen. Wir könnten auch zwei beliebige andere Populationen betrachten, bei denen ein Fleischfresser Jagd auf einen Pflanzenfresser macht. Im folgenden wollen wir untersuchen, wie hier durch Dissipation Strukturen entstehen: periodische Schwankungen von Tierpopulationen — und analog dazu Konzentrationen im Reagenzglas.

Betrachten wir Kaninchen (K), die Gras (G) fressen und sich bei einem unbegrenzten Nahrungsangebot vermehren. Wenn beide „Reaktionspartner", Gras und Kaninchen, anwesend sind, kann die Population uneingeschränkt zunehmen:

Kaninchen + Gras → mehr Kaninchen.

Ein Chemiker beschreibt dann eine Verdoppelung so: $K + G \rightarrow 2K$. Daß in diesem Kaninchenland immer wieder genug Gras nachwächst (oder immer genug G-Substanz in das Reaktionsglas tropft), entspricht der ständigen Wärmezufuhr bei den Bénardschen Zellen. Wir haben es mit einem vergleichbaren Dissipationsprozeß zu tun.

Wenn Kaninchen und Gras spontan in Richtung Kaninchenvermehrung reagieren, ist das eine Folge des Zweiten Hauptsatzes. So zielstrebig die Aktivitäten der Kaninchen auf den ersten Blick anmuten, sie beruhen auf dem universellen Sturz ins Chaos, der ein komplexes Getriebe der Energieumverteilung in Gang hält. Kaninchen entstehen aus dem Abbau von Gras, das seinerseits die Energie des Sonnenlichts zum Wachsen genutzt hat; zugleich entsteht andernorts mehr Chaos. Die Kaninchen-Gras-Reaktion ist auf komplexe Weise mit anderen Prozessen vernetzt, die an der allgemeinen Chaosentwicklung im Universum beteiligt sind. Heiße Flecken wie die Sonne oder — in einem allgemeineren Sinn — auch die Materie in Kaninchen und Gras kühlen sich ab. Auf verschlungenen Wegen führt das hier und da zu einem Rückgang des Chaos. Geschieht dies auf Kosten von Gras, so entsteht eine Struktur, die wir — selbst Wesen, die eine Chaosabnahme verkörpern — als Kaninchen herumhoppeln sehen. Solche biologischen und chemischen Prozesse mögen vielfältig und ungewöhnlich anmuten, thermodynamisch betrachtet laufen sie auf ein einfaches Prinzip hinaus: Kühlen im Sinne von Energieentwertung und Dissipation.

In derselben Gegend, wo die Kaninchen grasen, streichen hungrige Füchse (F) herum. Sie erbeuten Kaninchen und vermehren sich — wie wir es zuvor bei den Gras fressenden Kaninchen gesehen haben.

Füchse + Kaninchen → mehr Füchse.

Der Chemiker wird diese Dissipation von Kaninchen nüchtern als Reaktion festhalten: F + K → 2F.

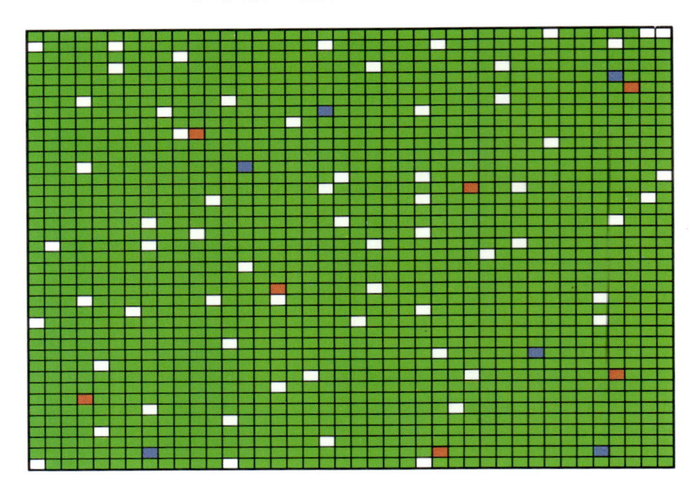

Kaninchen (weiß) und Füchse (rot) im Mark I-Universum. Auch einige Fuchspelze (blau) liegen als Reaktionsprodukte von F → P noch in der Landschaft herum.

Auch Füchse können Feinden zum Opfer fallen. Während sich die Population vermehrt, werden einige Füchse erbeutet oder geschossen, so daß auch die Reaktion

Füchse → Felle

abläuft, also F → P. Die Pelze — oder chemisch: die Reaktionsprodukte — haben im ökologischen System aber keinen unmittelbaren Einfluß auf die Fuchs- und Kaninchenpopulation (entsprechend Reaktionsprodukten, die aus einem Reagenzglas entweichen oder auch von einer Zelle ausgeschieden werden). Die Felle sind eine Art Energieabfall, der bei der Verwertung des Grases entsteht. Im ökologischen System gibt es, wie im Reaktionskolben oder in einer Zelle, einen Energiefluß.

Die entscheidenden Schritte unserer Reaktionskette laufen *autokatalytisch* ab; das heißt, die Produkte irgendeiner Teilreaktion sind gleichzeitig Reaktionspartner für einen früheren Schritt. Dadurch kann es zu einer *positiven Rückkoppelung* kommen: Einige Substanzen kurbeln ihre eigene Produktion an. Mitunter tritt auch umgekehrt eine *negative Rückkoppelung* auf. Dann hemmt eine Substanz die Reaktion, in der sie entsteht. In unserem idealisierten ökologischen System laufen zwei autokatalytische Schritte mit positiver Rückkoppelung ab: Das eine ist die Vermehrung der Kaninchen (letztlich durch Graskonsum), denn je mehr Kaninchen vorhanden sind, um so mehr Nachkommen haben sie. Die Autokatalyse würde zu einem lawinenartigen Anwachsen der Kaninchenpopulation führen, wenn es keine Beschränkungen gäbe. Der zweite Reaktionsschritt ist die Vermehrung der Füchse (durch Fressen von Kaninchen). Wäre das Angebot an Kaninchen unbegrenzt und das Ausmaß der Jagd auf Füchse gering, so könnte auch die Fuchspopulation explosionsartig anwachsen.

Die erste Autokatalyse würde im Kaninchenparadies mit unbegrenztem Nahrungsangebot zu einer Kaninchenschwemme führen. Wenn sich jedoch die Füchse aufgrund ihrer Autokatalyse rapide vermehren, wird die Zahl der Kaninchen zurückgehen, denn Füchse brauchen Kaninchen, um neue Füchse zu produzieren. Ein Autokatalyseschritt kann Abnahmen aber ebenso verstärken wie Zunahmen; wenn also vermehrt Kaninchen gefressen werden, geht ihre Nachkommenschaft und damit die Population rapide zurück. Auch die Fuchspopulation wird sich schließlich verringern, sobald die Kaninchen knapp werden. Fällt die Zahl der Füchse rapide ab, so hat die Kaninchenpopulation Zeit, sich zu regenerieren; das geht — verstärkt durch die Autokatalyse — rasch vor sich. Aber auch die Fuchspopulation kann sich dann wieder — aus dem gleichen Grund — vergrößern.

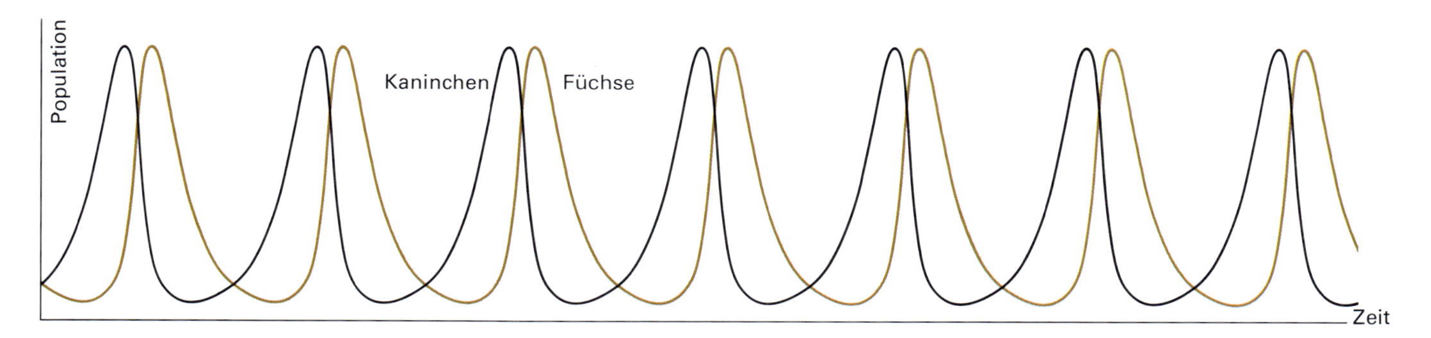

Die zeitlichen Schwankungen der Kaninchen- und Fuchspopulation. Das periodisch wiederkehrende Kurvenbild entspricht einer ökologischen Struktur.

Es sollte nun einleuchten, daß die Populationen periodischen Schwankungen unterliegen. Einer Kaninchenschwemme folgt kurz darauf eine Fuchsschwemme, während die Zahl der Kaninchen bereits wieder abnimmt; schließlich reduziert sich nach einer gewissen Zeit auch die Fuchspopulation, und das Ganze beginnt von vorn.

Die Populationsschwankungen bei Füchsen und Kaninchen lassen sich durch eine einzelne geschlossene Kurve darstellen — wie in der Abbildung rechts auf dieser Seite. Auf der waagerechten Achse ist die Anzahl der Kaninchen aufgetragen, auf der senkrechten Achse die der Füchse. Die zeitliche Entwicklung läßt sich bei der äußeren Kurve an den Punkten ablesen, die jeweils gleiche Zeitabstände markieren. Wie die Populationskurven im Laufe der Zeit zu- und abnehmen, läßt sich an der Kurve ablesen, indem man ihr in Pfeilrichtung folgt. Die Art — und die Zeit für einen Durchlauf — kann variieren, je nachdem, wie schnell die Füchse die Kaninchenpopulation dezimieren und wie hoch die Geburtenraten in beiden Populationen sind. (Das läßt sich mit einem Populations-Programm aus Anhang 3 simulieren, indem man die Geburtenraten bei den Kaninchen und die Sterblichkeitsraten aufgrund von gewaltsamen Todesfällen in beiden Populationen verändert (Kaninchen werden gefressen, Füchse geschossen).

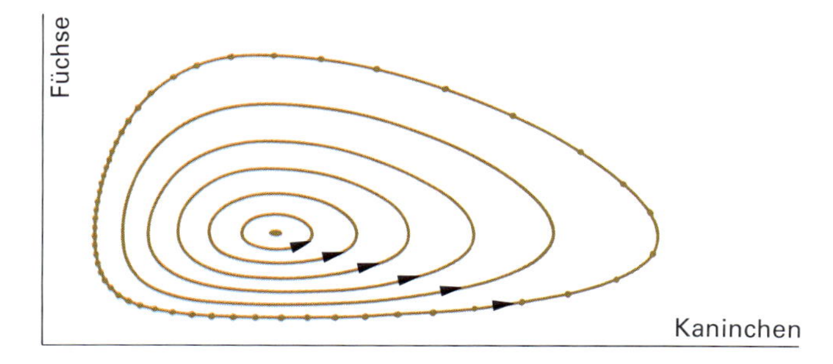

Die Struktur der Kaninchen- und Fuchspopulation in einer anderen Darstellung. Bei gegebener Anfangspopulation, entsprechend einem Punkt in der Ebene, entwickeln sich die Populationen zyklisch; die Kurve kehrt also periodisch zum Ausgangspunkt zurück. Jeder Anfangspunkt legt eine bestimmte Kurve fest. Der Punkt in der Mitte dieser Kurve charakterisiert ein absolut stabiles System, in der die Population weder bei den Kaninchen, noch bei den Füchsen schwankt.

Wir kommen nun zum entscheidenden Punkt unserer Überlegungen: Die periodischen Zyklen, die die Populationen durchlaufen, sind eine Form von *Struktur*. Sie

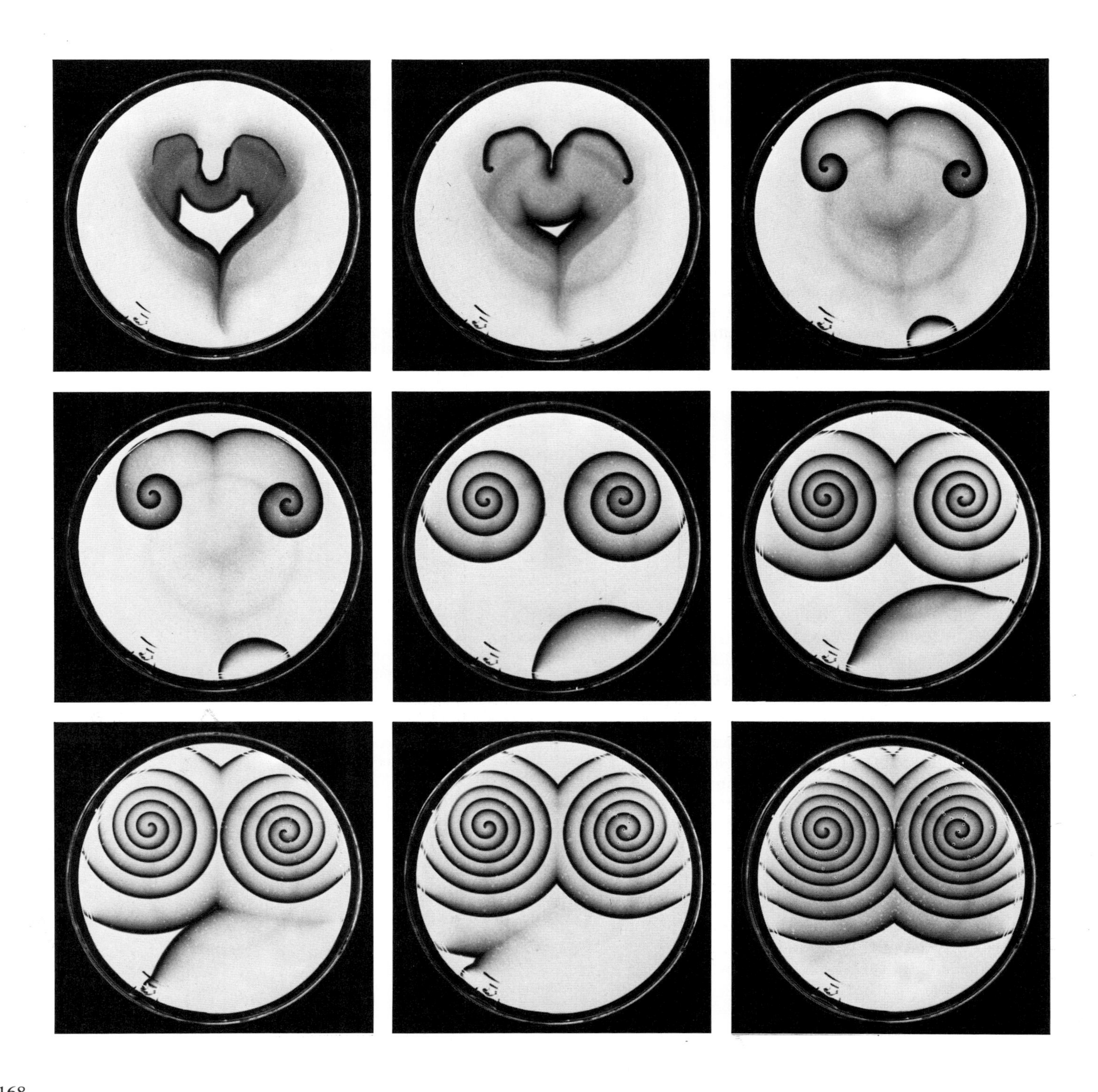

Eine chemische Reaktion mit räumlicher Periodizität. Die Photos dokumentieren verschiedene Stadien, in denen sich nach Reaktionsbeginn allmählich ein Muster entwickelt.

weisen eine zeitliche Kohärenz auf, denn die Populationsgröße läßt sich aufgrund des gegenwärtigen Zustandes für beliebige Zeitpunkte in der Zukunft vorhersagen; die Anzahl ändert sich jeweils zyklisch. Außerdem haben wir es mit einer *dissipativen* Struktur zu tun, weil die Kohärenz nur so lange erhalten bleibt, wie Gras zugeführt und Füchse (auf natürlichem oder künstlichem Wege) eliminiert werden. Ständig fließt Energie durch dieses ökologische System; zugeführt wird sie in Form der im Gras gespeicherten Sonnenenergie; entnommen wird Energie in Form von Fellen (für die Modewelt).

Reaktions- und Verhaltensmuster, wie wir sie gerade beschrieben haben, können auch räumliche Strukturen hervorrufen. Wir haben bislang nur verfolgt, wie die Populationen beider Arten zu- oder abnehmen, aber bei genauerem Hinsehen läßt sich auch hier ein räumliches Muster entdecken. Bislang haben wir viele vereinfachende Annahmen gemacht (was man dem Populations-Programm in Anhang 3 entnehmen kann). Beispielsweise haben wir vorausgesetzt, daß Füchse und Kaninchen gut genug mit Nahrung versorgt sind, um ihren Bedarf in ihrer unmittelbaren Nachbarschaft zu decken. Die Füchse fressen also nur Kaninchen, die zufällig in nächster Nähe geboren sind und dort bleiben. (In einem realen Ökosystem würden nur konkurrierende Pflanzen einer solchen Einschränkung gehorchen.) Damit die räumlichen Muster sichtbar werden, müssen wir berücksichtigen, daß die Kaninchen herumhoppeln und die Füchse herumpirschen. Das heißt, die ,,Reaktionspartner'' dürfen durch ihren Garten Eden ,,diffundieren''.

Wie bei chemischen Reaktionen, die unseren gekoppelten Dissipationsprozessen von Kaninchen und Gras sowie Füchsen und Kaninchen entsprechen, räumliche Muster entstehen, hat sich in eindrucksvollen Beispielen immer wieder bestätigt. Das zeigen die räumlich kohärenten Strukturen in der Bildfolge auf der linken Seite.

Auch die zeitliche Periodizität ist unübersehbar. Hier ruft das Chaos fast schon Kunstwerke hervor.

Die Entwicklung zu mehr Komplexität

Wir haben nun einen ersten Eindruck von einzelnen Prozessen gewonnen, die komplexe Strukturen entstehen lassen, während Entropie und Chaos im Universum zunehmen. Wenn wir irgendwo auf Regelmäßigkeiten und Strukturen stoßen, sollten wir uns also nicht dazu verleiten lassen, gleich auf eine planmäßige Gestaltung zu schließen. Es kann auch eine Kette von Ereignissen dahinter stecken, die alle ohne Ziel und Zweck ablaufen und nur dadurch einem Schicksal entgegenwandern, daß das Universum in Chaos versinkt.

Ein berühmtes Beispiel für solch einen Fehlschluß ist die Paleysche Uhr: Wenn ich eine Uhr finde, so Paleys Argument, so werde ich aus dem ausgeklügelten Aufbau des Uhrwerks ohne Zweifel schließen, daß die Uhr nach einem Plan entworfen ist und es zumindest irgendwann einmal jemanden gegeben haben muß, der die Uhr geschaffen hat. Ganz analog gelte das für die natürliche Welt, die um vieles komplizierter sei, so daß ein Reisender durch diese Welt keinen Zweifel daran hätte, daß sie geplant ist und es einen Schöpfer gegeben hat.

Natürlich scheitert Paleys Beweis. Wenn ein Kaninchen über unseren Weg hoppelt, besteht keine Notwendigkeit, es als planmäßig geschaffen anzusehen. Es kann auch eine Möglichkeit verkörpern, die eine spontane Entwicklung der Energieentwertung im Universum eröffnet. Kaninchen gehören wie Primeln, Schweine und Menschen zu den vernetzten Strukturen, die vorübergehend im Kosmos auftauchen, bevor er in einem Endzustand sein letztes Gleichgewicht erreicht — oder völlig entartet.

Es gibt viele Wege, sich klar zu machen, wie vernetzte Prozesse eine Vielfalt komplexer Strukturen hervorrufen und den Verdacht erwecken, hier sei geplant und konstruiert worden.

Wir können das mit Hilfe zweier mathematischer Spiele genauer untersuchen, die ursprünglich als Brettspiel gedacht waren, sich aber sehr leicht und bequemer mit einem Computer spielen lassen. (Die Programme, mit denen auch die folgenden Abbildungen „gezeichnet" wurden, stehen wiederum in Anhang 3). Das erste Spiel, *Reproduktion*, hat Stanislav Ulm entwickelt; um deutlichere Bilder zu bekommen, habe ich es leicht abgeändert. Zu Beginn befindet sich ein Stein in der Mitte des Spielbrettes; die nächste Generation wird erzeugt, indem man weitere Steine auf alle leeren Quadrate setzt, von deren Nachbarfeldern nur ein einziges belegt ist. (Nachbarquadrate liegen in Richtung Nord, Süd, Ost und West; die Diagonalfelder zählen nicht dazu). Um die Enkelgeneration zu bekommen, wendet man diese Erzeugungsregel wieder an und entfernt die Spielsteine für die Großelterngeneration; in unserem dritten Zug wird also nur der Anfangsstein entfernt. Nach der nächsten Runde wird die zweite Generation entfernt, und so fort. Auf diese Weise läßt sich das Spiel unbegrenzt fortsetzen.

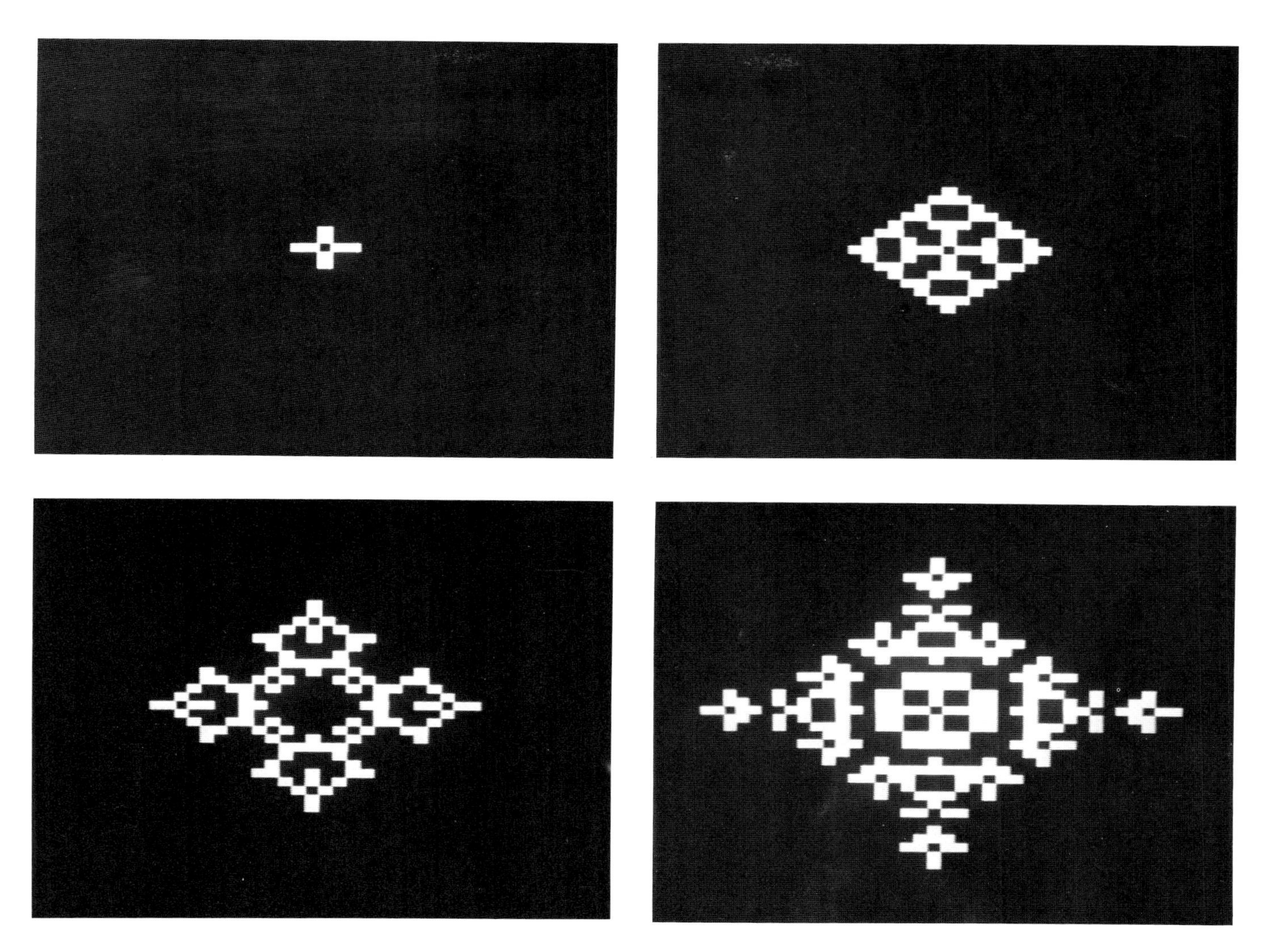

Die Muster, die bei der Computersimulation nach und nach entstehen, sind oben zu sehen. Sie entwickeln sich zu immer komplexeren Strukturen, obwohl sie mit ganz einfachen Regeln erzeugt werden.

Eine noch höhere Komplexität entsteht, wenn man anfangs mehrere Steine auf das Brett legt. (Zwar ist das Computerprogramm in Anhang 3 dazu nicht in der Lage, doch es läßt sich ohne große Probleme entsprechend umschreiben.)

Die Musterentstehung im Computerspiel *Reproduktion* beginnt mit einem einzelnen Spielstein in der Mitte und ergibt sich aus einfachen Regeln.

Farbmarkierungen für die einzelnen Generationen von Spielsteinen machen die Muster des *Reproduktion*-Programmes komplexer.

Man kann das Spiel mit einer Zusatzregel leicht komplizierter machen, indem man wie bisher die Großelterngeneration sterben läßt, aber ihre Spielfelder mit einem Grabstein markiert. Es werden also keine Felder mehr frei, die durch Geburten in der zweiten Generation neu belegt werden können, so daß die Komplexität des Musters rasch zunimmt. Wenn man für jede Generation die Grabsteine mit einer anderen Farbe kennzeichnet, ergeben sich ähnlich strukturierte Muster wie die obigen Computerversionen.

Man beachte, daß eine scheinbar winzige Erweiterung der Regeln die Komplexität enorm erhöht. In der realen Welt bewirken die Wechselbeziehungen zwischen unzähligen, miteinander verzahnten Prozessen eine überwältigende Vielfalt, und man könnte leicht glauben, die Welt sei ihrem inneren Wesen nach komplex. Wir nehmen einen anderen Standpunkt ein: Wenn Einfachheit zur Vielfalt führen kann, brauchen wir keine ehrfurchtgebietende Vielfalt vorauszusetzen, die alles begründet. Unsere Bewunderung und Ehrfurcht müßte dann gerade der Einfachheit gelten, die sich auf vielfältige Weise im Gewande der Komplexität tarnt.

Diese ,,Maskerade'' veranschaulicht unser zweites Spiel. Es heißt *Leben* und wurde von dem Mathematiker J. H. Conway (Cambridge) entwickelt. Hier gibt es nur zwei sehr einfache Regeln, für Geburt und Tod.

Geburt: In jedem Quadrat mit drei besetzten Nachbarfeldern wird ein neuer Spielstein geboren.

Tod: Ein Spielstein stirbt an Vereinsamung, sofern er weniger als zwei Nachbarn hat, und an Überbevölkerung, wenn es mehr als drei Nachbarn sind.

(Bei diesem Spiel gelten alle acht Quadrate, die an ein Feld stoßen, als Nachbarn, also insbesondere auch die vier Diagonalfelder.)

Wie sich das Spiel aufgrund dieser Regeln entwickeln kann, illustriert die Abbildung rechts. Zunächst muß man eine beliebige Anordnung lebender Steine (rot) vorgeben; sechs Möglichkeiten sind in Spalte 1 wiedergegeben. Anschließend werden bevorstehende Geburten grün und absehbare Todesfälle schwarz markiert (Spalte 2). Dann werden im nächsten Zug (Spalte 3) zuerst Geburtssteine gesetzt, bevor die schwarzen Todessteine vom Feld genommen und die grünen in den roten ,,Erwachsenenstatus'' gehoben werden (Spalte 4). Auf diese Weise ist gewährleistet, daß neugeborene Steine erst in der nächsten Generation Nachwuchs bekommen und daß die todgeweihten Steine erst sterben, nachdem sie die Chance zur Erzeugung neuer Steine hatten.

Wir wollen die Entwicklung eines solchen Spiels an drei Beispielen verfolgen. Zwei davon sind sehr einfach, das dritte ist etwas ,,geistreicher''. (Weitere Beispiele finden sich in einigen Büchern, die im Literaturverzeichnis angeführt sind; darüber hinaus läßt sich das Spiel mit dem Programm *Leben* in Anhang 3 simulieren.)

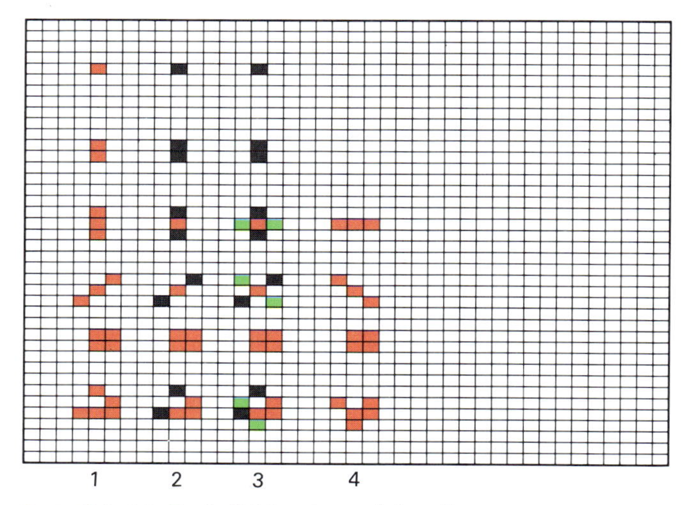

Sechs Beispiele für die Spielregeln von *Leben*: Das Spiel kann mit einer beliebigen Ausgangsstellung aus einigen roten Steinen eröffnet werden (Spalte 1). Im nächsten Schritt werden ,,Todeskandidaten'' schwarz markiert – das sind Steine, die weniger als zwei oder mehr als drei Nachbarn haben (Spalte 2). Anschließend werden nach der Erzeugungsregel neue (grüne) Geburtssteine gesetzt, wobei die schwarzen Todessteine noch vollwertig mitgezählt werden dürfen (Spalte 3). Schließlich werden die schwarzen Steine entfernt und die Geburtssteine durch ,,erwachsene'' rote Steine ausgewechselt (Spalte 4).

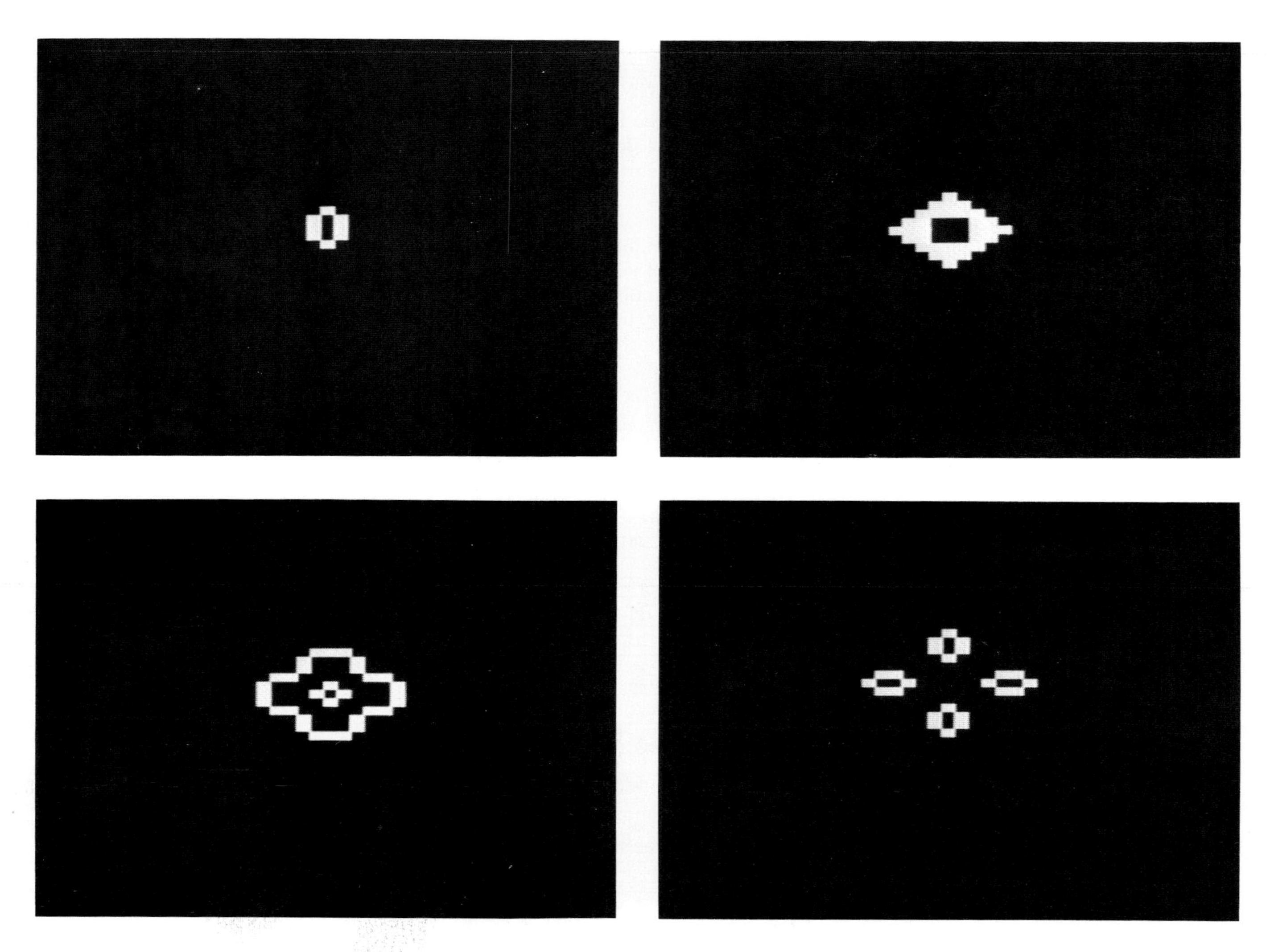

Ein Beispiel für die Musterentwicklung im Spiel *Leben*.
Nach 16 Generationen bleibt das Muster stabil.

Das erste Muster der einfachen Spielvariante ,,blüht'' nach 16 Generationen auf. Man kann es wieder komplexer machen, indem man für frühere Generationen farbige Grabsteine setzt. Auf zwei Punkte sollten wir wiederum achten. Erstens hat sich ein einfacher Keim zu einer blühenden Vielfalt entwickelt, ohne daß dazu ähnlich komplexe Regeln oder Pläne erforderlich gewesen wären. Zweitens ist das Muster stabil. Die ,,Blüte'' kann sich schließlich nicht mehr verändern, weil alle Todesfälle und Geburten vollständig blockiert sind. Das komplexe Muster wird nicht nur von den Regeln erzeugt, sondern auch bis in alle Ewigkeit erhalten. Die Spielregeln garantieren also eine stabile Struktur.

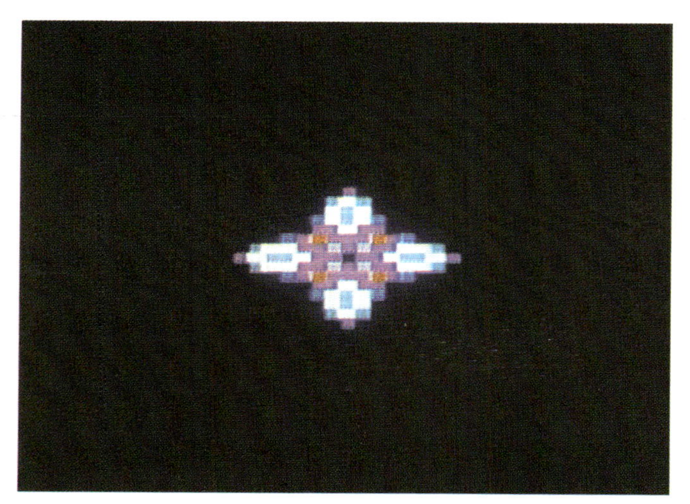

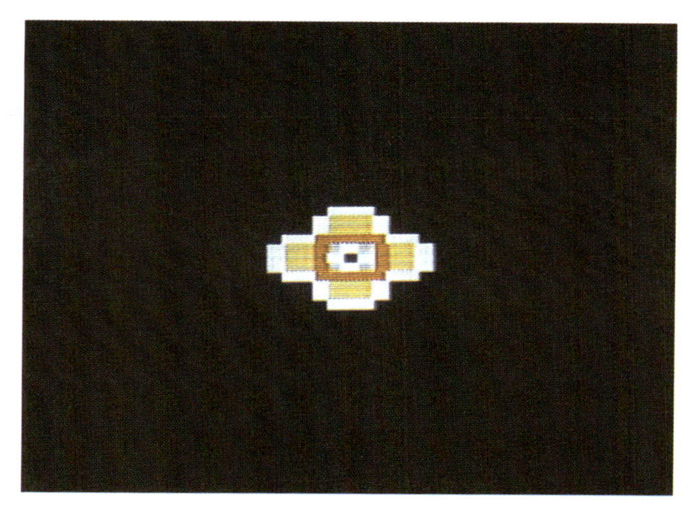

Als zweites Beispiel betrachten wir das einfache Muster oben auf der nächsten Seite. Es erinnert an einen Drachen, oder einen Lemming, der scheinbar zielstrebig in sein Verderben am Rand des Universums rennt. Nach jeder vierten Generation entsteht wieder die gleiche Anordnung der ,,lebenden'' Steine, während sich der Lemming dem Rand des Universums nähert. Seine Spur kann man mit farbigen Grabsteinen markieren. Die Zielstrebigkeit ist freilich eine Illusion. Unser Lemming lebt nur nach den einfachen physikalischen Gesetzen des kleinen Modelluniversums seine Natur aus.

Auch bei *Leben* wird das Muster komplexer, wenn man die ,,abgestorbenen'' Steine farbig codiert, statt sie vom Spielbrett zu entfernen.

Die Ausgangkonfiguration schiebt sich, scheinbar gerichtet, diagonal zum Rand des Modell-Universums. Manche sehen in diesem Muster einen Gleiter; wir wollen es als Lemming auffassen, der in sein Verderben rennt. Seine Spur wird anhand der farbig markierten Grabsteine deutlich.

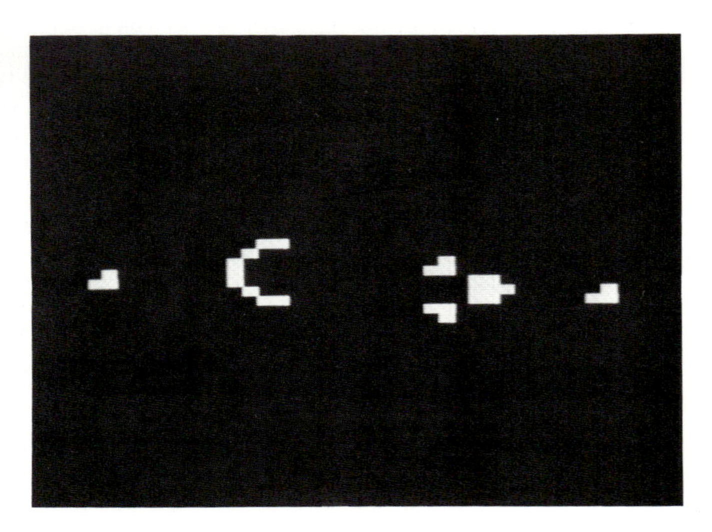

Hier ist eine komplexe Struktur entstanden, aus der immer neue Lemminge hervorgehen.

Das dritte Spiel beginnt mit einem komplizierteren Muster, das unten auf der linken Seite wiedergegeben ist. Wie es durch das (Programm) *Leben* umgestaltet wird, läßt sich erst sagen, wenn das Spiel beendet ist. Den Verlauf kann man nur allgemein umreißen: Zunächst entwickelt sich ein Muster, das nach dreißig Schritten wiederkehrt, wobei allerdings ein Lemming erzeugt wurde. Während der nächsten dreißig Schwangerschaftsschritte für den nächsten Lemming wandert der erste auf seinem ziellosen Weg bis zum Rand des Universums. In diesem Spiel werden bis in alle Ewigkeit Lemminge geboren, die unvermeidlich in ihr Verderben rennen. Aus Einfachheit haben sich hier vier Strukturmerkmale herausgebildet: Komplexität in Form und Muster, Stabilität in Form der periodischen Wiederkehr, Gerichtetheit in Form der scheinbaren Zielstrebigkeit und die strukturbildende Macht in Form einer unbegrenzt sich selbst regenerierenden Entwicklung.

Die Spiele illustrieren Eigenschaften unseres Universums, etwa Vielfalt, Stabilität oder die scheinbare Zielstrebigkeit, die sich für einfache Ereignisketten ergeben, wenn sie unter der sanften Herrschaft einfacher Erzeugungsregeln ablaufen. Natürlich erlauben solche Spiele nur Analogien zu den Vorgängen in der realen Welt, aber diese Analogien sind oft ein gutes Modell für die tatsächlich ablaufenden Prozesse. Insbesondere beruht auch unser Bewußtsein auf komplex vernetzten chemischen Reaktionen, deren jede einer Einbahnstraße entspricht, auf der das Universum ins Chaos fährt; es kann nicht in einen früheren Zustand zurückkehren, weil die Wahrscheinlichkeit für ein spontanes Auftreten der alten Ordnung verschwindend gering ist. Wenn schon der menschliche Geist Ehrfurcht verdient, dann erst recht die Tatsache, daß er letztlich aus Einfachheit hervorgeht.

Thermodynamische Apotheose der Dampfmaschine

Die Dampfmaschine hat uns zu wichtigen thermodynamischen Unterschieden zwischen Wärme und Arbeit geführt. Wir haben gesehen, wie sich Wärme und Arbeit auf mikroskopischer Ebene in der Form des Energietransportes unterscheiden: Wie bereits Clausius erkannte, entspricht Arbeit einem Energietransport in Form von kohärenter Bewegung, während sich Wärme durch Inkohärenz auszeichnet. Wir haben darauf hingewiesen, daß Arbeit keine Substanz ist, sondern nur über einen Vorgang definiert wird. Ausgehend von dieser Unterscheidung haben wir die Aussagen und Implikationen des Zweiten Hauptsatzes herausgearbeitet und dabei insbesondere den Begriff der Struktur in seiner thermodynamischen Bedeutung entfaltet.

Nun schließt sich der Kreis, denn nach unserer Definition von Struktur ist auch Arbeit eine Struktur. Wir haben ja Kohärenz mit Struktur gleichgesetzt, und Arbeit zeichnet sich durch Kohärenz aus. Wenn also ein Gas an einem Kolben Arbeit verrichtet, ist die kohärente Bewegung der Atome eine Form von Struktur.

Die kohärente Bewegung, die wir als Arbeit betrachten, hängt von einem Energiefluß ab. Indem wir Carnots Überlegungen — thermodynamisch modifiziert — auf den idealen Kreisprozeß anwandten, stießen wir auf den Wärmefluß von Heiß nach Kalt als entscheidenden Antrieb der Wärmekraftmaschinen; ohne ihn kann keine Arbeit erzeugt werden. Da die Struktur, die wir Arbeit nennen, ohne Energiefluß verschwindet, handelt es sich um eine dissipative Struktur. In diesem Sinne wird Arbeit gegenständlich.

Die Universalität des Zweiten Hauptsatzes zeigt sich jetzt in einem neuen Licht. Eine vollständige Umwandlung von Wärme in Arbeit würde ja bedeuten, daß sich spontan eine Struktur entwickelt: Die inkohärente

Teilchenbewegung in einem System müßte ausschließlich als kohärente Teilchenbewegung der Kolben und Gewichte in der Außenwelt auftreten. Struktur kann auch in Form von Arbeit nicht spontan global auftreten. Der Zweite Hauptsatz verbietet, daß plötzlich aus dem Chaos Ordnung erwächst; so können Kathedralen, Häuser, Kühe und Menschen nicht spontan aus heiterem Himmel auftauchen, sondern nur durch vernetzte Prozesse allmählich entstehen. Das gleiche gilt für Arbeit und alle anderen Strukturen. Nach dem Zweiten Hauptsatz können sie nicht spontan auftreten, solange sie nicht mit entropieerzeugenden Veränderungen gekoppelt sind.

Das hindert uns natürlich nicht, Arbeit zu erzeugen. Aber auch ohne unser Zutun können sich auf mannigfaltige Weise Strukturen herausbilden, etwa wenn aus einem Samenkorn eine Pflanze heranwächst oder sich im Laufe einer Schwangerschaft ein lebensfähiges Kind entwickelt. Thermodynamisch geschieht hier im Prinzip das gleiche wie bei einer Maschine, die Arbeit erzeugt: In einem Teil des Universums entsteht Kohärenz — ob bei Atomen in der Nähe von Wurzeln oder in unserer Nahrung oder einfach bei Teilchen in einem Motorkolben, ist dabei unerheblich. Die Kohärenz ist jedoch nie dauerhaft, sondern zerfällt in Inkohärenz, sobald die Struktur nicht mehr durch einen Energiefluß stabilisiert wird. Ohne ihn „stirbt" die Kolbenbewegung ebenso wie der Mensch. Staub — Inkohärenz — wird zu Staub. Dazwischen liegen die vielfältig verzweigten Strukturen des Lebens. Um Leben möglich zu machen, müssen wir den dissipativen Energiefluß erhalten. Wir leben in einem *Fließgleichgewicht*; ein statisches Gleichgewicht bedeutet Tod.

Eine kohärente Struktur kann nur lokal auftreten, sofern anderswo Inkohärenz erzeugt wird und insgesamt das Chaos im Universum wächst. Das kann ganz in der Nähe geschehen, etwa wenn ein ATP-Molekül in einer Zelle in ADP zerfällt. Der Energiefluß kann sich aber auch über weite Entfernungen erstrecken, zum Beispiel wenn Kerne im Zentrum der Sonne verschmelzen und ein Teil der freigesetzten Energie schließlich nach einem langen Transportweg von Pflanzenblättern eingefangen wird. Am einfachsten läuft die Strukturbildung aus dem Chaos freilich bei einer Maschine ab: Die Inkohärenz, die in der kalten Senke zusätzlich erzeugt wird, übertrifft die dem Kolben aufgezwungene Kohärenz. Insgesamt haben wir es mit einer Strukturauflösung zu tun, denn die Energie wird durch den Fluß von Heiß nach Kalt entwertet. Doch während der Energiedissipation sorgt das thermodynamische Getriebe für eine konstruktive Strukturbildung: Die Teilchen des Kolbens nehmen eine Struktur an, die man gewöhnlich als Arbeit ansieht.

Im Prinzip zehren wir Menschen als dissipative Strukturen genauso von der Chaosentstehung irgendwo in der Welt (auch wenn wir uns von sehr geordneten Früchten dieser Dissipation ernähren). Solange unser Körper die Fähigkeit besitzt, sich an die Dissipation um uns herum anzukoppeln, erzeugen wir im Laufe unseres Lebens zahlreiche Strukturen. Wir haben uns das Chaos nutzbar gemacht, um uns selbst zu bilden, um flüchtige Stabilität zu durchleben. Bevor wir für immer ins Gleichgewicht — ins Grab — sinken, mögen wir unserem Leben — oder dem anderer — einen Sinn abgewonnen haben, und manchmal bleibt eine Lemmingspur im Spiel der Weltgeschichte zurück, wenn es das Erbe des Zufalls denn so will.

Die Dampfmaschine und Carnots Entschluß, sie zu verbessern, haben uns die Augen dafür geöffnet, wie Wärme in Arbeit umgewandelt wird, und den Zusammenhang von Energiefluß und -dissipation sichtbar gemacht. Der Zweite Hauptsatz hat uns gelehrt, daß Energie im Universum insgesamt unaufhaltsam entwertet wird. Mit diesem Sturz ins Chaos werden alle Ereignisse der Weltgeschichte in die Zukunft gezwungen: Die Welt kann nicht mehr in die Vergangenheit zurückkehren. Dies spiegelt sich auch in der Dampfmaschine wider, wenn auch auf viel einfachere Weise als in der Komplexität der belebten Natur. Energie breitet sich gleichmäßig überall hin aus; unsere Welt ist ein zerfallender Globus. Dieser Sturz ins Chaos ist freilich kein katastrophaler Kollaps — sonst hätte die Erde ja nach ihrer Entstehung gleich wieder untergehen müssen. Der Kollaps wird über ein thermodynamisches Getriebe zu einem langsamen Herabfallen eines Gewichts, das unzählige Zahnräder antreibt. Lokal treten Strukturen auf, die alle nur vorübergehend bestehen; im Falle der Erde bedeutet das: Milliarden Jahre.

Wir sind aus dem Chaos geboren, und alle Veränderungen, die wir erleben, spiegeln einen Zerfall wider. Im Grunde genommen gibt es nichts anderes als die unbezwingbaren Wellen des Chaos. Es gibt weder Sinn noch Ziel; alles, was bleibt, ist eine Zeitrichtung. Dieses düstere thermodynamische Bild müssen wir akzeptieren, wenn wir zu der physikalischen Natur des Universums vorstoßen.

Natürlich wissen wir, daß dies nicht alles ist. Wenn wir all die Schönheit in der Natur betrachten und uns die vielfältigen Seiten unseres Lebens und insbesondere unseres Bewußtseins vor Augen halten, zeigt sich sofort, wieviel reicher das Universum seinem Wesen nach ist. Aber das sind Gefühle, denen wir nicht nachgeben sollten, solange es um nüchterne Fakten geht. Auch die wissenschaftliche Betrachtungsweise des universellen Prinzips Dampfmaschine hat ihre Faszination, wenn man feststellt, daß sich eine atemberaubende Komplexität aus Einfachheit entwickeln kann.

Die Einfachheit thermodynamischer Erzeugungsregeln spiegelt sich auch in komplexer Vielfalt wider.

Anhang

1: Maßeinheiten

Physikalische Maßeinheiten werden in einem internationalen Maßsystem, im sogenannten SI-System angegeben, das sich auf die Einheiten Kilogramm (kg), Meter (m), Sekunde (sek) und Ampere (A) bezieht. Aus diesen Grundeinheiten des SI-Systems lassen sich die Einheiten für alle übrigen physikalischen Größen zusammensetzen.

Kräfte werden in *Newton* (N) angegeben. Eine Kraft von einem Newton beschleunigt eine Masse von einem Kilogramm pro Sekunde auf eine Geschwindigkeit von einem Meter/Sekunde. Formal ist mithin $1\ N = 1\ kg\, m\, sek^{-2}$. (Ein kleiner, 100 Gramm schwerer Apfel, der an einem Baum hängt, erfährt eine Gewichtskraft von knapp einem Newton; um ein 500 Gramm schweres Buch zu halten, müssen wir ungefähr fünf Newton aufwenden.)

Energie wird in *Joule* (J) angegeben. Wenn wir einen Gegenstand einen Meter weit bewegen und dabei die Kraft von einem Newton aufwenden, entspricht die Energie einem Joule. Das heißt, formal ist $1\ J = 1\ kg\, m\, sek^{-2}$. (Um ein Buch von 500 Gramm einen Meter hoch zu heben, sind fünf Joule Energie erforderlich; für jeden menschlichen Herzschlag wird ein Joule Energie gebraucht.) Das Joule ist nur eine kleine Maßeinheit, so daß man häufig das *Kilojoule* (kJ) benutzt: 1 kJ = 1000 J. (Um einen Liter Wasser von Zimmertemperatur bis zum Siedepunkt zu erhitzen, benötigt man ungefähr 18 Kilojoule.)

Leistung wird in *Watt* (W) angegeben. Eine Ein-Watt-Batterie liefert pro Sekunde eine Energie von einem Joule. Der normale Energieumsatz des menschlichen Körpers entspricht einer Leistung von 100 Watt, wobei ein beträchtlicher Teil allein auf die Funktionen des Gehirns entfällt. Leistung wird oft in *Kilowatt* (1kW = 1000 W) und *Megawatt* ($1\ MW = 10^6\ W$) angegeben. (Die Sonne strahlt pro Quadratmeter Oberfläche etwa 70 MW in den Weltraum; auf der Erde kommt davon am Äquator im Mittel noch ein Energiefluß von jährlich rund 1,4 Kilowatt pro Quadratmeter an.)

Im Alltag oder auch in der Literatur stößt man häufig auf ältere Einheiten. Kräfte werden manchmal in Dyn angegeben, Leistung in Pferdestärken und Energie in Erg oder Kalorien. Bei Berechnungen für den Nährwert bestimmter Lebensmittel werden Kilokalorien zugrundegelegt, die man mißverständlich oft kurz Kalorien nennt. Mit Hilfe der nachstehenden Tabelle kann man die verschiedenen Maßeinheiten leicht ineinander umrechnen.

Umrechnung von Einheiten

Größe	Einheit	SI-Einheit
Kraft	1 dyn	10^{-5} Newton
Energie	1 erg	10^{-7} Joule
	1 Kalorie	4,184 Joule
	1 Kilokalorie	4,184 Kilojoule
	1 Elektronenvolt	$1{,}602 \times 10^{-19}$ Joule
Leistung	1 Pferdestärke	0,746 Kilowatt

Temperaturen werden in *Kelvin* (K), häufig auch in Grad Celsius, angegeben. Eine Temperaturdifferenz von 1, 10 oder 100 K ist immer genauso groß wie eine Temperaturdifferenz von 1, 10 oder 100 Grad Celsius. Schmelzpunkt und Siedepunkt von Wasser unterscheiden sich um 100 Kelvin. Auf der Kelvinskala liegt der Gefrierpunkt von Wasser bei 273,15, entsprechend dem Nullpunkt der Celsiusskala. Man braucht also zu den Celsiusgraden nur 273,15 hinzu addieren, um die Temperatur in Kelvin zu erhalten; entsprechend ergeben sich die Temperaturen in Grad Celsius, wenn man die 273,15 Kelvin abzieht.

2: Thermodynamische Gleichungen

Im folgenden sind einige Gleichungen der klassischen Thermodynamik zusammengestellt. Einige davon beziehen sich auf ein *ideales Gas*, das der Beziehung $pV = nRT$ gehorcht: Das Produkt aus Gasdruck p und Volumen V ist bei gleichbleibender Temperatur T und Gasmenge n (in Mol) konstant (R). Die Gaskonstante R beträgt 8,314 $JK^{-1}mol^{-1}$, unabhängig vom jeweiligen Gas. Sie tritt auch in Ausdrücken auf, die nichts mit Gas zu tun haben. So ist R mit der Boltzmannkonstanten k über die Gleichung $R = kN_A$ verknüpft, wobei N_A die Avogadrokonstante $6{,}022 \times 10^{23} mol^{-1}$ ist. Die Boltzmannkonstante k hat demzufolge den Wert $1{,}381 \times 10^{-23} mol^{-1}$.

Thermodynamik. Die *innere Energie* (U) eines Systems ändert sich durch Zufuhr von Wärme (q) und Arbeit (w) um den Betrag:

$$\Delta U = q + w.$$

Ein Gas, das sich gegen den Druck p ausdehnt, verrichtet für eine infinitesimale Volumenvergrößerung dV Arbeit dw, die die innere Energie vermindert: $dw = -pdV$. Falls sich der Gasdruck während der Expansion fast exakt durch den äußeren Druck ausgleichen läßt, ist der Prozeß *reversibel*. (Ein reversibler Prozeß läßt sich durch eine infinitesimale Änderung der Bedingungen umkehren.)

Die *Enthalpie H* eines Systems ist mit der inneren Energie verknüpft:

$$H = U + pV.$$

Die Enthalpie wurde früher auch als *Wärmeinhalt* bezeichnet, denn die Enthalpieänderung eines Systems entspricht bei konstantem Druck der freisetzbaren Wärme. Bei konstantem Druck gilt für Enthalpieänderungen:

$$\Delta H = q.$$

Das gilt insbesondere bei vielen Verbrennungsprozessen und anderen Reaktionen, die unter konstantem Druck ablaufen. Wenn eine solche Reaktion mit einer Enthalpieänderung von —100 Kilojoule verbunden ist, kann also eine Energie von 100 Kilojoule in Form von Wärme frei werden. Bei *exothermen* Reaktionen nimmt die Enthalpie ab, bei *endothermen* nimmt sie dagegen zu, weil Wärme in das Reaktionsgemisch fließt. Auch Verdunstungs- und Schmelzwärme (latente Wärme) sind nichts anderes als Enthalpieänderungen.

Einige Enthalpieänderungen •

Prozeß	Enthalpieänderung/ $kJ\,mol^{-1}$
Schmelzen von Eis bei 0° C	6,01
Sieden von Wasser bei 100° C	40,66
Methanverbrennung	−890,00
Benzinverbrennung	−3268,00
Glucoseverbrennung	−2816,00
Wasserbildung aus Wasserstoff und Sauerstoff	−285,80

• Falls nicht anders angegeben, liegen die Temperaturen bei 25° C. Ein Mol ist gerade diejenige Anzahl von Molekülen, die der Avogadrozahl entspricht.

Wenngleich man keine *absoluten* Meßwerte für Enthalpie und innere Energie bestimmen kann, lassen sich Differenzen für einen thermodynamischen Prozeß sehr einfach messen: Man braucht nur den Wärmefluß zu registrieren. Zum Beispiel entspricht die *Bildungsenthalpie* einer Verbindung der Enthalpieänderung während der Entstehung dieser Verbindung; die *Verbrennungsenthalpie* ist ganz analog die Enthalpieänderung bei vollständiger Verbrennung einer Verbindung (in der Regel zu Kohlendioxid und Wasser). Einige typische Werte sind in der Tabelle auf der linken Seite zusammengestellt. Daraus lassen sich die Enthalpieänderungen für verschiedene Reaktionen bestimmen, an denen die Verbindungen beteiligt sind. So ergibt sich die Verbrennungsenthalpie von Methan aus den Bildungsenthalpien von Methan, Sauerstoff, Kohlendioxid und Wasser.

Die *Wärmekapazität* eines Systems ist ein Gradmesser dafür, wie stark die Temperatur durch eine bestimmte Wärmezufuhr steigt. Eine große Wärmekapazität bedingt — bei gegebener Wärmemenge — eine vergleichsweise geringe Temperaturänderung. Die Wärmekapazität hängt von den Druck- und Temperaturbedingungen im System ab. Man unterscheidet daher zwischen zwei Wärmekapazitäten: einer bei konstantem Volumen (C_V) und einer bei konstantem Druck (C_p). Formal drückt man das auch wie folgt aus:

$$C_V = (\partial U/\partial T)_V \quad \text{und} \quad C_p = (\partial H/\partial T)_p.$$

Für ein ideales Gas gilt eine einfache Beziehung:

$$C_p - C_V = nR,$$

wobei n wieder die Molzahl und R die universelle Gaskonstante bezeichnet.

Die Entropie (S) eines Systems ist über die Entropieänderungen dS aufgrund infinitesimaler Wärmeübertragungen dq definiert, die reversibel bei einer Temperatur T vor sich gehen:

$$dS = dq/T.$$

Die Entropien einiger Substanzen •

Substanz	Entropie / JK^{-1} mol^{-1}
Diamant	2,4
Kupfermetall	33,1
Kupfersulfat	300,4
Wasser	69,9
Ethanol (Alkohol)	160,7
Wasserstoffgas	130,6
Sauerstoffgas	205,0

• Die Werte beziehen sich auf 25° C und Atmosphärendruck.

Dann folgt, daß eine Substanz bei einer Temperatur T eine Entropie $S(T)$ aufweist, die sich aus der Entropie bei $T = 0$ und der ,,Summe'' (dem Integral) aller infinitesimalen Entropieänderungen durch infinitesimale Wärmezufuhr zusammensetzt. Wenn wir dq mit Hilfe unserer Gleichung für die spezifische Wärmekapazität C_p ausdrücken, ergibt sich:

$$S(T) = S(0) + \int_0^T \{C_p(T)/T\}\, dT.$$

Man muß also die Wärmekapazität innerhalb eines möglichst großen Temperaturbereichs bis hin zu der interessierenden Temperatur T messen, um die Entropie zu berechnen. Dabei setzt man die Entropie am absoluten Temperaturnullpunkt für ideale kristalline Substanzen Null: $S(0) = 0$ — was nach dem Dritten Hauptsatz eine naheliegende Konvention ist. Aus Entropietabellen wie der oben auf dieser Seite läßt sich dann die Entropieänderung während einer Reaktion berechnen, indem man die Entropien der Reaktionspartner addiert und substrahiert, genauso, wie man aus den Bildungsenthalpien die Enthalpieänderungen ableiten kann.

Schauen wir uns das für einen einfachen Prozeß näher an: die isotherme Expansion eines idealen Gases, das sich von einem Volumen V_1 auf ein Volumen V_2 ausdehnt. Die Entropieänderung ist dann:

$$\Delta S = nR \log (V_2/V_1).$$

Oder wenn sich zwei ideale Gase bei konstanten Druck- und Temperaturverhältnissen mischen, entspricht die Mischungsentropie für eine Gasmenge n, die sich aus $n_1 + n_2$ Molen von Gas 1 und 2 zusammensetzt:

$$\Delta S = nR\{x_1 \log x_1 + x_2 \log x_2\}.$$

Dabei bezeichnen x_1 und x_2 die Verhältnisse n_1/n beziehungsweise n_2/n. Diese Beziehung haben wir bei unserer Diskussion über die Mischungsentropie ausgenutzt, ohne sie explizit zu erwähnen.

Der *Carnotfaktor* ist uns im Zusammenhang mit dem Wirkungsgrad bei der Umwandlung von Wärme in Arbeit begegnet: $w/q = [1 - (T_{\text{Senke}}/T_{\text{Quelle}})]$. Für den Wirkungsgrad bei der Kühlung erhält man einen analogen Faktor, wobei nun allerdings die Temperatur der heißen Quelle im Zähler und die der Senke im Nenner steht. Der Wirkungsgrad läßt sich für die verschiedenen Kreisprozesse auch etwas anders ausdrücken, wenn man voraussetzt, daß es sich bei dem Arbeitsmedium jeweils um ein ideales Gas handelt. Für den Carnotschen Kreisprozeß ergibt sich dann:

$$w/q = 1 - (V_A/V_D)^{\gamma-1},$$

wobei γ für das Verhältnis C_p/C_V steht. (Für Luft hat γ den Wert 1,40). Beim Ottoprozeß beträgt der Wirkungsgrad (bezogen auf den Luft-Standard):

$$w/q = 1 - (1/r)^{\gamma-1}.$$

Hier kennzeichnet r das Kompressionsverhältnis V_F/V_C. Der normale Dieselprozeß hat — wiederum bezogen auf den Luft-Standard — einen Wirkungsgrad von:

$$w/q = 1 - (A/\gamma B r^{\gamma-1}).$$

Die Faktoren A und B hängen vom Verhältnis der Volumen am Punkt D beziehungsweise C des Zyklus ab: $A = (V_D/V_C)^{\gamma-1} - 1$ und $B = (V_D/V_C) - 1$. Wir können aus diesen Beziehungen entnehmen, wie der Wirkungsgrad bei Verbrennungsmotoren vom Kolbenhub und von den Eigenschaften des Luft-Kraftstoff-Gemischs abhängt.

Die freie Energie bei konstantem Volumen ist nach Helmholtz definiert als

$$A = U - TS.$$

Eine analoge Beziehung gilt nach Gibbs für die *freie Enthalpie*:

$$G = H - TS.$$

Bei einem Prozeß mit konstantem Volumen entspricht die freie Energie der maximalen Arbeit, die gewonnen werden kann. Die Änderung der freien Enthalpie gibt ebenfalls eine maximale Arbeit wieder, diesmal für konstanten Druck; die Arbeit, die zur Expansion des Gases benötigt wird, ist dabei bereits abgezogen. Für eine infinitesimale Änderung bei konstanter Temperatur ergibt sich nach Gibbs die folgende Änderung der freien Enthalpie:

$$dG = dH - TdS,$$

wobei sich die innere Enthalpie H wie folgt ändert:

$$dH = dU + p\,dV + V\,dp.$$

Für dU gilt dabei wiederum:

$$dU = dq + dw.$$

Bei einer reversiblen Wärmeübertragung kann man einsetzen:

$$dq = T\,dS \quad \text{und} \quad dw = -p\,dV + dw_{extra}.$$

Fassen wir alles zusammen, so erhalten wir für die Änderung der freien Enthalpie:

$$dG = V\,dp + dw_{extra}.$$

Alle übrigen Summanden heben sich auf. Bei konstantem Druck vereinfacht sich diese Gleichung, weil $dp = 0$ ist. Dann gilt:

$$dG = dw_{extra}.$$

Diese Beziehung gilt, wenn dem System von außen Arbeit zugeführt wird. Dagegen nimmt die freie Enthalpie um den Betrag w_{extra} ab, sobald das System extern die Arbeit w verrichtet:

$$\Delta G = -w.$$

Einige Änderungen der freien Enthalpie •

Prozeß	Änderung der freien Energie in Kilojoule pro Mol
Wasserbildung	−237,2
Ammoniakbildung	−16,5
Bildung von NO_2	+51,3
Bildung von N_2O_4	+97,8
Verbrennung von Methan	−818,0

• Sämtliche Prozesse laufen bei 25° C und Atmosphärendruck ab.

Man kann die freien Enthalpien aus Tabellen entnehmen und den Wert ΔG für die interessierende Reaktion durch Aufsummieren der Einzelwerte bestimmen. Dieses Verfahren wendet man in der Chemie an, um die *Gleichgewichtskonstante* K einer Reaktion zu bestimmen. Unter gewissen Standardbedingungen hängt die Änderung der freien Enthalpie ΔG wie folgt mit K zusammen:

$$\Delta G = -RT \log K.$$

Diese Formel stellt eine wichtige Verbindung zwischen Temperaturmessungen und praktischen chemischen Anwendungen her.

Temperatur. Innere Energie, Entropie und Temperatur sind in der Thermodynamik wie folgt verknüpft:

$$T = (\partial U / \partial S)_V.$$

Für ein System, bei dem nur zwei Energiezustände vorkommen — in unserem Beispiel AN- und AUS-Zustände —, läßt sich die Temperatur über den Energieabstand ε zwischen diesen beiden Zuständen folgendermaßen definieren:

$$T = (\epsilon/k)/[\log(N_{AUS}/N_{AN})].$$

N_{AUS} kennzeichnet die Teilchenzahlen im unteren Energieniveau und entsprechend N_{AN} im oberen Energieniveau.

Die innere Energie eines Systems mit N_{AN}-Atomen ist gegeben durch:

$$U(T) = U(0) + \epsilon N_{AN},$$

die Entropie entspricht:

$$S(T) = k \log W, \qquad W = N!/N_{AN}!\,N_{AUS}!$$

Der Ausdruck $N!$ (sprich: N Fakultät) bedeutet, daß man das Produkt aus allen Zahlen bis N bilden soll, das heißt also: $1 \times 2 \times 3 \ldots \times (N-2) \times (N-1) \times N$. Für große N ergibt sich für $S(T)$ als Näherung folgende Gleichung:

$$S(T) = [U(T) - U(0)]/T + Nk \log q,$$

$$\text{mit } q = 1 + N_{AN}/N.$$

3: Computerspiele zur Thermodynamik

Die hier zusammengestellten Computerprogramme für mathematische Spiele und thermodynamische Rechnungen sind alle in BASIC für einen Apple II-Computer geschrieben, lassen sich aber ohne weiteres in den BASIC-Dialekt anderer Computer umschreiben. Alle Programme sind ziemlich einfach, und einige laufen entsetzlich langsam. Wem es Spaß macht, mit dem Computerprogramm zu spielen, kann es sicherlich weiter verbessern. Besonders effizient ist dabei eine hochentwickelte Maschinensprache, die für einen ,,normalen Sterblichen'' jedoch in der Regel unverständlich bleibt. Die folgenden Programme funktionieren im Prinzip auch in der angegebenen Form, wenngleich das Spielprogramm für *Leben* extrem langsam arbeitet. Hier läßt sich jedoch in BASIC nicht viel ausrichten. Um die Entwicklungsmöglichkeiten bei diesem Spiel voll auszuloten, muß man zu einer Version in Maschinensprache übergehen. Die ,,typischen'' Werte, die in den Programmbeispielen vorgegeben sind, können als Richtschnur dienen — und natürlich nach Belieben (und Geduld) variiert werden.

Der Carnotsche Kreisprozeß. Bei diesem Programm muß man zuerst die Temperaturen für Wärmequelle und -senke festlegen; typische Werte wären 1500 und 1400. Außerdem muß die Wärmemenge vorgegeben werden, die während der Expansion von A nach B absorbiert wird (typischerweise 4000). Für das Anfangsvolumen könnte man Werte um 10 und für die Volumenachsen als Skalenabstand 1 wählen. Aus diesen Eingaben berechnet das Programm unter anderem, daß das Volumen beim adiabatischen Schritt ständig anwächst, während sich die kalte Senke abkühlt. Als Arbeitsmedium wurde ein einatomiges Gas (mit $\gamma = 1{,}667$) gewählt; hier sind Änderungen ab Zeile 180 möglich.

```
10   INPUT "Temperatur der heißen Quelle:";TU
20   INPUT "Temperatur der kalten Senke:";TL
30   INPUT "absorbierte Wärmeenergie:";Q
40   INPUT "Anfangsvolumen (1 bis 100):";VI
50   INPUT "Volumenskala:";S
60   PA = TU/VI: RA = 159 - PA
70   IF RA > 0 THEN 100: REM Drucktest innerhalb des Plotbereichs •
80   PRINT "Senke die Temperatur der unteren Quelle";TU
90   INPUT "Temperatur der heißen Quelle:";TU: GOTO 60
100  HGR: HCOLOR = 3
110  HPLOT 0, 0 TO 0,159 TO 279,159
120  X = S * VI: HPLOT X, RA:              REM Punkt A im Kreisprozeß
130  VB = VI * EXP(Q/TU):                  REM Volumen am Punkt B
140  FOR V = VI + 1 TO VB:                 REM Schritt von A nach B
150  P = 159 - TU/V:                       REM Druck beim AB-Schritt
160  X = S * V: HPLOT TO X,P: NEXT V
170  PB = 159 - P:                         REM Wahrer Druck bei B
180  VC = ((PB/TL) * (VB^1.667))^1.5:      REM Volumen bei C
190  PC = TL/VC: RC = 159 - P:             REM Druck bei C
200  FOR V = VB + 1 TO VC STEP 0.1:        REM Schritt von B nach C
210  REM * Durch Vergrößern von STEP läßt sich dieser Schritt beschleunigen
220  P = 159 - PB * ((VB/V)^1.667):        REM Druck beim BC-Schritt
230  X = S * V: HPLOT TO X,P: NEXT V
240  VD = ((PA/TL) * (VI^1.667))^1.5:      REM Volumen bei D
250  PD = TL/VD: RD = 159 - PD:            REM Druck bei D
260  FOR V = VC - 1 TO VD STEP - 1:        REM Schritt von C nach D
270  P = 159 - TL/V:                       REM Druck beim CD-Schritt
280  X = S * V: HPLOT TO X,P: NEXT V
290  FOR V = VD - 1 TO VI STEP - 0.1:      REM Schritt von D nach A
300  P = 159 - PA * ((VI/V)^1.667):        REM Druck beim DA-Schritt
310  X = S * V: HPLOT TO X,P: NEXT V
320  QC = TL * LOG (VC/VD):                REM Wärmeabgabe beim CD-
                                               Schritt
330  W = Q - QC:                           REM Durch den Kreisprozeß
                                               erzeugte Arbeit
340  E = W/Q:                              REM Wirkungsgrad
350  PRINT "Wirkungsgrad:"; E
360  END
```

• REM kennzeichnet Kommentare, die nicht als Eingabe gedacht sind.

Fluktuationen. Das folgende Programm simuliert die Temperaturen eines Systems 1 aus 100 Atomen im Mark I-Universum mit insgesamt 1600 Atomen. Das System ist mit der Umgebung (System 2) in thermischem Kontakt. Die Zustände (maximal 100) können sich wahllos im Universum verteilen. Für jede Anordnung berechnet das Programm die Temperaturen beider Systeme und stellt sie graphisch dar. Normalerweise werden nur geringe Schwankungen auftreten, so daß es sich empfiehlt, die Ergebnisse in 100facher Vergrößerung wiederzugeben. Es besteht eine — wenn auch extrem geringe — Chance, daß sich sämtliche AN-Zustände in dem kleineren System 1 versammeln. In diesem Fall meldet das Programm ordnungsgemäß ein Wunder. Die beiden Systeme werden auf dem Bildschirm in verschiedenen Farben dargestellt, wobei die AN-Zustände farbigen Rasterpunkten entsprechen. Ein Atom, das zufällig bereits AN ist, kann natürlich nicht mehr in den AN-Zustand versetzt werden; das Programm muß also ständig abspeichern, welche Atome AN sind. Das erfordert sehr viel Speicherplatz. Deshalb sollte das Programm oberhalb der hochauflösenden Graphikseiten geladen werden, indem man zu Beginn folgendes eingibt: POKE 103,1:POKE 104,64:POKE 16384,0.

```
100  REM Steige in den richtigen Speicherteil ein, wie oben spezifiziert!
110  CLEAR: DIM F(40,40), X(100), Y(100): HOME
120  INPUT "Wieviele ANs im Anfangszustand? bis 100"; N
130  INPUT "Vergrößern der Temperaturskala:"; M 1
140  HGR: HCOLOR = 3
150  HPLOT 0,0 TO 0,159 TO 279,159
160  HPLOT 238,0 TO 279,0 TO 279,41 TO 238,41 TO 238,0
170  HPLOT 248,0 TO 248,11 TO 238,11
180  FOR C = 0 TO 279:                     REM Jedes C ist eine neue
                                                Streuung
190  A = 0
200  A = A + 1
210  I = INT(40 * RND(1)): J = INT (40 * RND(1))
220  X(A) = I + 239: Y(A) = J + 1:         REM Einführen der Bildpunkte
230  IF F(I,J) = 1 THEN 210:               REM F = 1 ist die gesetzte
                                                Flagge
240  IF I > 9 THEN 270:                    REM Die Position liegt in
                                                System 2
250  IF J > 9 THEN 270:                    REM Die Position liegt in
                                                System 2
260  N1 = N1 + 1: GOTO 280:                REM N1 zählt die ANs in
                                                System 1
```

```
270  N2 = N2 + 1:                        REM N2 zählt die ANs in
                                              System 2
280  F(I,J) = 1: HPLOT X(A),Y(A): IF N1 + N2 < N THEN 200
290  IF N1 < N THEN 390
300  FLASH
310  PRINT "Schau an, ein Wunder!!!"
320  NORMAL
330  PRINT "Alle"; N; "ANs sind nun in System 1": FOR K = 1 TO 3000:
                                              NEXT
340  PRINT "Dieses Ereignis passierte bei der wahren Anzahl"; C + 1
350  PRINT "Weiter: SPACE-Taste, Ende: beliebige Taste"
360  GET A$
370  IF A$ = " "THEN 390
380  END
390  IF N1 <> 0 THEN 410:                 REM Besondere Behandlung,
                                              wenn N1 = 0
400  T1 = 0: Y1 = 159: GOTO 420
410  T1 = 1/LOG((100 - N1)/N1): Y1 = 159 - M1 * T1
420  IF N2 <> 0 THEN 440:                 REM Besondere Behandlung,
                                              wenn N2 = 0
430  T2 = 0: Y2 = 159: GOTO 450
440  T2 = 1/LOG((1500 - N2)/N2): Y2 = 159 - M1 * T2
450  IF Y1 < 0 THEN 480:                  REM Test für den Plotbereich
460  IF Y1 > 159 THEN 480
470  HCOLOR = 1: HPLOT C,Y1
480  IF Y2 < 0 THEN 510:                  REM Test für den Plotbereich
490  IF Y2 > 159 THEN 510
500  HCOLOR = 5: HPLOT C,Y2
510  PRINT: PRINT: PRINT
520  PRINT "Dies ist Versuch Nr."; C + 1
530  PRINT "T1 = ";INT(M1 * T1);" T2 = ";INT(M1 * T2)
540  PRINT "N1 = ";N1; " N2 = ";N2
550  HCOLOR = 0:                          REM Lösche nun die Punkte im
                                              Universum aus.
560  FOR B = 1 TO N
570  HPLOT X(B),Y(B)
580  J = Y(B) - 1: I = X(B) - 239: F(I,J) = 0:   REM Untere Markierung auf 0
590  NEXT B
600  N1 = 0: N2 = 0: HCOLOR = 3
610  HPLOT 248,0 TO 248,11 TO 238,11
620  NEXT C
```

Entropien. Dieses Programm berechnet die Entropien eines 100-atomigen Systems (System 1), seiner 1500-atomigen Umgebung (System 2) und ihre Summe (als Gesamtentropie des MarkI-Universums). Anfangs wird die Anzahl von AN-Atomen gewählt (maximal 100) und im System 1 plaziert. Während die Atome in System 1 AUS — und in System 2 AN — gehen, werden die Entropien berechnet, bis sich alle AN-Atome in System 2 befinden. Die Rechnung ist exakt: Das Boltzmannsche W wird kombinatorisch bestimmt; anschließend wird daraus S für jedes System anhand der Boltzmanngleichung $S = k \log W$ mit $k = 1$ berechnet. Die Ergebnisse lassen sich graphisch darstellen oder ausdrucken. Eine senkrechte Linie markiert das Maximum der Entropiekurve, bei dem das MarkI-Universum thermisches Gleichgewicht erreicht; die Temperaturen der beiden Systeme sind dann gleich.

```
100  CLEAR: HOME
110  INPUT "Gesamtzahl der AN-Atome (1 bis 100):"; N
120  INPUT "Drucken (0) oder Plotten (1)?"; Z
130  IF Z = 0 THEN 170
140  INPUT "Vergrößern der Entropieskala:"; M1
150  INPUT "Vergrößern der Zahlenskala:"; M2
160  HGR: HCOLOR = 3: HPLOT 0,0 TO 0,159 TO 279,159
170  FOR N2 = 0 TO N:                      REM ANs entschwinden eines
                                               nach dem anderen
180  N1 = N - N2
190  IF N1 = 0 THEN 230:                   REM N1 = 0 erfordert eine
                                               gesonderte Behandlung
200  FOR I = 0 TO N1 - 1:                  REM Berechne die Entropie von
                                               System 1
210  S1 = LOG ((100- I)/(N1 - I)) + S1
220  NEXT I: GOTO 240
230  S1 = 0
240  IF N2 = 0 THEN 280:                   REM N2 = 0 erfordert eine
                                               gesonderte Behandlung
250  FOR I = 0 TO N2 - 1:                  REM Berechne die Entropie von
                                               System 2
260  S2 = LOG ((1500 - I)/(N2 - I)) + S2
270  NEXT I: GOTO 290
280  S2 = 0
290  S = S1 + S2: IF Z = 0 THEN 480:       REM Springe, falls gewünscht,
                                               zu PRINT
300  Y1 = 159 - M1 * S1: Y2 = 159 - M1 * S2: Y = 159 - M1 * S: X =
     M2 * N2
310  IF Y1 < 0 THEN 340:                   REM Testen des Plotbereichs
320  IF Y1 > 159 THEN 340
330  HCOLOR = 1: HPLOT X,Y1:               REM Grün für System 1
340  IF Y2 < 0 THEN 370:                   REM Testen des Plotbereichs
```

```
350  IF Y2 > 159 THEN 370
360  HCOLOR = 5: HPLOT X,Y2:           REM Orange für System 2
370  IF Y < 0 THEN 400:                REM Testen des Plotbereichs
380  IF Y > 159 THEN 400
390  HCOLOR = 6: HPLOT X,Y:            REM Blau für das Universum
400  IF S < U THEN 420:                REM Diese Schleife findet ein
                                            Maximum
410  U = S: GOTO 470
420  V = M2 * (N2 - 1)
430  IF V < 0 THEN 450
440  IF G = 1 THEN 460
450  HPLOT V, 159 TO V,159 - U * M1: G = 1
460  U = S
470  GOTO 490
480  PRINT INT(S1), INT(S2), INT(S):   REM Ausdrucken
490  S1 = 0: S2 = 0: NEXT N2
500  PRINT: PRINT
510  PRINT "Diese Werte gelten für N = "; N
520  END
```

Der Stirlingmotor. Dieses Programm spiegelt die Funktionsweise des Stirlingmotors wider. Es zeigt, wie sich die beiden Kolben im richtigen Takt bewegen, und identifiziert die Kolbenpositionen mit dem korrespondierenden Punkt im Indikatordiagramm (das hier der Einfachheit halber als Rechteck dargestellt wird.) Der Regenerator wird abwechselnd heiß und kalt. Auch der simulierte Stirlingmotor ist sehr langsam und könnte mit einer Maschinensprache schneller gemacht werden. Aber selbst in BASIC wird man nicht die Geduld verlieren.

```
10   HGR: HGR2
20   POKE - 16304,0: POKE - 16297,0:POKE 230,32:
                                         REM Zeichne auf p1
30   GOSUB 1000
40   POKE 230,64: GOSUB 1000:            REM Zeichne auf p2
50   POKE - 16300,0:                     REM Zeige p1
60   FOR I = 65 TO 100:                  REM AB-Schritt
70   POKE 230,32: HCOLOR = 1: GOSUB 1500:
                                         REM Zeichne auf p1
80   POKE - 16300,0: POKE 230,64: HCOLOR = 1: GOSUB 1500
90   POKE - 16299,0: NEXT I
100  FOR I = 100 TO 30 STEP -1: K = 130 - I:   REM BC-Schritt
110  POKE 230,32: HCOLOR = 1: GOSUB 2000
120  POKE -16300,0: POKE 230,64: HCOLOR = 1: GOSUB 2000
130  POKE -16299,0: NEXT I
```

```
140  FOR I = 100 TO 65 STEP -1:                    REM CD-Schritt
150  POKE 230,32: HCOLOR = 1: GOSUB 2500
160  POKE -16300,0: POKE 230,64: HCOLOR = 1: GOSUB 2500
170  POKE -16299,0: NEXT I
180  FOR I = 30 TO 65: K = 95 - I:                REM DA-Schritt
190  POKE 230,32: HCOLOR = 1: GOSUB 2800
200  POKE -16300,0: POKE 230,64: HCOLOR = 1: GOSUB 2800
210  POKE -16299,0: NEXT I: GOTO 60
1000 REM Unterprogramm für die Zeichnung der Maschine
1010 HCOLOR = 5: HPLOT 23,120 TO 23,20 TO 81,20: HPLOT 81,30 TO
       81,120
1020 HCOLOR = 2: HPLOT 81,20 TO 100,20 TO 100,5 TO 180,5 TO 180,20 TO
       199,20
1030 HCOLOR = 2: HPLOT 81,30 TO 100,30 TO 100,45 TO 180,45 TO 180,30
       TO 199,30
1040 HCOLOR = 6: HPLOT 198,20 TO 260,20 TO 260,120: HPLOT 198,30 TO
       198,120
1050 HCOLOR = 1: HPLOT 29,65 TO 75,65 TO 75,85 TO 29,85 TO 29,65
1060 HCOLOR = 1: HPLOT 53,85 TO 53,159: HPLOT 227,50 TO 227,159
1070 HCOLOR = 1: HPLOT 205,30 TO 251,30 TO 251,50 TO 205,50 TO
       205,30
1080 HCOLOR = 6
1090 FOR I = 8 TO 43
1100 HPLOT 110,I TO 170,I: NEXT I
1110 HCOLOR = 2: HPLOT 104,120 TO 176,120 TO 176,155 TO 104,155 TO
       104,120
1120 RETURN
1400 REM Zeichnet die Kolbenbewegung von A nach B
1500 HPLOT 29,I TO 75,I: HPLOT 29,20 + I TO 75,20 + I
1510 HCOLOR = 0: HPLOT 29,I - 1 TO 75,I - 1: HPLOT 30,19 + I TO 74,19 + I:
                                              REM löscht die alte Position
1520 HCOLOR = 3: HPLOT 105 + 2 * (I - 65),120:
                                              REM Markiert die Position
                                                  im Zyklus
1530 HCOLOR = 2: HPLOT 103 + 2 * (I - 65), 120
1540 RETURN
1900 REM Zeichnet die Kolbenbewegung von B nach C
2000 HPLOT 29,I TO 75,I: HPLOT 29,20 + I TO 75,20 + I
2010 HCOLOR = 1: HPLOT 205, K TO 251,K: HPLOT 205,K + 20 TO 251,K
       + 20
```

```
2020 HCOLOR = 0: HPLOT 29,I + 21 TO 52,I + 21: HPLOT 54,I + 21 TO 75,I
        + 21
2030 HCOLOR = 0: HPLOT 30,I + 1 TO 74,I + 1: HPLOT 203,K - 1
                  TO 252,K - 1: HPLOT 206,K + 19 TO 250,K + 19
2040 HCOLOR = 5: HPLOT 110,43 - (100 - I)/2 TO 170,43 - (100 - I)/2:
                                    REM Regenerator erwärmt sich,
                                        was an der Farbe sichtbar
                                        wird.
2050 HCOLOR = 3: HPLOT 175,120 + (100 - I)/2:
                                    REM Markiert die Position im
                                        Zyklus
2060 HCOLOR = 2: HPLOT 175,119 + (100 - I)/2
2070 RETURN
2400 REM Zeichnet die Kolbenbewegung von C nach D
2500 HPLOT 205,I TO 251,I: HPLOT 205,I + 20 TO 251,I + 20
2510 HCOLOR = 0: HPLOT 206,I + 1 TO 249,I + 1: HPLOT 205,I + 21
                  TO 226,I + 21: HPLOT 228,I + 21 TO 251,I + 21
2520 HCOLOR = 3: HPLOT 105 + 2 * (I - 65),155
2530 HCOLOR = 2: HPLOT 107 + 2 * (I - 65),155
2540 RETURN
2700 REM Zeichnet die Kolbenbewegung von D nach A
2800 HPLOT 29,I TO 75,I: HPLOT 29,I + 20 TO 75,I + 20
2810 HPLOT 205,K TO 251,K: HPLOT 205,K + 20 TO 251,K + 20
2820 HCOLOR = 0: HPLOT 29,I - 1 TO 75,I - 1: HPLOT 30,I + 19 TO 74,I + 19
2830 HPLOT 206,K + 1 TO 249,K + 1: HPLOT 205,K + 21 TO 226,K + 21:
                               HPLOT 228,K + 21 TO 251,K + 21
2840 HCOLOR = 6: HPLOT 110,I - 22 TO 1770,I - 22:
                                    REM Regenerator kühlt ab
2850 HCOLOR = 3: HPLOT 105,185 - I
2860 HCOLOR = 2: HPLOT 105,186 - I
2870 RETURN
```

Populationen. Dieses Programm löst die Gleichungen für die ,,Dissipation'' von Kaninchen durch Füchse und stellt die Populationen von Räuber und Beute graphisch dar. Dabei wird die Anzahl der Füchse (senkrechte Achse) gegen die Anzahl der Kaninchen (waagerechte Achse) aufgetragen. Die Differentialgleichungen für die Populationen lauten:

$$dK/dt = k_1 GK - k_2 KF$$

$$dF/dt = k_2 KF - k_3 F.$$

Die Großbuchstaben *K*, *F*, *G* stehen jeweils für *K*aninchen, *F*üchse und *G*ras. Die drei Koeffizienten k_1, k_2 und k_3 stehen für die Vermehrungsrate der Kaninchen (k_1), für die ,,Dissipations''-Rate, mit der Kaninchen von Füchsen gefressen werden, (k_2) und die Abschußrate der Füchse (k_3). In der Gleichung enthalten ist darüber hinaus die anfängliche Grasmenge (wir können sie konstant 1 setzen), die Anfangspopulationen (beide typischerweise 0,4), die Zyklusdauer (700) und die Zeitschrittskala (1) ein. Weitere Verhältnisse, die ebenfalls für die Populationsgrößen relevant sind, haben wir von vornherein gleich 1 gesetzt. In Zeile 170 kann das Programm so abgeändert werden, daß es die Populationsgrößen als Funktion der Zeit darstellt. Die Befehle sind am Ende des Programms aufgeführt.

```
10   INPUT "Wert von K3/K2:";Q1
20   INPUT "Wert von K1/K2:";Q2
30   INPUT "Grasmenge:";G
40   INPUT "Kaninchenpopulation zu Beginn:";R1
50   INPUT "Fuchspopulation zu Beginn: ";F1
60   INPUT "Zyklusdauer:";D
70   INPUT "Zeitschritte:";T
80   PRINT: PRINT: PRINT
90   HGR: HCOLOR = 3
100  HPLOT 0,0 TO 0,159 TO 279,159
110  K = Q1/(Q2 * G): N = 1 + INT(D/T): X1 = R1: Y1 = F1
120  FOR J = 1 TO N
130  X2 = X1 + (1 - Y1) * X1 * T/100:        REM T/100 ist das Zeitinervall
                                                  bei der Integration
140  Y2 = Y1 - (1 - X1) * Y1 * K * T/100
150  Z1 = INT(279 * X1/3): Z2 = INT (279 * X2/3)
160  S1 = INT(159 * (1 - (Y1/3))): S2 = INT(159 * (1 - (Y2/3)))
170  HPLOT Z1, S1 TO Z2,S2
180  X1 = X2: Y1 = Y2:                       REM Neue Anfangswerte
190  NEXT J
200  PRINT " Noch ein Zyklus? (J/N)"
210  GET A$
220  IF A$ = "J" THEN 240
230  END
240  PRINT "K3/K2 ist jetzt ";Q1;"; Änderung? (J/N)"
250  GET A$
```

```
260  IF A$ = "N" THEN 280
270  INPUT "Neuer Wert von K3/K2: ";Q1
280  PRINT "K1/K2 ist jetzt ";Q2;"; Änderung? (J/N)"
290  GET A$
300  IF A$ = "N" THEN 320
310  INPUT "Neuer Wert von K1/K2: ";Q2
320  PRINT "Grasmenge jetzt";G;"; Änderung? (J/N)"
330  GET A$
340  IF A$ = "N" THEN 360
350  INPUT "Neue Grasmenge: ";G
360  PRINT "Kaninchenpopulation zu Beginn ";R1;"; Änderung?"
370  GET A$
380  IF A$ = "N" THEN 400
390  INPUT "Die Kaninchenpopulation zu Beginn ist nun: ";R1
400  PRINT "Die Fuchspopulation zu Beginn ist nun";F1;"; Änderung?"
410  GET A$
420  If A$ = "N" THEN 440
430  INPUT "Die Fuchspopulation zu Beginn ist nun: ";F1
440  PRINT "Die Zyklusdauer ist nun";D;": Änderung?"
450  GET A$
460  IF A$ = "N" THEN 480
470  INPUT "Neue Zyklusdauer: ";D
480  PRINT "Zeitintervall ist jetzt ";T;"; Änderung?"
490  GET A$
500  IF A$ = "N"THEN 520
510  INPUT "Neues Zeitintervall:";T
520  PRINT: PRINT: PRINT: GOTO 110
```

Um die einzelnen Populationen als Funktion der Zeit auszudrucken, muß Zeile 170 durch folgende Zeilen ersetzt werden:

```
170  L = 279 * J/D
171  HCOLOR = 1: HPLOT J1,Z1 TO L,Z2:    REM Kaninchen sind grün
172  HCOLOR = 5: HPLOT J1,S1 TO L,S2:    REM Füchse sind orange
173  J1 = L
```

Es kann ein weiterer Zyklus durchlaufen werden, wenn man die Frage in Zeile 200 mit N beantwortet. Man kann den Wert D auch so groß wählen (etwa 2800), daß automatisch mehrere Zyklen hintereinander folgen.

Reproduktion. Dies ist ein Spiel aus dem letzten Kapitel. In der vorliegenden Version werden die ,,toten'' Steine jeder Generation mit einer Farbe gekennzeichnet, die in Zeile 490 nach Zufall festgelegt wird. Wenn man schwarze Grabsteine wünscht, muß man in Zeile 500 COLOR = 0 wählen. Alle Steine, die am Rand des Universums gesetzt werden, leben ewig weiter. Das Programm beginnt mit einem einzelnen Spielstein in der Mitte des Universums, plaziert die erste Generation und berechnet von da aus schrittweise den weiteren Verlauf. Wenn man verschiedene Anfangskonstellationen ausprobieren möchte, muß man das Programm abändern; in der gezeigten Version arbeitet sich das Programm vom Mittelfeld aus vor, und die bunten Grabsteine füllen das gesamte Universum erst nach 20 Generationen.

```
10   CLEAR: TEXT: HOME
20   DIM F(2,40,40):                  REM F (O, *, *) markiert die neue
                                          Generation, F (1, *, *) und
                                          F (2, *, *) die der Eltern und
                                          Großeltern
30   INPUT "Anzahl der Generationen: ";N
40   F(0,20,20) = 1:                  REM Markiert die Position des
                                          Keims
50   GR:COLOR = 15: PLOT 20,20:       REM Pflanzt den Keim
60   PLOT 19,20: F(1,19,20) = 1:      REM Erzeugt die zweite
                                          Generation
70   PLOT 21,20: F(1,21,20) = 1
80   PLOT 20,19: F(1,20,19) = 1
90   PLOT 20,21: F(1,20,21) = 1
100  FOR G = 2 TO N:                  REM Weitere Generationen
110  IF G < 19 THEN 130:              REM Nach so vielen
                                          Generation kann der Rand
                                          des Universums erreicht
                                          werden, so daß eine
                                          gesonderte Behandlung
                                          erforderlich wird
120  A = 2: B = 38: GOTO 140:         REM Die besondere Behandlung:
                                          Überschreite nicht den
                                          Rand
130  A = 20 - G: B = 20 + G:          REM Mit jeder Positionslage
                                          einer neuen Generation
                                          nimmt der zu inspizierende
                                          Bereich zu
140  FOR X = A TO B:                  REM Überprüft Positionen
150  FOR Y = A TO B
160  IF F(0,X,Y) = 1 THEN 180:        REM F = 1 signalisiert: etwas
                                          hier
170  IF F(1,X,Y) = 0 THEN 470:        REM Prüfung abbrechen, weiter
```

```
180  IF F(0,X + 1,Y) = 1 THEN 260:        REM Schau beim rechten
                                             Nachbarn nach
190  IF F(1,X + 1,Y) = 1 THEN 260
200  R1 = X + 1: R2 = X + 2: R = X
210  S1 = Y − 1: S2 = Y + 1: S = Y
220  GOSUB 700:                         REM Unterprogramm, das die
                                             Inspektionsergebnisse bei
                                             den Nachbarn beurteilt
230  IF Z = 0 THEN 250:                 REM Z = 0 kennzeichnet einen
                                             neuen Geburtsort
240  Z = 0: GOTO 260
250  PLOT X + 1,Y:F(2,X + 1,Y) = 1:     REM F = 1 signalisiert: Geburt
260  IF F(0,X − 1,Y) = 1 THEN 330:      REM Schau beim linken
                                             Nachbarn nach
270  IF F(1,X − 1,Y) = 1 THEN 330
280  S = Y:S1 = Y − 1: S2 = Y + 1
290  R2 = X − 2: R1 = X − 1: GOSUB 700
300  IF Z = 0 THEN 320:                 REM Z = 0 kennzeichnet einen
                                             neuen Geburtsort
310  Z = 0: GOTO 330
320  PLOT X − 1,Y: F(2,X − 1,Y) = 1:    REM F = 1 signalisiert: Geburt
330  IF F(0,X,Y + 1) = 1 THEN 400:      REM Schau zum unteren
                                             Nachbarn
340  IF F(1,X,Y + 1) = 1 THEN 400
350  S = X: S1 = X + 1: S2 = X − 1
360  R1 = Y + 1: R2 = Y + 2: GOSUB 800
370  IF Z = 0 THEN 390:                 REM Z = 0 kennzeichnet Geburt
380  Z = 0: GOTO 400
390  PLOT X,Y + 1: F(2,X,Y + 1) = 1:    REM F = 1 signalisiert: Geburt
400  IF F(0,X,Y − 1) = 1 THEN 470:      REM Schau zum oberen
                                             Nachbarn
410  IF F(1,X,Y − 1) = 1 THEN 470
420  S = X: S1 = X + 1: S2 = X − 1
430  R1 = Y − 1: R2 = Y − 2: GOSUB 800
440  IF Z = 0 THEN 460:                 REM Z = 0 kennzeichnet Geburt
450  Z = 0: GOTO 470
460  PLOT X,Y − 1: F(2,X,Y − 1) = 1:    REM F = 1 signalisiert: Geburt
470  NEXT Y
480  NEXT X
490  I = INT(15 * RND(1)):              REM Setzt die Todesfarbe
500  COLOR = I:                         REM Setzt 0 für den Schwarzen
                                             Tod
```

```
510  FOR X = A TO B:                   REM Begräbt die Großeltern
520  FOR Y = A TO B
530  IF F(0,X,Y) = 1 THEN 550
540  GOTO 560
550  PLOT X,Y
560  NEXT Y
570  NEXT X
580  COLOR = 15: PRINT: PRINT
590  PRINT "Dies ist Generation";G
600  FOR X = A TO B:                   REM Markiert eine neue
                                           Generation
610  FOR Y = A TO B
620  F(0,X,Y) = F(1,X,Y): F(1,X,Y) = F(2,X,Y): F(2,X,Y) = 0
630  NEXT Y
640  NEXT X
650  NEXT G
660  END
700  IF F(0,R1,S1) = 1 THEN 770:       REM Unterprogramm, das die
                                           Inspektionsergebnisse bei
                                           den linken und rechten
                                           Positionen beurteilt
710  IF F(1,R1,S1) = 1 THEN 770
720  IF F(0,R2,S) = 1 THEN 770
730  IF F(1,R2,S) = 1 THEN 770
740  IF F(0,R1,S2) = 1 THEN 770
750  IF F(1,R1,S2) = 1 THEN 770
760  GOTO 780
770  Z = 1
780  RETURN
800  IF F(0,S1,R1) = 1 THEN 870:       REM Unterprogramm, das die
                                           Inspektionsergebnisse für
                                           die oberen und unteren
                                           Positionen beurteilt
810  IF F(1,S1,R1) = 1 THEN 870
820  IF F(0,S,R2) = 1 THEN 870
830  IF F(1,S,R2) = 1 THEN 870
840  IF F(0,S2,R1) = 1 THEN 870
850  IF F(1,S2,R1) = 1 THEN 870
860  GOTO 880
870  Z = 1
880  RETURN
```

Leben. Dieses Programm spielt im Schneckentempo das im letzten Kapitel diskutierte Spiel *Leben* (Originaltitel *Life*). Irgendein Anfangsmuster wird auf den 40 × 40-Bildschirm (mit geringer Auflösung) gegeben. Für jede verstorbene Generation kann eine beliebige Farbe gewählt werden. Der Algorithmus „beflaggt" die Besetzung einer Stelle mit 0 oder 1, multipliziert mit 9 und addiert für jedes besetzte der acht Nachbarquadrate 1 hinzu. Das Ergebnis liegt zwischen 0 und 17. Jeder Wert bewirkt etwas anderes. Zum Teil läuft das Programm in BASIC deshalb so langsam ab, weil bei jeder Generation für jeden Schritt alle 1600 Plätze abgefragt werden müssen, auch wenn nur eine kleine Fläche mit Steinen besetzt ist.

```
100  CLEAR: TEXT: HOME
110  DIM F(40,40),G(40,40),H(40,40)
120  GR:COLOR = 15
130  PRINT "Verlangen Sie schwarze Grabsteine?"
140  PRINT "Wenn nicht (N), ist die Farbe zufällig"
150  GET A$
160  PRINT: PRINT: PRINT
170  INPUT "Gib die Position I, J eines Steins an: ";I,J
180  PLOT I,J: F(I,J) = 1:                   REM Markiert diese Generation
190  PRINT "Ein weiterer Stein? (J/N)"
200  GET B$
210  IF B$ = "J" THEN 170
220  IF A$ = "N" THEN 240
230  C = 0: GOTO 250:                        REM Schwarzer Tod
240  C = 1 + INT(14 * RND(1)):               REM Wählt farbige Tode
250  FOR J = 0 TO 39
260  PRINT: PRINT: PRINT
270  PRINT "Generation" ; M + 2;" wird berechnet und J = ";J
280  FOR I = 0 TO 39
290  GOSUB 1000:                             REM Das Spiel läuft
300  NEXT I,J
310  M = M + 1
320  FOR J = 0 TO 39
330  PRINT: PRINT "Jetzt wird Generation "; M + 1;" gezeichnet und J = ";J
340  FOR I = 0 TO 39
350  IF F(I,J) = 0 THEN 370
360  COLOR = C: PLOT I,J:                    REM Grabsteine setzen
370  IF H(I,J) = 0 THEN 390
380  COLOR = 15: PLOT I,J:                   REM Geburtssteine
390  F(I,J) = H(I,J): H(I,J) = 0:            REM Markiert eine neue
                                                 Generation
400  NEXT I,J
```

```
410  GOTO 220
1000 REM Unterprogramm, das das Spiel spielt
1010 IF I = 0 THEN 1030:                  REM Spezialfälle an den Rändern
1020 GOTO 1090
1030 IF J <> 0 THEN 1050:                 REM Es gibt nur 3 Nachbarn zu
                                               0,0
1040 G(0,0) = 9 * F(0,0) + F(0,1) + F(1,0) + F(1,1): GOTO 1230
1050 IF J <> 39 THEN 1070:                REM Es gibt nur 3 Nachbarn zu
                                               0,39
1060 G(0,39) = 9 * F(0,39) + F(1,38) + F(1,39) + F(0,38): GOTO 1230
1070 G(0,J) = 9 * F(0,J) + F(0,J - 1) + F(0,J + 1) + F(1,J - 1) + F(1,J)
      + F(1,J + 1)
1080 GOTO 1230
1090 IF I <> 39 THEN 1150:                REM Findet einen anderen Rand
1100 IF J <> 0 THEN 1120:                 REM Es gibt nur 3 Nachbarn zu
                                               39,0
1110 G(39,0) = 9 * F(39,0) + F(39,1) + F(38,0) + F(38,1): GOTO 1230
1120 IF J <> 39 THEN 1140:                REM Es gibt nur 3 Nachbarn
                                               zu 39,39
1130 G(39,39) = 9 * F(39,39) + F(39,38) + F(38,38) + F(38,39): GOTO 1230
1140 G(39,J) = 9 * F(39,J) + F(39,J - 1) + F(39,J + 1) + F(38,J) +
     F(38,J - 1) + F(38,J + 1): GOTO 1230
1150 IF J <> 0 THEN 1180:                 REM Am Rand gibt es
                                               5 Nachbarn
1160 G(I,0) = 9 * F(I,0) + F(I - 1,0) + F(I + 1,0) + F(I - 1,1) + F(I,1) +
     F(I + 1,1)
1170 GOTO 1230
1180 IF J <> 39 THEN 1210:                REM Noch ein Rand
1190 G(I,39) = 9 * F(I,39) + F(I - 1,39) + F(I + 1,39) + F(I - 1,38) +
     F(I,38) + F(I + 1,38): GOTO 1230
1200 REM Nun für die allgemeine Position
1210 G(I,J) = 9 * F(I,J) + F(I - 1,J - 1) + F(I - 1,J) + F(I - 1,J + 1) +
     F(I,J - 1) + F(I,J + 1) + F(I + 1,J - 1) + F(I + 1,J) + F(I + 1,J + 1)
1220 REM Ein Spielstein wird bei G = 3 geboren und überlebt bei G = 11 oder 12
1230 IF G(I,J) = 3 THEN 1270
1240 IF G(I,J) = 11 THEN 1270
1250 IF G(I,J) = 12 THEN 1270
1260 H(I,J) = 0: GOTO 1280:               REM Ein Spielstein stirbt oder
                                               trat nie ins Leben
1270 H(I,J) = 1:                          REM Ein Spielstein überlebt oder
                                               wird bei I,J geboren
1280 RETURN
```

Literatur

Es gibt viele hervorragende Bücher über Thermodynamik, aber die meisten erfordern mehr mathematische Grundkenntnisse, als ich in meinem Buch vorausgesetzt habe.

Einen ausgezeichneten Überblick ohne mathematischen Ballast findet man in der Einführung von:
Fenn, J. B. *Engines, Energy, and Entropy*. (W. H. Freeman) 1982.

Ebenfalls ohne viel Mathematik kann man sich in meine inhaltlich sehr ähnlichen Bücher:
Atkins, P. W. *Principles of Physical Chemistry*. (Pitman) 1982 und
Atkins, P. W.; M. J. Clugston, *Introducing Physical Chemistry*. (W. H. Freeman) 1984
in die chemische Thermodynamik einlesen.

Stärker chemisch orientiert ist mein Buch:
Atkins, P. W. *Physical Chemistry*. (Oxford University Press/W. H. Freeman) 1982.

Als exzellente Einführung in die physikalischen Grundlagen der Thermodynamik empfehle ich:
Zemansky, M. W.; R. H. Dittman. *Heat and Thermodynamics*. (McGraw-Hill) 1981.
An diesem Buch habe ich mich selbst sehr stark orientiert.

Ein Standardlehrbuch, das die klassische Thermodynamik umfassend und knapp vorstellt, ist:
Lewis, G. N.; M. Randall. *Thermodynamics*. (McGraw-Hill) 1961, in der von K. S. Pitzer und L. Brewer überarbeiteten Auflage.

Ingenieurtechnische Anwendungen zur Thermodynamik und insbesondere zu den verschiedenen Kreisprozessen in Maschinen und Motoren findet man in:
Wood, B. D. *Applications of Thermodynamics*. (Addison-Wesley) 1982.

Als Spezialliteratur zum Kreisprozeß in Stirlingmotoren sei hier auf:
Köhler, J. W. L. *The Stirling Refrigeration Cycle*. In: *Scientific American*. April 1965,
Walker, G. *The Stirling Engine*. In: *Scientific American*. August 1973 und
Gosney, W. B. *The Principles of Refrigeration*. (Cambridge University Press) 1982 hingewiesen.

Grundbegriffe der Thermodynamik und vor allem die dahinter stehenden Konzepte werden in ihrem historischen Kontext in folgenden Büchern vorgestellt:
Harman, P. M. *Energy, Force, and Matter*. (Cambridge University Press) 1982. (Untertitel: *The Conceptual Development of Nineteenth-Century Physics*) und bei:
Bridgman, P. W. *The Nature of Thermodynamics*. (Harper) 1961.

Eine Auseinandersetzung mit den logischen Implikaten thermodynamischer Begriffe (die allerdings nichts für Laien ist) findet man bei:
Buchdahl, H. A. *The Concepts of Classical Thermodynamics*. (Cambridge University Press) 1966.

Die statistische Thermodynamik ist ohne Mathematik schwer zu erschließen. Hier bietet
Bent, H. A. *The Second Law*. (Oxford University Press) 1965 eine elementare Einführung.

Für Physikstudenten sei hier der fünfte Band des Berkeley Physik-Kurses empfohlen:
Reif, F. *Statistische Physik*. In: *Der Berkeley Physik Kurs*. Bd. 5 (Vieweg) 1981.

Sehr schöne Fachbücher zur statistischen Thermodynamik sind darüber hinaus:
McLelland, M. J. *Statistical Thermodynamics*. (Wiley) 1973,
Reif, F. *Grundlagen der Physikalischen Statistik und der Physik der Wärme*. (de Gruyter) 1976 und
Münster, A. *Statistical Mechanics*. (Springer) 1974.

Allgemeinverständlich wird die statistische Thermodynamik und insbesondere die Entropie in den beiden folgenden Büchern dargestellt:
Marx, G. (Hrsg.) *Entropy in the School*. In: *Proceedings of the Danube Seminar on Physics Education*. (Eötvös University) 1983 und
Black, P. J.; J. Ogborn (Hrsg.) *Change and Chance*. In: *The Nuffield Advanced Science Course*, Teacher's Guide to Unit 9. (Longmans) 1972.

Thermodynamische Anwendungen bei biochemischen Prozessen findet man in einem Biochemielehrbuch, das durch seine hervorragenden Illustrationen besticht (einige davon haben uns zu Abbildungen in diesem Buch inspiriert):
Stryer, L. *Biochemie*. (Vieweg) 1983.

Ein „Klassiker" für dieses Gebiet ist:
Lehninger, A. *Bioenergetik. Molekulare Grundlagen der biologischen Energieumwandlungen*. (Thieme) 1982.

Speziell mit der Thermodynamik zur Molekularbiologie der Zelle befaßt sich:
Alberts, B.; D. Bray; J. Lewis; M. Raff; K. Roberts; J. D. Watson. *Molecular Biology of the Cell*. (Garland) 1983.

Die hydrophobe Wechselwirkung und andere strukturbildende Einflüsse werden in
Cantor, C. R.; P. R. Schimmel. *Biophysical Chemistry*. (W. H. Freeman) 1980 vorgestellt.

Zum Thema dissipative Strukturen sind im *Scientific American* zwei populärwissenschaftliche Artikel erschienen, die in *Spektrum der Wissenschaft* übersetzt wurden:
Verlarde, M. G.; C. Normand. *Konvektion*. In: *Spektrum der Wissenschaft*. September 1980, und
Epstein, I. R.; K. Kustin; P. de Kepper; M. Orbán. *Oszillierende chemische Reaktionen*. In: *Spektrum der Wissenschaft*. Mai 1983.

Eine eingehende Fachdiskussion findet man in:
Haken, H. *Synergetik. Eine Einführung. Nichtgleichgewichts-Phasenübergänge und Selbstorganisation in Physik, Chemie und Biologie*. (Springer) 1983 und
Prigogine, I. *Vom Sein zum Werden. Zeit und Komplexität in den Naturwissenschaften*. (Piper) 1982.

Als Spezialliteratur sei hier noch auf zwei Beiträge zu den oszillierenden chemischen Reaktionen verwiesen:
Nicolis, G.; J. Portnow. *Chemical Oscillations*. In: *Chemical Reviews*. Bd. 73, Nr. 4 (1973) S. 365, und
Chance, B.; E. K. Pye; A. K. Ghosh; B. Hess (Hrsg). *Biological and Chemical Oscillators*. In: *Proceedings of the conference on biological and biochemical oscillators, Prague, 1968*. (Academic Press) 1973.

Ein anschauliches Buch zu den mathematischen Grundmustern bei Selbstorganisation und Strukturbildung ist:
Eigen, M.; R. Winkler. *Das Spiel. Naturgesetze steuern den Zufall*. (Piper) 1983.

Sehr hübsches Anschauungsmaterial bieten auch:
Gardner, M. *Mathematical Games*. In: *Scientific American*. Oktober 1970 und Februar 1971 sowie
Gardner, M. *Wheels, Life, and Other Mathematical Amusements*. (W. H. Freeman) 1983, das in den letzten Kapiteln auch das Computerprogramm für das Spiel „Leben“ (Life) diskutiert.

Eine schöne Bibliographie zum Thema enthält:
Peacocke, A. R. *An Introduction to the Physical Chemistry of Biological Organization*. (Oxford University Press) 1983.

Beispiele für eine biologische Struktur- und Musterbildung findet man in:
Nijhour, H. F. *Geheimnisvolle Schmetterlingsmuster*. In: *Spektrum der Wissenschaft*. Januar 1982 und in
Royal Society Discussion. *Theories of Biological Pattern Formation*. In: *Philosophical Transactions of the Royal Society of London*. Bd. B295 (1981) S. 425.

Bildnachweise

Eröffnungsbilder der einzelnen Kapitel
George Kelvin

Graphische Illustrationen
Gabor Kiss

Seite 1 (oben)
Deutsches Museum, München

Seite 1 (unten)
Veröffentlicht mit Erlaubnis des Reference Library Archives Department, Birmingham Public Libraries, Großbritannien

Seite 3 (oben)
Deutsches Museum, München

Seite 3 (unten)
Ann Ronan Picture Library

Seite 4 und 5
Deutsches Museum, München

Seite 6 (oben)
Lawrence Berkeley Laboratory, Universität von Kalifornien

Seite 6 (unten)
Dr. Robert Langridge, Computer Graphics Laboratory, UCSF, Copyright Regents, Universität von Kalifornien

Seite 9
H. Armstrong Roberts

Seite 10
United Technologies, Pratt & Whitney Aircraft

Seite 16 (rechts)
The Granger Collection

Seite 16 (links)
Archive der Académie des Sciences, Paris

Seite 42
William Garnett

Seite 55
Dieter Flamm

Seite 73
Kim Steele

Seite 79
Aus *Applications of Thermodynamics* von B. D. Wood. Addison-Wesley 1982

Seite 111
Aus *Zehn*^{Hoch} von Philip und Phylis Morrison sowie dem Studio von Charles und Ray Eames. Heidelberg (Spektrum der Wisenschaft) 1984, Copyright Eames Design Studio

Seite 113
William Garnett

Seite 119
Aus *Heat & Thermodynamics* von M. W. Zemansky. McGraw-Hill 1968

Seite 124
AT&T, Bell Laboratories

Seite 135 (oben)
Lawrence Berkeley Laboratory, Universität von Kalifornien

Seite 145
Illustration: Irving Geis, aus *Biophysical Chemistry. Part I, The Conformation of Biological Macromolecules* von Charles R. Cantor und Paul R. Schimmel. Freeman

Seite 150
Bettmann Archives

Seite 161 (oben)
Kim Steele

Seite 161 (unten)
Steven Smale

Seiten 164 und 168
Aus *Being to Becoming* von Ilya Prigogine. Freeman, Copyright 1980

Seite 176
Aus *Wheels, Life and Other Mathematical Amusements* von Martin Gardner. Freeman 1983

Seite 179
William Garnett

Index

Z

WÄRME UND BEWEGUNG
Die Welt zwischen Ordnung und Chaos
von Peter William Atkins

ist der achte Band der
Spektrum-Bibliothek.

Bereits erschienen:

ZEHN^HOCH
Dimensionen zwischen Quarks und Galaxien
von Philip und Phylis Morrison
in Zusammenarbeit mit dem Studio von
Charles und Ray Eames

TEILE DES UNTEILBAREN
Entdeckungen im Atom
von Steven Weinberg

FOSSILIEN
Mosaiksteine zur Geschichte des Lebens
von George Gaylord Simpson

DAS SONNENSYSTEM
Ein G2V-Stern und neun Planeten
von Roman Smoluchowski

FORM UND LEBEN
Konstruktionen vom Reißbrett der Natur
von Thomas A. McMahon
und John Tyler Bonner

WAHRNEHMUNG
Vom visuellen Reiz zum Sehen
und Erkennen
von Irvin Rock

KLANG
Musik mit den Ohren der Physik
von John R. Pierce

In Vorbereitung:

DIE ZELLE (Bd. I und II)
Expedition in die Grundstruktur des Lebens
von Christian de Duve

MENSCHEN
Genetische, kulturelle und soziale
Gemeinsamkeiten
von Richard Lewontin

DAS UNIVERSUM
Aufbau, Entdeckungen, Theorien
von David Layzer

PANOPTIMUM
Mathematische Grundmuster
des Vollkommenen
von Stefan Hildebrandt und Anthony Tromba

Die Buchreihe
ist als Subskription oder in
Einzelexemplaren zu beziehen
im Buchhandel oder bei
Spektrum der Wissenschaft,
Mönchhofstraße 15,
D-6900 Heidelberg.

Originaltitel:
The second law
Aus dem Amerikanischen übersetzt von Manfred Gaida

CIP-Kurztitelaufnahme der Deutschen Bibliothek

Atkins, Peter W.:
Wärme und Bewegung : d. Welt zwischen Ordnung u. Chaos / Peter William Atkins. — [Aus d. Amerikan. übers. von Manfred Gaida]. —
Heidelberg : Spektrum-der-Wiss.-Verlagsges., 1986.
(Spektrum-Bibliothek ; Bd. 8)
Einheitssacht.: The second law ⟨dt.⟩
ISBN 3-922508-73-1
ISBN 3-922508-78-2 (Stud.-Ausg.)
NE: GT

Amerikanische Erstausgabe bei
Scientific American Books, Inc., New York

Lektorat: Katharina Neuser-von Oettingen

Produktion: Karin Kern

Buchgestaltung: Henri Wirthner

Gesamtherstellung: Klambt-Druck GmbH, Speyer